本书系国家社科基金重点项目"海南国际旅游岛'全国生态文明建设示范区'发展战略研究"结题成果；海南师范大学马克思主义理论学科前沿研究成果

国家社科基金丛书
GUOJIA SHEKE JIJIN CONGSHU

探索与实践：
海南生态文明发展之路

Exploration and Practice：
Ecological Civilization Construction in Hainan

王明初　王　睿　著

人民出版社

目　录

导　论

生态文明关乎人民福祉和人类未来。中国作为负责任的大国，自改革开放以来，从强调"植树造林"到提出"绿色发展"，通过生态文明建设，已经把自身命运与全人类命运紧密相连。2013 年 4 月，习近平总书记在出席"博鳌亚洲论坛"年会后于海南考察期间强调："海南作为全国最大经济特区，后发优势多，发展潜力大，要以国际旅游岛建设为总抓手，闯出一条跨越式发展路子来，争创中国特色社会主义实践范例，谱写美丽中国海南篇章。"① 对海南省的生态文明建设提出了殷切希望和要求，本项目研究也正是在这一重要思想的指导下展开的。

一、生态问题乃全球聚焦的重大现实问题

20 世纪以来，世界范围内特别是工业化国家生态环境灾难频发。生态环境问题引起了国际社会的广泛关注，也催生了《寂静的春天》《人口爆炸》《增长的极限》等著作的出版。为此，1972 年联合国《人类环境宣言》提出，"为了这一代和将来的世世代代，保护和改善人类环境已经成为人类一

---

① 《习近平在海南考察时强调：加快国际旅游岛建设谱写美丽中国海南篇》，《人民日报》2013 年 4 月 11 日。

个紧迫的目标"[①]。

现代生态环境问题产生于工业文明时代，工业发达国家是始作俑者，但问题的解决却需要全人类的长期共同努力。就哲学社会科学界而言，长期以来，相关学者坚持从哲学与生态视角阐述世界观、自然观、价值观、道德观、人生观、发展观等，并在历史回顾与实践反思中积极探寻和确立人与自然和谐相处、人类可持续发展的生存理念和生产模式。这些理论探索和疾呼，促成了联合国"21世纪议程""应对气候变化""节能减排"等议题的广泛讨论，在凝聚共识的基础上达成协议并正在影响和改变着各国政府的政策和行为。

在对生态问题普遍的热切关注中，生态学马克思主义的"理论锋芒直指资本主义制度，认为资本主义具有反生态的本性，只要资本主义存在，生态危机就不可能克服。"[②]我国学者对生态环境问题的关注始于20世纪80年代，重点是对西方生态思想的译介、马克思主义经典作家的生态思想和中国传统生态思想的梳理挖掘。在此基础上结合国内外生态文明建设实践，1987年6月23日，《中国环境报》发表了《真正的文明时代才刚刚起步——叶谦吉教授呼吁开展"生态文明建设"》的访问报道。1988年4月，刘思华在《社会主义初级阶段生态经济的根本特征与基本矛盾》一文中指出："生态经济协调论认为，人无论作为自然的人，还是作为社会的人，都不是消极适应自然，而是在适应中不断认识自然与能动利用自然，创造符合自己需要的物质文明、精神文明和生态文明，推动人类和社会不断向前发展。"[③]

进入21世纪后，在"可持续发展战略"和《中国21世纪议程》推动下，党的十六大提出要"推动整个社会走上生产发展、生活富裕、生态良

---

① 转引自《让人类文明之树常青——访全国人大环资委主任委员曲格平》，《中国环境报》2002年6月6日。

② 王明初、孙民：《生态文明建设的马克思主义视野》，《马克思主义研究》2013年第1期。

③ 刘思华：《社会主义初级阶段生态经济的根本特征与基本矛盾》，《广西社会科学》1988年第4期。

好的文明发展道路";党的十七大第一次明确提出"建设生态文明";党的十八大进一步把生态文明建设提高到中国特色社会主义事业总体布局的高度,并强调其地位突出。此后,党中央国务院不仅从理论上而且从制度上更加重视生态文明建设。习近平总书记关于"绿水青山就是金山银山""努力走向社会主义生态文明新时代"等一系列战略思想,从中国特色社会主义事业总体布局和全面建成小康社会的要求出发,深刻阐述了社会主义生态文明建设理论。中共中央国务院2015年先后出台《中共中央国务院关于加快推进生态文明建设的意见》《生态文明体制改革总体方案》,生态文明建设走上制度化建设轨道。学界对生态文明和生态文明建设的研究也出现了一片繁荣景象。

二、"谱写美丽中国海南篇章"的责任担当

1999年2月,海南在全国率先提出建设生态省。2009年12月,《国务院关于推进海南国际旅游岛建设发展的若干意见》(国发〔2009〕44号)发布,创建"全国生态文明建设示范区"成为海南国际旅游岛建设发展的六大战略目标定位之一。创建"全国生态文明建设示范区"就是在"谱写美丽中国海南篇章"。相较于海南建省办经济特区30周年,习近平总书记和中共中央国务院赋予海南"国家生态文明试验区"的新定位,海南创建"全国生态文明建设示范区"的过程可以形容为是"谱写美丽中国海南篇章"的第一乐章。

"云散月明谁点缀? 天容海色本澄清";"飞泉泻万仞,舞鹤双低昂";"丹荔破玉肤,黄柑溢芳津"。①习近平总书记2013年4月视察海南时,曾借用宋代苏轼的诗词尽情赞扬美丽海南。苏轼之后,出生于海南海口市琼山

---

① 转引自《实现绿色崛起　书写美丽传奇——论谱写美丽中国海南篇章》,《海南日报》2013年5月17日。

区金花村（原广东琼山府城下田村）的明代著名政治家和思想家丘濬①，在《五指参天》《梦起偶书》中对家乡的动情描述，也足以使我们对海南的自然古韵增添了无尽遐想：

五指参天

五峰如指翠相连，撑起炎荒半壁天。

夜盥银河摘星斗，朝探碧落彩云间。

雨余玉笋空中现，月出明珠掌上悬。

岂是巨灵伸一臂，遥从海外数中原。

梦起偶书

秋来归梦到家园，景物分明在眼前。

树挂碧丝榕盖密，篱攒青刺竹城坚。

林梢飘叶重堆径，涧水分流乱落田。

乞得身闲便归去，看鱼听鸟过残年。

前一首诗以五指山之秀美翠绿和日月星辰的自然美抒发出青年丘濬的远大抱负，又点出了美丽的海南与祖国大陆的血肉联系。后一首是丘濬在垂暮之年抒发对家乡的怀念，这种魂牵梦绕的"家园"景物，给我们展示的是一幅丘濬老家自然和谐、美丽雅致、浸透乡愁的山水画。

据《"森林之岛"万年变迁史》介绍："海南森林变迁大致可分五个阶段：汉武开疆（公元前110年）之前，海南岛大致为原始面貌，森林覆盖率在90%以上；公元前110年到明初，海南岛森林覆盖率缓慢下降，但仍保持85%以上；明清两朝，海南岛开发力度不断加大，森林覆盖率降速加快，到清末已降至50%左右"；从20世纪初到1987年，"海南岛森林遭受浩劫，

---

① 丘濬（丘浚）（1421—1495），系明代宗景泰五年进士，授翰林院编修，奉诏修《寰宇通志》（后累官至礼部右侍郎，加太子太保兼文渊阁大学士。死后被追封为太傅左柱国，谥号"文庄"）。《五指参天》《梦起偶书》摘自丘濬故居匾额和内蒙古人民出版社出版的《琼台诗文会稿》。

覆盖率迅速下降，1987 年海南岛森林覆盖率达到最低点，为 25.55%，其中天然林覆盖率仅 11.54%；建省后，海南终于扭转了森林覆盖率数千年一路下滑的颓势，开始大幅增长，到 2013 年底，全岛森林覆盖率已达 61.9%"①。

民国之初，孙中山先生在主张琼州改省的《琼州改设行省理由书》中，从实业开发的层面阐明琼州改省的意义时说：琼多山木，其材木足供数省铁路上枕木之用。新中国成立后，为新中国建设而兴起的农垦伐木作业，致一段时间内海南岛森林覆盖率急剧下降。但在海南建省后，森林覆盖率以年均约 1 个百分点的速度持续增长。这归功于国家"可持续发展战略"的实施、海南"生态立省"的战略选择和海南国际旅游岛创建"全国生态文明建设示范区"的战略目标定位。创建"全国生态文明建设示范区"以绿色起步，但绝不能仅仅停留于绿色，而是要实现"绿色崛起"。崛起就是不甘平淡，致力于兴起、奋起。"绿色崛起"就是指以生态保护为前提，以最小的环境代价和资源消耗获得最大的经济社会效益，实现对工业文明时代的超越。在海南国际旅游岛建设中，"争创中国特色社会主义实践范例，谱写美丽中国海南篇章"，是要走出生态环境优先、产业结构优化、人民生活富足的绿色发展之路。

笔者在主持本项目研究之前，刚刚主持完成教育部社科基金项目："生态文明：新形态新要求新机遇"，其结题成果《社会主义生态文明建设的理论与实践》，"从理论和宏观角度论述生态文明概念及其演绎，中西方学界对于生态文明理论的贡献，建设社会主义生态文明的价值取向、现实诉求和战略选择，阐明生态文明……，属中国特色社会主义的本质特征和发展方向；……生态文明促进人类福祉不断提升和社会持续发展进步，最终实现对工业文明及其资本主义社会形态的超越"②。在此基础上展开对海南"全国生态文明建设示范区"发展战略研究，是将文本研究与实践研究的融会贯通，

---

① 单憬岗、高虹：《"森林之岛"万年变迁史》，《海南日报》2014 年 2 月 17 日。

② 王明初、杨英姿：《社会主义生态文明建设的理论与实践》，人民出版社 2013 年版，扉页。

为我国生态文明建设提供可资借鉴的实践经验与启示。

三、"国家生态文明试验区（海南）"建设之前的成功探索

本项目研究结题成果包括研究报告和专著。研究报告《以国际旅游岛建设为总抓手谱写美丽中国海南篇——海南"十二五"生态文明建设》,《光明日报》2015 年 12 月 7 日理论版发表并加了"编者按"。该研究报告对"十二五"期间海南生态文明建设的成绩、"十二五"期间海南生态文明建设的经验、当前海南生态文明建设要突破的瓶颈进行了比较系统的研究,并对"十三五"期间海南生态文明建设提出了建议。专著在内容上按照历史和实践的逻辑顺序展开。共分六章和一个导论,导论简要地介绍了海南生态文明建设的自然历史积淀和当下的责任担当。第一章至第六章的内容分别是:从"生态省"建设到"海南国际旅游岛"国家战略开启;"绿色崛起"是海南国际旅游岛建设发展的主题词;海南国际旅游岛生态文明建设任务、空间布局和评价指标体系;海南"全国生态文明建设示范区"发展路线图与生态风险防范;海南创建"全国生态文明建设示范区"的阶段性总结和政策建议;海南国际旅游岛生态文明建设多样性发展范式。

本专著的理论创新集中在对实践成果的提炼,认为虽然一个民族国家的现代化进程不能跨越工业化阶段,但海南作为一个省——一个非独立的小经济体,完全可以借助于国家工业化发展的整体性力量,从自身优势出发参与社会分工,在国家整体工业化的大背景下步入以至于超越工业文明时代;海南发展要坚持"生态文明主导",全面提升政府绿色治理能力,走绿色发展、循环发展、低碳发展之路并与发展民生紧密结合;海南生态文明建设以追求"顺应自然、范式随缘、因地制宜、绿色崛起"为最大特色,对全国生态文明建设具有示范作用。本专著是对建设"国家生态文明试验区（海南）"之前海南的生态文明建设,特别是"生态省""全国生态文明建设示范区"建设的历史性总结,故名"探索与实践:海南生态文明发展之路"。

2018 年 4 月，习近平总书记《在庆祝海南建省办经济特区 30 周年大会上的讲话》和中共中央、国务院《关于支持海南全面深化改革开放的指导意见》，提出把海南建成覆盖全岛的自由贸易试验区、中国特色自由贸易港、全面深化改革开放试验区、国家生态文明试验区、国际旅游消费中心、国家重大战略服务保障区。在这众多的重大战略目标里，中国特色自由贸易港建设是总目标，国家生态文明试验区建设是基础。2019 年 5 月，中办国办印发的《国家生态文明试验区（海南）实施方案》，提出"到 2020 年，试验区建设取得重大进展，……到 2025 年，生态文明制度更加完善，生态文明领域治理体系和治理能力现代化水平明显提高；生态环境质量继续保持全国领先水平。到 2035 年，生态环境质量和资源利用效率居于世界领先水平，海南成为展示美丽中国建设的靓丽名片。"[1] 本研究项目是在海南建省办经济特区 30 周年之前完成的，对海南"全国生态文明建设示范区"的研究未能与"国家生态文明试验区（海南）"的新使命直接对接，是一大遗憾。但海南"全国生态文明建设示范区"作为"国家生态文明试验区（海南）"建设的前期探索，其建设成果和经验为"国家生态文明试验区（海南）"国家战略的确立和实施做了铺垫。

"艰难困苦，玉汝于成。"海南生态省建设以来在生态文明方面所做的努力，成就了海南生态文明建设的新起点。本书作为国家社科基金重点项目"海南国际旅游岛'全国生态文明建设示范区'发展战略研究"结题成果，作为对"国家生态文明试验区（海南）"建设之前海南生态文明建设的一个历史性回顾和总结，其"余论"部分因问题已经得到解决或正在解决而作了删除外，其他部分基本上没做改动。本书所阐述的思想内容与"国家生态文明试验区（海南）"建设的内容要求先后相继，与建设"中国特色自由贸易港"的国家重大战略任务是相吻合的。

---

① 《国家生态文明试验区（海南）实施方案》，《人民日报》2019 年 5 月 13 日。

第一章 从"生态省"建设到"海南国际旅游岛"国家战略开启

海南建省办经济特区是党中央和邓小平布局中国改革发展大局的一颗重要棋子。早在 1984 年 2 月，在深圳等四个经济特区取得成功经验的基础上，促使邓小平下定决心："我们还要开发海南岛，如果能把海南岛的经济迅速发展起来，那就是很大的胜利。"[①] 1987 年 6 月，在党中央决定海南建省办经济特区之前，又明确指出："我们正在搞一个更大的特区，这就是海南岛经济特区。海南岛和台湾的面积差不多……好好发展起来，是很了不起的。"[②]1988 年 4 月，在党中央和邓小平的亲切关怀下，七届全国人大一次会议通过《关于设立海南省的决定》和《关于建立海南经济特区的决议》。海南建省办经济特区翻开了海南历史上崭新一页。在此后的发展战略选择中，海南逐步走上了"生态立省"道路。在"生态立省"取得重大成就的基础上，2009 年底，国务院正式同意建设"海南国际旅游岛"。

---

① 《邓小平文选》(第三卷)，人民出版社 1993 年版，第 52 页。

② 《邓小平文选》(第三卷)，人民出版社 1993 年版，第 239 页。

第一节　海南建省办经济特区初期的发展战略选择

海南建省前后对经济发展战略的探讨与实践，是海南1996年确定"一省两地"经济发展战略的重要准备。建设"一省两地"即建设"新兴工业省、热带高效农业基地、热带海岛休闲度假旅游胜地"，是海南建省办经济特区以来真正意义上的第一个经济发展战略，而且这个经济发展战略得到了较长时间的坚持。虽然有不少人诟病它，认为它是"三次产业"发展的"海南化"，且突出的是工业，没什么创意。笔者认为，"一省两地"经济发展战略虽存在历史局限性，但不能由此否定它对促进海南经济社会发展的重大历史作用。

一、建省前后海南对经济发展战略的探讨

海南岛是一个美丽富饶的热带海岛。历史上的海南岛曾经有三种古称：珠崖、儋耳、琼台。随着朝代变更、时代变迁，地名也常有改变，故海南后来亦称崖州、琼州、琼崖。在诗文和题词中，还有海外、南极、天涯、南天等雅称。公元前110年，汉武帝设置南海九郡，其中包括了海南岛的珠崖、儋耳两郡，含16县，标志着中央政府对海南岛直接统治的开始。但"海南"这一概念在宋代才常出现，民国之后才普遍使用，其正式作为海南地方政区的称谓是在1949年4月，成立"海南特别行政区"。海南岛解放后的1951年，设立了"海南行政公署"，仍属广东省管辖，直到1988年海南建省办经济特区，海南历史翻开崭新一页。

海南省除海南岛之外，还包括中国南海的西沙群岛、中沙群岛、南沙群岛的岛礁及其海域。就建设国际旅游岛而言，海南省和海南国际旅游岛是一体的。《国务院关于推进海南国际旅游岛建设发展的若干意见》开宗明义："海南是我国最大的经济特区和唯一的热带岛屿省份。……建设海南国际旅

游岛，打造有国际竞争力的旅游胜地，是海南加快发展现代服务业，实现经济社会又好又快发展的重大举措。"[①] 这说明，海南国际旅游岛覆盖包括三沙在内的海南省全境，而不限于海南岛。

在建省办经济特区之前，海南作为广东省的一个行政区——海南行政区，当时很穷，财政靠国家和广东省补贴。1987 年是海南在广东的最后一个财政年度。该年度广东省各地市的地方财政收入是广州第一、佛山第二、深圳第三；海南是财政赤字第一，赤字 3.77 亿元，几乎吃掉佛山的全部盈余。为促进海南发展，1983 年国家给了海南特殊政策，可以免税进口"洋货"以自用，但自用的汽车却"跑"出了岛。1985 年发生了震惊全国、牵扯甚广的汽车走私案。这是海南建省之前想淘"第一桶金"以发展基础设施而遭遇到的第一个重大挫折。

1988 年 4 月 13 日，是海南值得隆重纪念的一个重要日子，在党中央和邓小平同志的亲切关怀下，经七届全国人大一次会议决定，海南省和海南经济特区同时成立。海南省位于中国最南端，北以琼州海峡与广东划界，东濒南海与台湾地区相望，东南和南边在南海中与菲律宾、文莱和马来西亚为邻，西临北部湾与越南相对。海南全省陆地面积包括海南岛和西沙、南沙、中沙群岛，共 3.54 万平方公里，其中海南岛陆地面积 3.39 万平方公里；管辖的海域面积约 200 万平方公里。截至 2019 年末，海南省辖 19 个市县，其中 4 个地级市、5 个县级市、4 个县、6 个自治县，常住人口 44.72 万人。

海南走什么样的发展道路，选择什么样的产业发展战略，始终是海南建省办经济特区后面对的一个重大现实问题。建省前后，政府层面对海南经济发展战略的探讨也一直在不断进行。据海南省人民政府网站《"一省两地"产业发展战略决策的形成过程及内容》一文介绍：建省前的 1986 年 3 月至

---

① 《国务院关于推进海南国际旅游岛建设发展的若干意见》(国发〔2009〕44 号)。

1987年10月，在中日友好的大背景下，"日本国际协力事业团"①在对海南岛进行了为期1年半的调查后，于1988年5月形成了《海南岛综合开发计划调查》最终报告书。《海南岛综合开发计划调查》项目从1985年3月开始，由国家计委、国家国土局和日本国际协力事业团共同组织人员完成。这次较大范围的调查主要侧重于国土资源的规划，调查报告书约200万字，对海南岛开发的基本战略与开发目标从经济布局的角度提出了一些很有价值的观点和意见。由于编制该开发计划时，中央尚未提出海南建省办经济特区，因而没有预见到后来出现的重大变化，影响了它的有效性。但该开发计划报告资料翔实，其基本思路对海南省亦具有重大参考价值。稍后，海南建省前夕，以中国社会科学院副院长、当代中国著名的经济学家刘国光研究员为组长的专家组来到海南，在深入调查研究、评估论证的基础上编制了《海南经济发展战略》，提出了海南"以工业为主导，工农贸旅并举，三次产业协调发展"的发展战略，"其特点是，产业结构以工业为主，经济形态是外向型和综合型的"②。1988年6月，在海南建省办经济特区之后两个月，刘国光的《海南经济发展战略》在经济管理出版社出版。

最初几年，没有人对这个《海南经济发展战略》提出异议，原因是海南省最初的发展动力主要依靠中央对经济特区的优惠政策推动。当经济特区优惠政策边际效益衰减及优惠政策收缩之后，关于海南产业发展战略的选择问题才凸显出来，开始产生各式各样的意见甚至争论。比如在海南主导产业的选择上，除"工业主导"外，还提出"贸易兴省""旅游主导"等主张。在处理经济发展和环境保护的关系方面，有主张"超常规发展"实际上是走"先污染后治理"的路子，也有主张宁可放慢发展速度也要保住海南这块

---

① 日本国际协力事业团（Japan International Cooperation Agency）成立于1974年8月1日，是以无偿协助发展中国家开发经济及提高社会福利而实施国际合作为目的，直属日本外务省的政府机构。

② 陈江、胡浩：《刘国光谈海南经济发展战略》，《瞭望周刊》1988年第13期。

"净土"的。虽然这些主张除"贸易兴省"向中央政府申请过设立"特别关税区"之外，大多没有形成文字的发展战略报告，但人们思想上的活跃和认识上的差异还是打破了《海南经济发展战略》一家之言。虽然如此，后来海南省提出"一省两地"经济发展战略，还是能够清晰地看到刘国光《海南经济发展战略》的影子，只是节约了"工农贸旅并举"这几个字的表达，去掉一个"贸"字，走的是"实体经济"的路子。

在海南经济社会发展实践中，对外开放始终是最重要的战略选择之一，"开放发展"是海南常用词。但继海南建省前的"汽车事件"后，在对外开放上又出现建省后的"洋浦风波"：1988 年 8 月，海南省政府对外宣布，将设洋浦开发区，出让给香港熊谷组经营，祖籍辽宁的于元平时任日本熊谷组（香港）有限公司主席兼总经理。洋浦开发由首任省委书记许士杰和首任省长梁湘提出。1989 年 3 月 23 日，在北京召开的全国政协七届二次会议上，有五位政协委员对海南引进外资成片开发洋浦的做法提出异议，认为有损我国主权。他们的发言激发起全国人民对海南开发洋浦的"公愤"。面对种种指责、"声讨"，海南省主要负责人一面就洋浦开发问题发表讲话，说明实际情况，以澄清误解；一面上书党中央国务院，认为一些人对洋浦开发的指责"完全是离开时间、地点、条件看对外开放政策"。1989 年 4 月 28 日，邓小平在审阅海南省委书记许士杰、省长梁湘 3 月 31 日写给他和杨尚昆的《关于海南省设立洋浦经济开发区的汇报》时明确批示："我最近了解情况后，认为海南省委的决策是正确的，机会难得，不宜拖延，但须向党外不同意者说清楚。手续要迅速周全。"[①] 在这个批示中，"决策是正确的"表达了对海南走改革开放之路的鲜明支持；"机会难得，不宜拖延"体现了强烈的时不我待的机遇意识；"须向党外不同意者说清楚"展示了历史伟人对待不同意见的宽广胸怀。1992 年 3 月 9 日，国务院正式批准海南吸收外商投资开发洋

---

① 中国共产党海南省委员会：《海南岛好好发展起来，是很了不起的》，《海南日报》2014 年 8 月 22 日。

浦地区 30 平方公里土地建设洋浦经济开发区，但合作方认为洋浦开发涉及中国的主权论争而主动放弃，洋浦开发由此错过了这一开放发展"黄金期"。

二、海南"一省两地"发展战略的形成发展过程

海南建省办经济特区之初，有"十万人才下海南"的轰轰烈烈场面。当海南经历了"洋浦风波"之后，还遭遇了房地产泡沫"一地鸡毛"。海南房地产泡沫的成因是多方面的，这中间既有投资规模过大和发展过快的原因，也有因国家注意力的改变对海南改革发展做出重大政策调整的原因，而且后者是最主要的原因。笔者认为，为保证香港顺利回归并保持香港持续稳定和繁荣，开发上海浦东以防不测的重要性就日益突出起来。在国家财力有限的情况下，通过宏观经济政策就促使投入到海南的大量资金回流。于是，在"洋浦风波"和"房地产泡沫"的双重打击之下，20 世纪 90 年代中期，海南遭遇了建省办经济特区以来前所未有的巨大困境。

"艰难困苦，玉汝于成"。在"洋浦风波"和"房地产泡沫"之后，海南在困苦磨砺中从建省之初希望"暴富"的心态中走了出来，开始平静而理性地思考海南如何脚踏实地谋划发展了。1995 年开始酝酿建设"一省两地"战略新思路。1996 年 2 月，海南省人大通过《海南省国民经济和社会发展"九五"计划和 2010 年远景目标纲要》。这个《纲要》的显著特点，是在全面分析形势和总结建省办经济特区以来发展经验的基础上，提出了一条比较符合海南实际、具有海南特色的产业发展道路："以农业为基础，加强和提高第一产业；以工业为主导，加速发展第二产业；以旅游业为龙头，积极发展第三产业。发展热带高效农业，以带动农村经济全面发展，增加农民收入；发展现代大工业，以增强全省整体经济实力；发展旅游业和其他第三产业，以推动经济社会的繁荣进步。努力把海南建设成为中国的新兴工业省、

中国热带高效农业基地和中国度假休闲旅游胜地。"[1]这段话比较简练地概括了海南产业发展的基本方针和后来为大家所熟知的"一省两地"经济发展战略。它是海南建省以来在实践中积极探索和不断总结经验教训，自主制定经济发展战略所取得的一个重大突破。

"一省两地"发展战略的提出，得到全省上下的一致认同。虽然从今天的眼光看，"工业省"这一概念难以被接受。作为一个大的民族国家，其现代化进程不能跨越工业化阶段。但海南作为一个小省，一个非独立的小经济体，完全可以借助于国家工业化发展的整体性力量，从自身优势出发参与社会分工，彰显自身发展品质，在国家整体工业化的大背景下跨越工业文明时代。如果走以旅游业为龙头的第三产业主导的发展道路，对生态文明而言当然是一个更优的选择。但在当时条件下海南如何走出低谷、摆脱贫困落后？工业主导是唯一出路。当时全民熟知"无工不富""无商不活""无农不稳"，海南作为一个年轻的省份也难以脱俗。在当时的条件下，走工业化道路乃是海南有望迅速摆脱贫困落后的一种迫不得已的选择。

三、海南"一省两地"发展战略的实施及其效果

（一）新兴工业省建设

"一省两地"发展战略提出后，"工业省"唱主角需要投资，开始时有点"饥不择食"。最典型的例子莫过于落户洋浦经济开发区的海南金海浆纸业有限公司。项目于1997年由中央政府部门批准设立，1998年12月奠基，2003年5月动工兴建。第一期工程年产100万吨化学漂白硫酸盐桉木浆，总投资105亿元人民币，2005年3月正式投产；二期工程年产160万吨造纸项目，总投资约136亿元人民币，2007年3月正式开工，2010年陆续投

---

[1] 《海南省第一届人民代表大会第四次会议关于海南省国民经济和社会发展"九五"计划和2010年远景目标纲要及关于〈纲要〉报告的决议》（1996年2月10日）。

产。尽管"金海浆纸"非常重视环保，对污染治理上投入了 27 亿元人民币，在回收循环生产流程中使用废弃物综合利用外，还购买了世界最先进的"三废"处理设备和引入治污生产工艺。同时，在日常生产中严格管理，确保排放物经过处理后最终均达到或优于国家一级排放标准。笔者在几次调研中也发现，该公司经过处理后的废水是可以养金鱼的。但人们对该公司一直不那么认同：一是排污，担心明的不排，暗的呢？对企业有一种普遍的不信任感；二是对种植纸浆林抵触情绪很大，海南省政府通过行政手段分配任务计划种植以小叶桉和马占相思树为主的速生林 350 万亩，最终也没有办法完全落实。备受诟病的速生林最初还作为农民增收的渠道，但随着劳动力价格上升，现在一些种植了速生林的企业已经出现了不愿请人砍伐速生林的现象，但速生林的间接贡献还是增加了海南的森林覆盖率。

　　海南"工业省"建设在卫留成先后任海南省省长、省委书记期间得到了快速发展，特别是党的十六大之后，经济发展进入"快车道"。这与当时的经济政策，以及卫留成长期在国企做领导工作的经验不无关系。值得庆幸的是，海南省委省政府在建设新兴工业省的过程中较早地意识到保护生态环境的极端重要性，在提出建设新兴工业省 3 年过后就率先全国提出建设生态省，在《海南生态省建设规划纲要》中要求工业发展必须坚持"三不"，即"不污染环境，不破坏资源，不搞低水平重复建设"的原则。

　　2004 年，海南省委省政府在《关于加快海南省新型工业发展的指导意见》中说：加快建设新兴工业省要"打造环境、产业、体制三大特色，实现我省经济的快速健康协调和可持续发展"[①]。同时，在发展原则中重申了《海南生态省建设规划纲要》提出的"坚持不污染环境、不破坏资源、不搞低水平重复建设"的"三不"原则，并相对集中工业布局，将工业主要集中在海南岛西部和西北部沿海地区。当时有人称"西部工业走廊"，后有专家提出

---

　　① 摘自《中共海南省委海南省人民政府关于加快海南省新型工业发展的指导意见》（琼发〔2004〕16 号）。

带状工业布局不利于环境治理，而改用"点状分布"，把工业集中布局在洋浦、昌江、东方和澄迈的老城和海口。不搞工业发展遍地开花。海南在新兴工业省建设中已经开始强调"新型工业"内涵。

为避免中小企业特别是乡镇企业遍地开花，《关于加快海南省新型工业发展的指导意见》还提出了与"三不"原则相配套的"实施大企业进入、带动战略"，后发展为"大企业进入、大项目带动"的"双大"战略。2007年，在海南省第五次党代会上，"双大"后面又增加了"高科技支撑"要求，正式形成了海南省工业发展"两大一高"，即"大企业进入，大项目带动，高科技支撑"战略。在"两大一高"战略的吸引带动下，中海油重组东方八所港、南方电网重组海南电网、华能重组海口电厂、国电重组大广坝电厂，海南不仅获得了新型工业发展的必要资金，还通过引入大企业获得了一批急需的企业人才、先进技术及管理经验，工业经济总量持续做大。

"两大一高"战略由于高科技因素的增加，使得海南开始了从建设"新兴工业省"向发展"新型工业"的转型，海南工业发展站到了一个新的起跑线上，有效地绕开了"家家点火、村村冒烟、处处污染"的传统工业化老路。

（二）热带高效农业建设

海南原本是农业省，在建省办经济特区初期，农业在三次产业中占有绝对优势。1988年，第一产业所占比例约为国民生产总值一半，为49.8%。海南有发展热带农业"得天独厚"的资源优势：光热资源丰富、热作资源丰富，生态环境优质，雨量充沛可四季生产。海南是岛屿型省份，还具有阻止动植物疫病进入和传播的自然屏障。1998年时任国务院总理的朱镕基视察海南，说真正抓好了热带农业、旅游业，海南就可以"富甲天下"。朱镕基强调："以农业为基础发展和振兴经济，对海南来说尤为重要。要充分利用丰富的热带农业资源、海洋资源和良好的自然条件，大力发展优质、高效农业，发展高科技农业，并积极发展近海养殖业。这一点绝对不能动摇。同时，要充分利用海南得天独厚的热带风光，大力发展旅游业。真正抓好了热带农业、旅游业，海南就可以富甲天下。农业和旅游业发展了，投资环境大大改善，就可以广招天下贤士，也就为高科技工业的发展创造了有利条件。工业应主要集中在洋浦经济开发区，不能遍地开花。不能搞夕阳工业、污染环境的工业。"[①]朱镕基这番语重心长的话，是基于海南独特的地理环境和资源优势提出来的。虽然有些人对这番话感到不快，认为是在给海南"工业省"泼冷水。当然，朱镕基不鼓励海南发展工业的思想是明显的。但朱镕基要求"不能搞夕阳工业、污染环境的工业"，并没有说要限制海南发展绿色环保型工业、高科技工业等朝阳型新兴工业。

海南确定"一省两地"经济发展战略之初，其农业发展思路与全国基本上是一致的：确定主导产业，实行区域化布局，依靠龙头带动，发展规模经营。产业组织形式是"市场牵龙头，龙头带基地，基地连农户"。但从2008年3月海南省农业产业化和农民专业合作社工作会议召开起，海南省政府结合海南省情有了自己的政策主张。在这次会议上，海南第一次明确提出了推动农业产业化的"十个方向"：推动农产品加工产业化；农产品运销产业化；农产品市场体系产业化；热带瓜果菜产业化；热带花卉产业化；林业经济以及林下经济产业化；畜牧养殖产业化；海洋捕捞、水产养殖产业化；南繁育种产业化；农村沼气产业化。

同时，省委省政府出台了《关于切实加强农业基础地位加快推进热带特色现代农业发展的意见》，提出力争3—5年建成省级农产品检验检测和动物疫病控制中心（包括5个区域性分中心）、覆盖全省的农产品质量检测流动服务站；力争5年全省农民专业合作社发展到1000家，加入合作社的农

---

① 《朱镕基在海南考察时要求总结经验汲取教训抓住机遇奋力拼搏充分发挥环境资源优势，真正把海南建设好》，《人民日报》1998年12月25日。

户达到 20 万户的发展目标。①

以农业起步的海南省，对发展农业还是轻车熟路的。在热带农业产业化实践中，他们还总结出了多种现代农业经营方式，如订单农业、科技农业、绿色农业、设施农业、休闲农业等。

1. 订单农业。早在 1993 年，海南省就提出了"以农产品运销加工为中心组织生产的方针"，从热带海岛的交通特点出发，力图突破农产品运销"瓶颈"。从 1998 年开始，连年在海口举办了海南冬季农产品交易会，简称海南"冬交会"，每年签订农产品订单就达百万吨以上，具体的瓜果菜销售合同 1998 年为 113 万吨，1999 年为 179 万吨，2000 年为 239.5 万吨，以后逐年递增，为海南热带农产品进入国内外市场发挥了重要作用。从 2006 年起，在总结前八届海南"冬交会"经验的基础上，海南在海口首次举办了大规模、高规格的国际性农产品交易会——中国（海南）国际热带农产品冬季交易会，简称"海交会"。订单农业使海南省农产品出岛、出口量大幅度增长。订单农业以销定产，加快了海南资源节约型热带高效农业的现代化进程。

2. 科技农业。主要是利用生物技术、信息技术全面改造提升传统农业，通过琼台农业合作等形式加快对优良品种的引进和推广，实现主要农作物、水产养殖和畜禽养殖的良种化。特别是"九五"后期和"十五"时期，海南通过实施"双百工程"，即"百项农业科技工程""百万农民培训工程"，使农业逐步从粗放生产向集约生产转变。截至 2006 年，建成琼海、文昌两个全国农业科技入户示范县（市）。至 2007 年，全省累计推广新品种 392 个，主要农作物良种覆盖率达 95% 以上。同时，在全省建立起农业科技服务"110"服务体系，实现全天候的农户科技问题咨询和快捷实用的专家诊断服务，开创出了一条"政府搭台、企业运作、技术支撑"的"服务三农"新模式。

---

① 见《关于切实加强农业基础地位加快推进热带特色现代农业发展的意见》，《海南省人民政府公报》2008 年第 6 期。

3. 绿色农业。海南建省之初就提出了"无公害"农产品生产要求。后来，与"生态省"建设同步提出并推广了"绿色农业"：要求全面禁止销售和使用剧毒、高毒、高残留农药；推广应用低残留、高效、低毒农药和生物防治；鼓励使用有机肥，尽可能少施化肥，建立无公害农产品生产基地；建立主要农产品质量标准体系，健全质量检测制度，禁止不合格的产品进入市场，等等。2005 年 12 月，农业部对全国农垦系统"无公害农产品示范基地农场"验收，在通过的 100 家基地农场中，海南省占 4 家：国营南滨农场、国营南田农场、国营红明农场、国营红泉农场。2006 年，国家科技部将海南"无公害优质蔬菜高效生产技术示范"项目列为国家星火计划重点项目，2009 年该项目通过验收。依托该项目，海南省在 3 年内共建立起了 9 个国家、省级无公害蔬菜生产示范区。

4. 设施农业。起步于 20 世纪 90 年代的海南设施农业，主要采用竹木结构简易大棚和半自动钢架大棚，以防虫、防雨、保温、调湿，减少台风等自然灾害造成的损失。1999 年，中国工程院吴明珠院士利用无土栽培技术开发出"哈密瓜南移生产技术"，并开发出与其相配套的无公害栽培技术体系，对推进海南设施农业起到了很大的推动作用。海南生产的哈密瓜品质可与原产地相媲美。至 2009 年，海南设施农业面积就已经达到 9.45 万亩，设施农业作物主要有热带石斛兰、卡特兰等花卉，以及香草兰、西瓜、哈密瓜等。

5. 休闲农业。乡村旅游是休闲农业的主要形式之一。海南乡村旅游产品主要有三类：田园自然生态风光为主、农业生产生活体验为主、文明生态村旅游为主。2008 年，海南省已有 6 个市县开展了乡村旅游。其中兴隆热带植物园、澄迈万嘉果园被列入"全国农业旅游示范点"。2008 年 4 月，时任中共中央总书记、国家主席胡锦涛曾专程到三亚市槟榔河村视察，给休闲农业生态化发展以极大鼓舞。2009 年 6 月，《海南省社会主义新农村建设总体规划》提出，在全省范围近期打造 100 个、远期打造 1000 个具有鲜明特色的村庄，为发展乡村旅游业创造环境条件和人文基础，为中外游客和市民下乡休闲提供好的去处。

在海南发展热带高效农业的过程中，琼台农业合作一直是一个亮点。海南岛、台湾岛自然条件相似，农业合作是两岛优势互补和经济发展的需要。在海南发展热带高效农业的过程中，1999 年，国务院台办和农业部、国家外经贸部批准设立"海峡两岸（海南）农业合作试验区"，通过引进台湾地区农业优良品种，采用和推广台湾地区的现代农业科学技术，吸引台商创办合资、独资的庄园、种植场、养殖场等，使海南的种养殖业特别是热带水果的品质上了一个新的台阶。到 2000 年，海南引种的各类台湾优质种苗有 80 多类、500 多个品种，其中水果有约 30 类，为海南水果市场增色不少。台湾著名财经杂志《天下》在 2015 年 9 月 1 日第 330 期，刊发了一组关于海南开展琼台农业合作的专题文章。文章称，十多年前，台商就带着水果种苗和技术远赴海南岛，如今台湾水果已在海南岛落地生根。台湾记者认为，经过多年发展，台湾目前有的水果种类，海南基本上都有，有的水果品质比台湾还好。

在海南发展热带高效农业的过程中，东南亚归国华侨的贡献也很大。目前海南有两个非常有名的咖啡品牌，福山咖啡和兴隆咖啡产业都是由归国华侨成功创办的。澄迈县在新中国成立前就成功引种了福山咖啡，福山咖啡厂区现在已经发展成为全国热带高效农业旅游示范点"福山咖啡文化休闲旅游区"。福山咖啡地理标志产品保护范围为澄迈县行政区域。在历史上，包括朱德、李宗仁在内的许多名人都曾品尝过福山咖啡，并给予极高评价。兴隆咖啡历史稍晚。1953 年，海南兴隆华侨农场成立不久，为了实现"以短养长"，也就是用咖啡、香茅、水稻等短期作物收入来弥补橡胶等长期作物收入之不足，实现滚动式发展，兴隆的归国华侨们从海外引进了咖啡种植。周恩来、刘少奇、朱德、邓小平等老一辈党和国家领导人都先后来过兴隆，兴隆咖啡渐渐成了招待客人必不可少的佳品。国家对兴隆咖啡也实施了地理标志产品保护。兴隆咖啡与福山咖啡一样闻名于世，品质难分伯仲。

（三）旅游度假胜地建设

海南热带海岛风光秀丽，发展休闲度假游具有得天独厚的资源优势。在建设海南国际旅游岛之前，海南的旅游业发展在实施"一省两地"的发展战略中，就念起了"山海经"，打起了"生态牌"。

从打"生态牌"看，海南岛是热带植物王国，是我国物种多样性宝库。根据这一自然生态优势，海南旅游最早开发了万宁市兴隆镇。在三亚凤凰机场没有启用之前，万宁兴隆是海南旅游从海口到三亚的必经之地。最早成为旅游景点的兴隆热带植物园创建于1957年，占地600多亩，植物品种2300多个，走进植物园如同打开一本热带植物百科全书，开创了集"科学研究、科普示范、产品开发、观光旅游"于一体的绿色发展模式。后来又兴起了兴隆侨乡国家森林公园、兴隆热带花园、兴隆国家绿道等。其中兴隆热带花园融自然、人文、园艺、园林与环境生态为一体，由老归侨郑文泰先生1992年开始创建，1997年建成，被中央政府确认为环境教育基地和物种基因库，被联合国旅游组织称为"世界自然生态保持最完美的植物园"。兴隆热带植物园和兴隆热带花园作为两家国家4A级旅游景区，同时也是一本不可多得的鲜活的热带植物多样性教科书。它们为海南旅游度假胜地早期建设立下了汗马功劳。虽然从今天的眼光看兴隆，由于海南全域旅游的兴起，绿色兴隆已经担当不起生态海南的象征，但它在海南旅游业发展初期所起的作用不能被遗忘。

从念"山海经"看，在海南岛旅游开发早期，取之于自然题材的举措较多。

首先，海南岛四面环海，海浪、沙滩、蓝天、白云，天然美景，美不胜收。特别是三亚，位于海南岛最南端，三亚南山历来被称为吉祥福泽之地。据说，观音菩萨为了救度芸芸众生，发了十二大愿，第二愿即是"常居南海愿"；唐代大和尚鉴真法师为弘扬佛法五次东渡日本均未成功，且第五次被漂流到三亚南山，在此居住的一年半里，建造了佛寺，传法布道，第六次东渡日本终获成功。由此，1993 年，国家宗教事务局和海南省政府正式批准兴建南山寺。2005 年 4 月 15 日，在南山寺前南海中建成 108 米高的观音圣像，2005 年 4 月 24 日即农历三月十六日观音菩萨诞辰日举行了盛大开光仪式。三亚南山风景区作为"中国旅游业发展优先项目"，园区规划面积50 平方公里，其中海域面积 10 多平方公里。项目策划分别由中国佛教文化研究所、中国历史博物馆、中国环境科学院、中国科学院生态中心等单位完成。该工程是"海南省生态建设示范工程"，该景区是"海南省生态旅游示范景区"。人们在这里既可以观赏到山海一色的美景，又可以感受到生态建设与环境保护给人类所带来的福音，体味到回归自然的乐趣。2007 年 5 月，三亚市南山文化旅游区成为国家 5A 级旅游景区。

其二，海南岛拥有中国种类最丰富的热带雨林，主要集中在中西部山区。在建设国际旅游岛之前，海南岛中部山区的尖峰岭、五指山、霸王岭、吊罗山、鹦哥岭等被列为国家自然保护区。其中入选"中国十大最美森林"的尖峰岭坐落在海南岛西海岸，是中国唯一可以坐山望海的国家级热带森林公园。海南建省办经济特区后，自 1993 年 1 月 1 日起全面禁伐天然林，2002 年 7 月经国家"天然林资源保护工程"试点和热带雨林自然保护区"扩容"，尖峰岭热带雨林自然保护区被国务院批准为国家级自然保护区，保护区面积发展到 30 多万亩。尖峰岭珍贵的热带雨林，引起国际组织的广泛关注，国际热带木材组织 ITTO（International Tropical Timber Organization）等相继在此实施了一批环保援助项目。同时它也是"国家旅游资源开发和自然生态环境保护"项目、联合国教科文组织"人与生物圈"的观测点。"热岛—凉山"的独特风韵和宛若仙境的秀丽景观吸引了八方游客，尖峰岭已成为知名的旅游度假和夏季避暑胜地。

其三，海南省办经济特区以来，生态林业的发展和自然风光的保护与建设打破了山水界限、区域界限，全域旅游成为促进海南"旅游度假胜地"

建设的重要一环。海南岛以中部山区热带雨林为"片",以环岛海岸防风林为"带",以江河、道路防护林为"网",以村庄、城镇森林为"点",构建起森林生态网络,使得海南岛的每一座山头、每一条河流、每一个海湾、每一片沙滩,都成为一幅美不胜收的山水画。原本默默无闻的琼海市博鳌小镇,是万泉河、龙滚河、九曲江"三江汇流"入海口,自然形成的狭长沙滩"玉带滩"长约 8.5 公里,把三江与大海隔开,构成一条美丽的黄金海岸线。"博鳌亚洲论坛"(Boao Forum for Asia)永久所在地选址于此,是青山绿水、碧海蓝天、金沙白云、椰风海韵的自然魅力使然。博鳌亚洲论坛由 25 个亚洲国家和澳大利亚发起,于 2001 年 2 月 27 日正式宣布成立。博鳌亚洲论坛作为非官方、非营利性、定期定址的国际组织,为政府、企业及专家学者等提供了一个共商经济、社会、环境及其他相关问题的高层对话交流平台。随着一年一度论坛年会的召开,党和国家领导人出席,各国政要、商界领袖和思想界精英云集,博鳌也就成为了自然美和人文美交相辉映的生态人文旅游胜地。

(四)"一省两地"发展战略的实施效果

海南"一省两地"发展战略实施后,到《国务院关于推进海南国际旅游岛建设发展的若干意见》发布,海南省经济社会发展取得了显著成就。根据海南省各年度特别是 2009 年国民经济和社会发展统计公报,并参考了《六十年沧桑巨变琼州大地换新颜——海南解放 60 年以来经济社会发展成就》[①]等其他有关文献,笔者做四点归纳:一是经济发展速度较快;二是基础设施日趋完善;三是生态环境建设取得重要进展;四是人民生活水平大幅提高。加上海南得天独厚的热带海岛海洋旅游资源,为海南国际旅游岛的建

---

①　"一省两地"经济发展战略的实施效果所涉及的数据主要采用海南省统计局公布的数据。海南省统计局:《六十年沧桑巨变琼州大地换新颜——海南解放 60 年以来经济社会发展成就》,截至 2009 年底海南"国家级森林公园 7 个""国家级自然保护区 7 个"数据有误,笔者核实更正为"国家级森林公园 8 个""国家级自然保护区 9 个"。

设发展准备了充分条件。

1.经济发展速度较快。2009 年海南全省地区生产总值 1646.60 亿元，是 1987 年 57.28 亿元的 29 倍。其中，第一产业 461.93 亿元，第二产业 443.43 亿元，第三产业 741.24 亿元，分别比 2008 年增长 7.2%、12.6%、14.1%。三次产业结构为：28.1 ∶ 26.9 ∶ 45.0，与 1987 年海南 50 ∶ 19 ∶ 31 的农业主导型经济结构和全国 2009 年 10.3 ∶ 46.3 ∶ 43.4 的三次产业结构相比较，海南第三产业的比重和发展趋势均略显优势，但这种优也是"忧"，即生产总值特别是第二产业的总量太少（海南第二产业到 2010 年才首次超过第一产业）。纵向比较来看，2009 年海南人均生产总值 19166 元，超过 1987 年 939 元的近 20 倍；横向比较来看，海南人均生产总值为 2805 美元，与全国人均生产总值 3761 美元比较，还有一定差距。

2.基础设施日趋完善。公路建设方面，1999 年 9 月海南"环岛高速公路"全线贯通，总里程达 612.8 公里（其中全长 249 公里的"东线高速公路"于 1995 年 3 月竣工通车）；另有"海文线高速公路"（海口至文昌）52 公里于 2002 年 9 月全线通车。到 2009 年，全岛基本形成了贯穿中部、沟通南北、东西的"田字形"公路网主骨架和沟通市县、旅游区的支干线公路网。铁路建设方面，建省前，海南铁路线路仅穿行在岛内西部四个市县——昌江、东方、乐东、三亚，最初为 1942 年日本侵华期间为掠夺昌江石碌铁矿而建成昌江石碌到东方八所一段，后向南延伸至三亚，往北与大陆铁路网不发生任何关联。2000 年伊始，海南建设了三亚至海口的西线铁路并通过轮渡打通琼州海峡通道。2004 年 12 月，中国首条跨海铁路粤海铁路通道正式开通客运后，又开始了"环岛高铁"建设，其中东线环岛高速铁路于 2010 年 12 月建成通车。航空和空港建设方面，国内首家股份制航空公司海南航空股份有限公司成立于 1993 年，到 2009 年已经发展成为仅次于国航、南航、东航的中国第四大航空公司，其服务水准获 SKYTRAX 全球五星级航空公司称号。三亚凤凰国际机场于 1994 年通航，海口美兰国际机场于 1999

年通航。2009 年，三亚凤凰机场以 929.4 万人次、海口美兰机场以 877.4 万人次的旅客吞吐量同时跻身全国机场 20 强。

3.生态环境建设取得重要进展。通过全面实施"退耕还林""天然林保护"和"海防林建设"三大工程，截至建设海南国际旅游岛之前的 2009 年底，海南森林覆盖率达 59.2%，并实现了环海南岛海防林带基本合拢；全省建有国家级森林公园 8 个、国家级自然保护区 9 个；"列入国家一级重点保护野生动物有 15 种；列入国家二级重点保护野生动物有 87 种。列入国家一级重点保护植物有 7 种；列入国家二级重点保护植物有 41 种。……有96.7% 的监测日环境空气质量符合国家一级标准，达到自然保护、风景名胜区的空气质量水平"[①]。地表水环境质量总体保持良好状态，近岸海域水质状况总体保持良好。

表 1-1　海南省国家级森林公园名录（截至 2009 年底）

序号	名称	面积（公顷）	建园时间
1	海南尖峰岭国家森林公园	46666.67	1992.09
2	海南蓝洋温泉国家森林公园	5660.32	1999.05
3	海南吊罗山国家森林公园	37900.00	1999.05
4	海南海口火山国家森林公园	2000.00	2000.02
5	海南七仙岭温泉国家森林公园	2200.00	2001.11
6	海南黎母山国家森林公园	12889.00	2002.12
7	海南海上国家森林公园	526.33	2005.12
8	海南霸王岭国家森林公园	8444.30	2006.12

资料来源：摘自《国家级森林公园名录（截至 2015 年底）》，国家林业网 2016 年 4 月 14 日。

---

① 《2009 年海南省经济和社会发展统计公报》（2010 年 1 月 25 日）。

表 1-2　海南省国家级自然保护区名录（截至 2009 年底）

序号	名称	行政区划	面积（公顷）	主要保护对象	类型	始建时间	主管部门
1	东寨港	海口	3337	红树林生态系统及珍稀水禽	海洋海岸	1980.01.03	林业
2	三亚珊瑚礁	三亚	8500	珊瑚礁及其生态系统	海洋海岸	1990.09.30	海洋
3	铜鼓岭	文昌	4400	珊瑚礁、热带季雨林及野生动物	海洋海岸	1983.01.01	环保
4	大洲岛	万宁	7000	金丝燕及其生境、海洋生态系统	野生动物	1987.08.01	海洋
5	大田	东方	1314	海南坡鹿及其生境	野生动物	1976.10.09	林业
6	霸王岭	昌江、白沙	29980	黑冠长臂猿及其生境	野生动物	1980.01.29	林业
7	尖峰岭	乐东、东方	20170	热带雨林和珍稀野生动植物	森林生态	1976.10.09	林业
8	吊罗山	陵水、保亭、琼中	18389	热带雨林	森林生态	1984.04.01	林业
9	五指山	琼中、五指山	13435.9	热带原始森林	森林生态	1985.11.01	林业

资料来源：中华人民共和国环境保护部《全国自然保护区名录》(2013 年 9 月 26 日)。

4. 人民生活水平大幅提高。生态文明最基本的要求是处理好人口、资源和环境的关系问题。海南建省以来，曾经有 10 万人才下海南的壮观场面，但人口总量规模得到了有效控制，2009 年末全省常住人口为 864.07 万人，为台湾地区 2340 万人口的三分之一。全省城镇居民人均可支配收入从 1987 年的 986 元增加到 2009 年的 13751 元，增长 12.9 倍；农村居民人均纯收入从 1987 年的 502 元增加到 4744 元，增长 8.5 倍。"依据世界银行的划分标准，海南已由低收入地区步入了中等收入地区的行列"①，向着全面建设小康社会迈进，人与自然和谐发展的理想图景正逐渐显露在世人面前。

第二节 海南率先全国建设"生态省"

海南"一省两地"经济发展战略的最大亮点，是依据时代发展要求和立足海南资源优势谋发展。在海南"一省两地"经济发展战略实施过程中，"工业省"建设进展不大，而旅游业发展却异军突起。与此同时，生态环境问题已经成为全球关注的焦点之一，在可持续发展战略推动下，国内对于"先发展、后治理"的发展模式已开始了认真的反思。特别是在实施"西部大开发"战略过程中，已经加强了环境建设和生态保护，包括实施天然林资源保护、绿化荒山荒地和退耕还林还草等。海南在地域上处于祖国的东南部，但海南自觉地把自己纳入西部欠发达地区范畴，并极力争取国家西部大开发政策扶持。在这样的时代背景下，为在发展中保护和发展好自身独有的热带海岛资源优势，海南于1999年率先全国做出了建设"生态省"的决定，获国家环保总局同意成为首个"全国生态省建设试点省"。

一、海南"生态省"建设缘起

海南建设"生态省"的缘由诚如《海南生态省建设规划纲要》序言中所指出的："保护和改善生态环境是全人类面临的共同挑战，是当今世界各国日益重视的重大问题。"②

从保护和改善生态环境是全人类面临的共同挑战看，20世纪上半叶的时代主题是战争与革命，两次世界大战给人类带来了巨大的灾难。特别是第

---

① 赵叶苹：《海南省发展20年间城镇化水平提高超过30个百分点》,http://www.gov.cn/jrzg/2008-04/14/content_944497.htm。

② 摘自《海南生态省建设规划纲要》(1999年7月30日海南省第二届人民代表大会常务委员会第八次会议批准)。

二次世界大战，战场遍及三大洲、四大洋、61个国家和地区，约20亿人口卷入战争，伤亡以亿计。20世纪下半叶开始的时代主题是和平与发展，这期间虽然没有发生大规模的全球性的战争，但生态环境问题却把世界每一个角落的人们都牵涉到其中。据说，20世纪最早记录下的大气污染惨案是1930年比利时的"马斯河谷烟雾"事件，到1952年英国"伦敦雾霾事件"后，生态环境问题已经日益成为关乎当下和未来人类生存发展所必须共同面对的最为重大的问题。1972年6月，联合国在瑞典首都斯德哥尔摩举行了首届人类环境会议，有110多个国家和地区的代表出席大会。大会通过了《人类环境宣言》（并提出"为了这一代和将来世世代代保护和改善环境"的口号）。环境问题自此列入国际议事日程。1992年6月，联合国环境与发展大会在巴西里约热内卢举行。这次会议又称地球首脑会议，178个国家共1.5万名代表与会，会议通过了被称为"地球宪章"的《里约环境与发展宣言》和《21世纪行动议程》《气候变化框架公约》《保护生物多样性公约》等一系列重要文件，以国际法的形式开始了各国政府间在生态环境保护领域的合作。

从改革开放后中国发展的基本国策与面临的生态环境问题看，"文化大革命"结束后的人们迫切希望看到工厂"冒烟"，"冒烟"即意味着生产的恢复，人们的日子有了指望。但经过改革开放十多年的经济发展，特别是东南沿海发达省份乡镇企业遍地开花式的"冒烟"之后，生态环境问题日益突出地摆到了国人面前。在GDP挂帅的年代，"先污染、后治理"是见怪不怪的事情。到20世纪90年代，刚解决温饱问题的中国为推动经济转型，开始实施可持续发展战略，1994年，国务院发布了《中国21世纪人口、环境与发展白皮书》。1996年，中国在制定"九五"计划和2010年远景目标时，提出了两个根本性转变的要求："一是经济体制从传统的计划经济体制向社会主义市场经济体制转变，二是经济增长方式从粗放型向集约型转变。"[①]1998年，在中央计划生育和环境保护工作座谈会上，江泽民把环境保护上升到基本国策的高度。[②]

从海南省发展的独特优势看，海南作为中国唯一的热带岛屿型省份，具有发展热带农业和旅游业的优越条件。同时，海南特殊的地理位置和独立的地理单元，其生态系统具有明显的脆弱性，因此在海南大规模开发建设之始，就必须十分重视生态环境的保护和建设。

据海南师范大学副校长、生态学科博士点创始人史海涛教授介绍：海南生物资源丰富而独特，是区域生态文明的物质基础，对于维护岛屿脆弱的生态安全具有重要意义。海南岛是我国单位面积动、植物种类最多的地区之一，动、植物物种的特有性强，被保护国际（Conservation International，简称 CI）列为世界生物多样性分布中心和热点研究地区。海南师范大学生态学科立足于海南岛这一独特的热带生物地理单元和海岛复合生态系统，运用生态学、生物地理学、保护生物学和行为学等理论与方法，对热带濒危物种四眼斑水龟、青皮等的种群生态与保护生物学进行研究，为物种有效保护和科学管理提供理论依据和实践指导；开展外来入侵物种红耳龟、假臭草等的生态适应机制研究，建立海南生态安全的预警和防控体系；结合海南岛沿海防护林建设，研究海岸植被生态系统退化的生态学过程与机理、恢复与重建的技术和方法；探讨潮间带沉积物形成演化过程中元素的地球化学分异及其形成机理，开展对红树林湿地的长期动态监测和生态价值评估。被誉为"海南植物王"的钟义教授于 20 世纪 50 年代开启了生态学方向的研究。自 20 世纪 90 年代开始，海南师范大学生态学科创建了国内唯一一支专门从事龟类生态学研究的队伍，研究工作处于国际先进水平。近几年来，海南师范大

---

① 《中华人民共和国国民经济和社会发展"九五"计划和2010年远景目标纲要》（1996年3月17日第八届全国人民代表大会第四次会议批准）。

② 引自《中央计划生育和环境保护工作会议召开》，《光明日报》1998年3月16日。

学生态学科在学术创新方面，创建了动物"形象检索法"，对动物分类学方法的改进、分类知识的普及具有重要意义；首部系统研究植物凋落物的学术专著《植物凋落物生态学》，为创立植物凋落物生态学学科奠定了基础；提出的"海岸防护林恢复分三步走"，成为海南省海防林建设的指导思想。

学者的研究特别是对海南生态环境保护的呼吁和技术支撑与国家可持续发展战略一起内外使劲，推动了海南生态省建设战略决策的形成。当然，也有学者私下说，海南"生态省"建设还有一个不便说出口而又客观存在的事实，就是发展压力问题，即海南省 1988 建省至 1998 年 GDP 增长状况不甚理想，1998 年海南人均 GDP 占全国比重比 1988 建省时还低。

表 1-3　海南省 1988 建省至 1998 年 GDP 增长状况表

年份	全国 GDP 总量（亿元）	全国 人均 GDP（元）	海南 GDP 总量（亿元）	海南 人均 GDP（元）	海南 GDP 占全国 比重（%）	海南人均 GDP 占全国 比重（%）
1988	16101.1	1371	77.00	1220	0.48	88.99
1989	17090.3	1528	91.32	1420	0.53	92.93
1990	18774.3	1654	102.42	1562	0.55	94.44
1991	21895.5	1903	120.52	1804	0.55	94.80
1992	27068.3	2324	184.92	2719	0.68	117.00
1993	35524.3	3015	260.42	3755	0.73	124.54
1994	48469.6	4066	331.98	4702	0.68	115.64
1995	61129.8	5074	363.25	5063	0.59	99.78
1996	71572.3	5878	389.68	5346	0.54	90.95
1997	79429.5	6457	411.16	5567	0.52	86.22
1998	84883.7	6835	442.13	5912	0.52	86.50

数据来源：《中国统计年鉴 2015》《海南省统计年鉴 2015》。统计部门对本表各年度的生产总值在 2004 年经济普查后进行了修订，所有数据均按当年价格计算。

表 1-3 表明，虽然 20 世纪 90 年代初，海南有过一段短暂的经济超常规发展景象，但"过山车"式的经济发展，使得在"生态省"建设之前，海南属经济落后地区的地位并没有改变，与邓小平和党中央对海南的期待相距

甚远。特别是 1995 年至 1998 年间，海南经济跌入谷底，1997 年、1998 年的海南人均 GDP 占全国比重还不如建省当年，"烂尾楼"随处可见。因此，从某种意义上讲，海南率先进行生态省建设是倒逼出来的。当然，倒逼出来没有什么不好。海南在新形势下被逼率先走上生态建设之路，顺应了世界经济社会发展大势，敢于做生态文明建设的弄潮儿，带有示范性意义。

二、海南率先"生态省"建设的决策过程

海南从建省办经济特区开始就非常重视环境保护，海南省历届主要负责人都重视生态环境问题，认为"良好的生态环境和丰富的热带资源，是海南赖以生存和发展的'饭碗'，谁弄砸了这个'饭碗'，谁就是不可饶恕的历史罪人。"[①]

为加强对生态环境的保护，海南在建省之初就颁布了《海南省建设项目环境保护管理办法》，严格执行了"三同时"制度。"三同时"制度是中国出台最早的一项环境保护制度。《环境保护法》第四章第 26 条规定："建设项目中防治污染的设施，必须与主体工程同时设计、同时施工、同时投产使用。"[②] 这在我国环境立法中通称为"三同时"制度。1995 年，海南省《关于加强环境与资源保护工作的决议》提出要切实把环境保护的目标纳入经济和社会发展的总体规划，坚持环境与发展综合决策，走可持续发展道路；1996年，在制定《海南省国民经济和社会发展"九五"计划和 2010 年远景目标》时，提出了环境保护主要指标保持全国先进水平的要求；在 1997 年制定的《海南省环境保护"九五"计划和 2010 年规划》中，明确要求把一流的生态环境带入 21 世纪。在进入 21 世纪之前，省人大和省政府还颁布了 30 多部针对性很强的地方性法规。如《海南省环境保护条例》《海南省建设项目环

---

① 《杜青林同志在海南省第二届人大常委会第八次会议上的讲话摘要》，海南生态省建设联席会议办公室：《海南生态省资料汇编》（2005 年 12 月），第 22 页。

② 《中华人民共和国环境保护法》（1989 年 12 月 26 日）。

境保护管理办法》《海南省自然保护区条例》《海南省人民政府关于严禁破坏旅游风景区自然资源的通告》《海南省人民政府关于严格保护珊瑚礁、红树林和海岸防护林的布告》《海南省森林保护管理条例》等，并上报了《海南省关于保护西南中沙群岛一带生物资源的报告》。

在上述认识和制度建设的基础上，海南省开始了建设生态省的酝酿。据海南日报《建省 25 周年：1999，创建全国首个生态示范省》一文介绍，1998 年九三学社海南省委员会首次向中共海南省委提出建设生态省建议。海南省人大常委、九三学社省委副主委颜家安回忆当年"生态省"出台的背景时，颇多感慨："当时只是觉得建设生态省这个问题很有价值，是全局性的，所以提出了这个命题。没想到后来引起这么大的共鸣，中共海南省委反应特别快。"与此同时，1998 年 7 月，时任原国家环保总局局长解振华与海南省领导工作交谈时提出："海南生态保持良好，条件优越，能否考虑建生态省？"这与海南的想法不谋而合，"中共海南省委积极采纳建议，立即组织力量进行生态规划，并最终将其确立为海南的发展战略。"①

1999 年 2 月，海南省人大通过《关于建设生态省的决定》。据当年议案起草人、原省人大环资工委主任刘元卿回忆，有林明玉、王信田、徐经国、毛平等 14 名人大代表联名提交了《关于建设可持续发展生态省的议案》。《议案》经省人大二届二次会议审议通过后作出《海南省人民代表大会关于建设生态省的决定》，上报原国家环境保护总局。1999 年 3 月 30 日，原国家环境保护总局批准海南省全国生态省建设试点；7 月 30 日，海南省第二届人大常委会第八次会议通过了《关于批准海南生态省建设规划纲要的决定》。

三、与全国其他"生态省"建设试点省份的比较

海南率先建设生态省，是在原国家环保总局的关心支持下开始的。海

---

① 《建省 25 周年历程：1999，创建全国首个生态示范省》，《海南日报》2013 年 4 月 21 日。

南根据自身优势条件率先建设生态省，起到了示范全国的作用，推动了全国生态省建设。2000 年，国务院印发了《全国生态环境保护纲要》，明确提出生态省建设要"在发展中保护，在保护中发展"。今天看来，"在发展中保护，在保护中发展"的顺序应该颠倒过来，要坚持生态环境优先原则。但在当时，这一认识在处理经济发展与环境保护问题上已经迈出重要一步。

从海南省率先进行生态省建设到 2004 年 1 月"全国首届生态省建设论坛"召开，原国家环保总局已经同意海南、吉林、黑龙江、福建、浙江、山东、安徽、江苏等 8 个省开展生态省建设试点。到 2015 年 5 月，环保部召开加强生态文明建设座谈会时，"全国已有福建、浙江、辽宁、天津、海南、吉林、黑龙江、山东、安徽、江苏、河北、广西、四川、山西、河南、湖北等 16 个省份正在开展生态省建设，1000 多个市、县、区在推进生态省建设的细胞工程，大力开展生态市县建设。92 个地区取得了生态市县的阶段性成果"[①]。

"全国首届生态省建设论坛"的主题是"建设生态省，加速奔小康"。原国家环保总局局长解振华在会上说，生态省建设是可持续发展的历史选择，是严峻环境形势下的必然选择；生态省建设一般以 20—30 年为期，基本目标是按照全面建设小康社会的总体布局和要求，区别东部和中西部不同基础条件，统筹城乡、经济社会和人与自然的发展，坚持生产发展、生活富裕和生态良好的文明发展道路，努力实现省域的可持续发展。论坛特别就"生态省建设概念及我国建设现状"，生态省建设的"原则规范""工作重点""热点问题""难点问题"[②] 等进行了深入探讨，达成了共识。

在早期生态省建设试点省份中，各地在原国家环保总局的统一指导下，积极探索，凝聚共识，不仅形成了具有共性的一些基本面，而且都成立了以省委省政府主要负责人为首，省政府有关职能部门组成的示范省建设领导小

---

① 曹红艳：《16 省份开展生态省建设》，《经济日报》2015 年 5 月 15 日。

② 贾克平、黄正夫：《中国生态省建设实践与理论探索》，《学会月刊》2004 年第 4 期。

组；都依据国务院《全国生态环境保护纲要》，参照《全国生态示范区建设规划纲要》和《全国生态示范区建设规划编制导则（试行）》，编制、修订了生态省建设规划《大纲》或《纲要》并形成了具体《规划》；都是从保护森林资源、提高森林覆盖率开始，以发展循环经济、生态经济为核心，以推动经济增长方式转变、环境质量改善、实现可持续发展为根本目标，走生产发展、生活富裕、生态良好之路。

由于中国幅员辽阔，省情不同，在生态省建设早期试点过程中又各具特色。

海南生态省建设，起步时重点在农村和山区，文明生态村建设是其一大亮点。2006 年，中共海南省委宣传部组织力量，由时任中共海南省委常委、宣传部周文彰部长任顾问，笔者等著的《社会主义新农村建设的理论与实践》一书，"实践篇"专门反映了海南生态省建设中从 2000 年 7 月开始在全省范围内有组织、有计划地开展文明生态村创建活动，并把其作为社会主义新农村建设的重要载体，做了比较系统的工作回顾和经验总结。时任中共浙江省委书记的习近平在接到周文彰赠书后，复函对海南文明生态村建设给予了高度评价："海南的文明生态村建设是海南新农村建设工作的一个品牌，特色鲜明，内容丰富。很多经验，值得我们学习和借鉴。"[1] 海南文明生态村创建活动连同后来工业发展"两大一高"战略的实施，为海南建设国际旅游岛保护了得天独厚的自然资源环境，夯实了海南"争创中国特色社会主义实践范例，谱写美丽中国海南篇章"的经济社会基础。

吉林生态省建设。从"共和国工业长子"和东北"老工业基地"的现实出发，吉林省以产业的转型升级为主攻方向。在生态省建设之初，吉林就提出了争取在 5 年内确立"绿色品牌大省形象"，在 15 年内树立"绿色产业大省形象"，在 30 年内树立"绿色经济强省形象"，全部项目计划总投资

---

① 习近平给周文彰的回函原件在国家行政学院原副院长周文彰处保存。

7839亿元。[①]"十一五"期间,吉林省GDP平均增速为14.9%,是发展最快的时期,同时全省单位GDP主要污染物排放强度大幅度下降。"2010年底,吉林省化学需氧量、二氧化硫两项指标分别完成'十一五'污染减排任务的130.7%和142.7%,均走在了全国前列。"[②]

黑龙江生态省建设。首先从农业大省的实际出发,黑龙江省在全国率先发展绿色食品产业,为此还专门成立了绿色食品开发领导小组。截至2011年,"年末全省绿色食品认证个数1250个,比上年增加150个;绿色食品种植面积6430万亩,增长5.4%,其中A级绿色食品种植面积5980万亩,增长5.3%,占总面积的93%"[③]。绿色食品监控面积和获得标识认证的产品数量均居全国第一位。另外,黑龙江也是资源大省,重工业占有较大份额。建设生态省,就要改变轻重工业比例失衡的情况,大力发展低碳产业。"2012年,黑龙江省环保厅联合省商务厅、省科技厅共同下发通知,对全省开展创建生态工业示范园区工作进行部署。要求全省各地要在原有较为成熟的省级以上经济开发区、高新技术产业开发区的基础上,开展生态工业示范园区创建活动。通过转变产业结构和经济增长方式,推进资源型城市转型。"[④]

福建生态省建设。从森林覆盖率居全国首位的优势出发,福建省突出了对自然保护区、重要湿地、沿海防护林等重点生态功能区的强制保护;加大了对林业自然保护区、森林公园、湿地公园的建设力度,率先全国开征了森林资源补偿费,建立起森林生态补偿机制。至"2013年,福建省23个城市平均达标天数比例为99.5%,12条主要河流水质常年保持为优"[⑤]。现在的福建节能降耗水平和生态环境状况指数始终保持在全国前列,特别是66%

① 林英、林志锋:《吉林将进行生态省建设试点》,《光明日报》2001年5月9日。
② 刘姗姗:《吉林省生态文明建设发展与保护并行》,《吉林日报》2014年9月28日。
③ 《2011年黑龙江省国民经济和社会发展统计公报》(2012年3月9日)。
④ 刘伟杰、汪金英:《黑龙江省生态文明建设路径探索》,《学术交流》2013年第6期。
⑤ 常工:《福建:从生态省到生态文明示范区》,《人民日报》(海外版)2015年6月2日。

的森林覆盖率连续 37 年居全国之首，有力推进了南方红壤区水土流失治理和集体林权制度改革，打造了"清新福建"品牌。2014 年 3 月，国务院出台《关于支持福建省深入实施生态省战略 加快生态文明先行示范区建设的若干意见》，开始了党的十八大以来全国第一个"生态文明先行示范区"建设。①

浙江生态省建设。从经济大省的现实出发，浙江省突出污染整治，发展循环经济。2005 年提出"加快发展循环经济"并制定了《浙江省循环经济发展纲要》，2009 年还编制了《浙江省循环经济试点实施方案》，通过实施循环经济"991 行动计划"和工业领域循环经济"4121 工程"②，建设了一批循环经济示范企业和园区，创建了一批"绿色系列"工程，率先全国实现县以上城市污水集中处理全覆盖。更为难得的是，2010 年以来，浙江省在推进生态文明建设中围绕"富饶秀美，和谐安康"，沿着"生态环境建设—绿色浙江建设—生态浙江建设"这一主线，以"千村示范万村整治"为突破口，创新了具有时代特征、中国特色、浙江特点的"美丽乡村"建设之路。③

山东生态省建设，也是从污染防治和发展循环经济着手。2000 年，山东开始尝试建立"点、线、面"循环经济综合试点体系。污染防治主要是以企业为单元，推行清洁生产；然后以行业为单元，拉长和扩大生态工业产业链，形成涉及多行业生态园区；最后以大的区域为载体，建立"面"上

---

① 本刊报道组：《福建：从"生态省"到"生态文明先行示范区"》，《财经界》2015 年第 3 期。

② "991 行动计划"，即发展循环经济九大重点领域、"九个一批"示范工程和 100 个重点项目；"4121"工程，即确定 4 个市、10 个县（市、区）、20 个园区（块状经济）和 100 家企业作为工业循环经济首批试点地区和单位。

③ 参见《积极探索以生态文明促科学发展的新路——浙江推进生态省建设综述》，《今日浙江》2010 年第 11 期；《中国特色的美丽乡村建设之路——聚焦浙江乡村十年蝶变》，《农民日报》2013 年 9 月 14 日。

的大循环。① 2007 年,《山东省循环经济试点工作实施方案》对全省循环经济"123"工程中的 10 个城市、20 个园区、300 家企业就制订循环经济工作实施方案,带头探索循环经济发展模式提出了具体要求。 2013 年,印发了《山东省 2013—2020 年大气污染防治规划》和《山东省 2013—2020 年大气污染防治规划一期(2013—2015 年)行动计划》,确定分 4 个阶段、步步加严,到 2020 年让全省空气质量比 2010 年改善 50% 左右。② 这个标准的主要指标比国家现行标准严 6 倍左右,倒逼一大批企业提标改造。而同时创建环境行政执法与刑事司法衔接机制,实行公安、环保部门联勤联动执法,仅2014 年, 全省就侦办近千起生态环境案件,1500 多名环境违法犯罪人员被处理。③

安徽生态省建设,是从划分生态功能区和发展循环经济入手。2003 年,安徽省委省政府做出了"建设生态安徽"的战略决策,2004 年初制定公布的《安徽生态省建设总体规划纲要》,提出用 20 年的时间把安徽建成基本符合可持续发展要求的生态省。安徽省地域辽阔,地势西南高、东北低,平原与丘陵相间排列。安徽省委省政府按其地理分布,将全省分为 5 个生态区:淮北平原生态区重点治理淮河流域水污染,全面整治淮河及其支流;江淮丘陵岗地生态区重点实施水土保持,退耕还林还草和退田还湖;皖西山地生态区重点实施封山育林,建设生态防护林;沿江平原生态区重点加强湿地和长江珍稀水生动物的保护,同时建设长江生态防护林;皖南山地丘陵生态区重点实施封山育林,治理水土流失。发展循环经济方面:在广大农村,推行以沼气建设为纽带,上带养殖业、下促种植业的循环庭院经济模式;在城市,

---

① 资料来源:《生态省建设之"山东特色"》,《青岛日报》2005 年 9 月 20 日。
② 文件刊载于《山东省人民政府公报》2013 年第 17 期。
③ 资料来源:《生态文明看山东:创新体制机制 建设"生态山东"》,国务院新闻办公室新闻发布会 2015 年 6 月 3 日。http://society.people.com.cn/n/2015/0602/c136657-27088267.html.

对工业重点行业探索循环经济发展模式，建设循环型企业。①

江苏生态省建设，是从发展循环经济和节能减排着手。"2005 年江苏被列入国家首批循环经济试点省份，全省 15 个城市、15 个园区、100 家企业循环经济试点成效明显，全省资源综合利用水平处于全国前列。"② 通过推行清洁生产，推进产业生态化改造，推进资源综合利用，使江苏省单位 GDP 能耗 2007 年下降 4.28%。因此，《江苏，转型跨越再起跳》一文在回顾这段历史时称"江苏铁腕治污"，交出了完美答卷："太湖蓝藻一度是江苏人心中的痛点。唯有发展转型，才能让碧波重现。江苏铁腕治污：2007 年以来累计关停太湖附近'五小'和'三高两低'企业 2800 多家，劝退和否决 2100 多个'不环保'项目。太湖边的周铁镇，曾经的'化工之乡'果断转型，装备制造业成为新支柱。湖水清清、白鹭翩翩，'美就美在太湖水'的歌声再次回荡。"③

第三节 《海南生态省建设规划纲要》及其修编

1999 年 2 月海南省人大通过《关于建设生态省的决定》，当年 7 月省人大常委会又发布了《海南省人民代表大会常务委员会关于批准海南生态省建设规划纲要的决定》，认为该《纲要》"明确了生态省建设的总体目标和近、中、长期的具体工作任务，提出了我省在环境污染防治、生态环境保护与建设、生态产业发展、人居环境建设、生态文化建设等领域的行动纲领，制定了生态省建设的保障措施，把经济发展与生态环境建设有机结合起来，符

---

① 哈文、汪志国：《生态文明理论与生态安徽实践——对 6 年来安徽生态省建设的思考》，《江淮论坛》2009 年第 3 期。

② 赵志凌：《弘扬生态文明加快江苏生态省建设》，《改革与开放》2008 年第 9 期。

③ 贺广华、白天亮、王伟健：《江苏，转型跨越再起跳》，《人民日报》2015 年 11 月 14 日。

合我省的实际情况，符合国家的可持续发展"①。2005 年 5 月，根据形势的发展和认识的深化，海南省人大常委会又通过了《海南生态省建设规划纲要（2005 年修编）》。

一、《海南生态省建设规划纲要》制定的原因

制定《海南生态省建设规划纲要》的原因，首先是全球性资源环境问题凸显对生态环境保护提出的要求。20 世纪下半叶以来，空气污染、资源枯竭、气候变暖、沙漠化、荒漠化等概念不绝于耳，生态环境问题是人类共同关注的重大时代课题。1972 年《人类环境宣言》、1992 年《里约环境与发展宣言》借助联合国在应对全球性生态危机这一重大问题上的主导作用，得到了各国响应。从国情看，中国是世界上最大的发展中国家，人口、资源、环境问题是我国改革开放以来最为棘手的重大的问题之一，在经济快速发展的同时，实现对全球性"高消耗、高污染"传统工业化阶段的跨越，突破"先污染后治理""先破坏后恢复"的传统发展模式，任务极其艰难。从省情看，海南虽然地处南海，比东南沿海还"海"，但没有东南沿海省份之富，属经济欠发达省份。海南建省办经济特区后，发展压力很大。海南作为一个岛屿型省份，其生态的脆弱性，又不容许走乡镇企业遍地开花的诸如东南沿海的珠江三角洲发展模式、浙江温州发展模式。从长计议，从对子孙后代和全国人民负责的角度出发，海南生态保护的任务尤为重要和紧迫。

其二是原国家环保总局批文要求。1999 年 3 月 31 日，《国家环境保护总局关于同意海南省为全国生态建设示范省的复函》，明确要求海南省"抓紧完成《海南生态示范省建设大纲》的修改"；"组织专家按《海南生态示范省建设大纲》要求，编制《海南生态省建设规划》"；《建设大纲》和《建设规划》请参照《全国生态示范区建设规划纲要》和《生态示范区建设规划编

---

① 《海南省人民代表大会常务委员会关于批准海南生态省建设规划纲要的决定》（1999 年 7 月 30 日）。

制导则（试行）》编制。"①《全国生态示范区建设规划纲要》中关于指导思想、目标任务、指标体系、保障措施、实施步骤等八个方面的内容，连同试行的生态示范区建设规划编制导则，为制定《海南生态省建设规划纲要》在思想内容上提供了方向性的指导，而且在主要概念和行文风格上提供了范本。

其三是回应国家对海南生态环境保护的期待。中国作为负责任的世界大国，有应对全球气候变化庄严的国际承诺。建设生态省，是中国实施全球可持续发展战略、参与全球环境保护的重大行动。时任中共中央总书记、国家主席的江泽民在海南考察时指出："海南得天独厚的热带资源和生态环境是极其宝贵的，要积极探索依靠生态环境建设增创新优势、实现可持续发展的路子，扎扎实实地实现建设生态省的目标。"② 海南建设生态省是保护海南生态环境的客观需要，加快海南经济社会发展的战略选择，也是在回应国家对海南生态环境优势与保护的期待，反映国家的战略意图。

为此，海南省人大常委会批准的《海南生态省建设规划纲要》，要求各级政府要加强对生态省建设的领导，加强对生态省建设的宣传教育，加大生态省建设的资金投入，不断完善生态省法制建设，处理好生态保护与经济社会发展的关系。海南省人大常委会关于批准海南生态省建设规划纲要的《决定》中，还要求海南省各级政府根据《海南生态省建设规划纲要》的要求，制订工作方案，精心组织实施；各级人大及其常委会要加强监督，以保证规划纲要提出的各项任务目标圆满完成。

二、《海南生态省建设规划纲要》的基本内容

海南省人大常委会批准的《海南生态省建设规划纲要》的基本内容在序言之后，分生态环境现状、生态省建设总体目标、生态省建设主要内容三

---

① 海南省生态省建设联席会议办公室：《海南生态省建设资料汇编》（2005 年 12 月）。

② 《江泽民在海南考察工作时强调切实加强党风建设》，http://news.sina.com.cn/c/196622.html。

个组成部分。生态省建设主要内容是这个纲要的主体部分，包括环境污染防治、生态环境保护与建设、生态省的产业发展、生态省的人居环境建设、生态文化建设、生态省建设的保障措施六个方面，附有《近期实施的重点工程》《生态省主要预期指标》两个附件。《海南生态省建设规划纲要》（以下简称《纲要》）是全国第一个生态省建设规划纲要，因而具有开创性的意义。

第一部分：生态环境现状。

《纲要》肯定了海南建省以来生态环境保护与建设取得了较大成绩，同时指出海南省的环境保护也面临严峻形势。突出表现在："三废"污染程度随经济发展而有所增加；生态公益林遭受破坏；土地退化严重；海岸带和近海资源遭破坏；生物多样性不断丧失。

其主要数据有："1998 年与 1990 年相比，全省工业废气排放量增长了 3.1 倍，废水排放量增长了 35.4%"；"原始林覆盖率从 1950 年的 35%，下降到 1987 年的 7.2%，现仅有 4% 左右。58% 的天然林郁闭度从 50 年代的 0.8 下降到现在的 0.4—0.5。海防林带遭受破坏，曾出现 90 公里长的缺口"；"全省现有水土流失面积 2.2 万公顷，荒漠化面积 10.6 万公顷"；"近 50 年来，红树林面积已减少一半多，珊瑚礁分布面积和岸礁长度分别减少了 55.5% 和 59.1%"；"过去 50 年，有 200 多个物种濒临灭绝，……沿岸近海 14 种主要经济鱼类资源都不同程度出现衰减和消失"[①]。

《纲要》在对海南生态环境作出现状分析之后，面对未来发展指出：要在实现我省经济社会快速发展的同时，继续保持良好的生态环境质量，必须探索一种全新的发展模式，可持续发展的战略，建设生态省。

第二部分：生态省建设总体目标。

《纲要》要求生态省建设必须遵循"七条基本原则"：统筹规划，突出重点，分步实施；因地制宜，讲求实效；依法保护和治理生态环境；依靠科

---

① 《海南生态省建设规划纲要》（1999 年 7 月 30 日海南省第二届人民代表大会常务委员会第八次会议批准）。

技进步加快建设进程；生态环境建设与产业开发相结合；生态环境建设与生态文化建设相结合；全社会广泛参与。这"七条基本原则"实质上是提出了生态省建设的方法、步骤、途径、动力问题。在此基础上提出生态省建设的总体目标是："用 30 年左右的时间，建立起发达的生态经济，形成布局合理、生态景观和谐优美的人居环境，使经济综合竞争力进入全国先进行列，环境质量保持全国领先水平。"[①] 这总体目标按照原文表达的顺序，可以进一步用三句话来概括：发达的生态经济，优美的人居环境，领先的环境质量。可以看出这与党的十六大所提出的"生产发展、生活富裕、生态良好"的文明发展之路要求是相一致的。

《纲要》对生态省建设总体目标还提出四个方面的基本要求：生态环境质量保持全国领先水平；建成发达的生态产业体系；人居环境舒适优美；形成繁荣的生态文化。除生态文化讲的是保障机制，即"建立健全生态环境保护的法律法规体系和执法监督机制，全民形成强烈的生态环境保护意识，在全社会养成自觉的生态保护行为"外，其所表达的核心思想仍然是发达的生态经济，优美的人居环境，领先的环境质量。只是内容顺序上的变化而已。

《纲要》对生态省建设总体目标的规划，提出从《纲要》出台到 2030 年，海南生态省建设分近期、中期和远期三个阶段：

近期阶段：从《纲要》出台到 2005 年，用大约 6 年的时间，集中解决生态环境中存在的突出问题，使人为因素造成生态环境破坏的趋势得到遏制。提出了新增森林面积 30 万公顷、营造沿海防护林 2 万公顷、治理重点地区水土流失面积 2 万公顷等主要建设目标。

中期阶段：从 2006 年到 2015 年，用 10 年左右的时间，初步建成生态省。提出了四个 60% 的要求，即森林覆盖率达到 60%，生态产业在国民经济中的比重达到 60% 以上，推行精准农业的农地达到 60%，开展清洁生产

---

① 《海南生态省建设规划纲要》（1999 年 7 月 30 日海南省第二届人民代表大会常务委员会第八次会议批准）。

的工业企业达到60%。

远期阶段：从2016年到2030年，再用15年左右的时间，全面完成生态省建设的各项奋斗目标，把海南建成国际一流的生态区。

第三部分：生态省建设主要内容。

一是环境污染防治。《纲要》明确海南全省环境污染防治的重点是工业污染和城镇污染，重点保护好饮用水源地、居民文教区、风景名胜区和旅游区。在2000年底前实现"一控双达标"[①]，使海南环境污染控制达到全国领先水平，并分别就工业污染防治、城镇环境污染防治、海洋环境污染防治规定了主要方向和指标要求。

二是生态环境保护与建设。《纲要》提出要重点加强热带天然林和沿海防护林等生态公益林建设，治理水土流失和土地沙化，保护生物多样性；明确界定了海洋生态圈保护和建设、海岸生态圈保护和建设的主要方向、沿海台地生态圈保护和建设的主要方向、中部生态护育区保护和建设的主要方向。特别是在中部生态护育区保护和建设的主要方向上，规定热带天然林进行封育对超过25°以上的坡地全部实行退耕还林。

三是生态省的产业发展。《纲要》提出要坚持"一省两地"的发展战略，引导各类产业向生态化方向发展，鼓励发展生态农业、生态旅游等与生态环境相互促进的产业。特别是明确规定生态省的工业发展要坚持"三不"原则，即"不污染环境、不破坏资源、不搞低水平重复建设"。

四是生态省的人居环境建设。《纲要》提出要把居住环境的改善与生态环境建设有机地结合起来，建设规划布局合理、基础设施配套齐全、生态和谐、居住条件舒适的具有热带特色的生态型社区，为所有居民提供方便、舒适、健康的生活和工作环境。"为所有居民"的提法考虑到了游客和旅游业发展的需要。

---

① 把海南全省环境污染排放问题控制在国家下达的总量指标内，全省工业污染源达标排放、城镇环境质量达到国家规定的标准。

五是生态文化建设。《纲要》指出其主要任务是建立完善的法规体系和健全的管理体制，普及生态科学知识和生态教育，培育和引导生态导向的生产方式和消费行为，在全社会树立起"破坏生态环境就是破坏生产力，保护生态环境就是保护生产力，改善生态环境就是发展生产力"的生态观。

六是生态省建设的保障措施。《纲要》就行政保障、法制保障、经济保障、技术保障做出规定。行政保障实行生态省建设一把手负责制和目标责任制；法制保障要加大执法力度，建立健全监督机制；经济保障要建立以生态环境为导向的经济政策；技术保障要大力引进推广先进适用科技成果，建立生态环境信息网络，制订生态产业和环保产品标准，等等。

《纲要》的两个附件，是《纲要》的重要组成部分。"附件一"对近期实施的重点工程，包括生态保护与建设、污染防治、生态产业建设、人居环境建设、生态文化建设，共计25项，作了规划安排；"附件二"对生态省建设的主要预期指标，分别就1998年、2005年、2015年、2030年的人均GDP、人口自然增长率、主要城市空气质量、主要江河湖库和近岸海域水质达标率、主要城镇噪声达标率、森林覆盖率、节能减排等30项指标进行了量化。附件作为《纲要》的组成部分和重要补充，使其内容更为立体丰富，体系更为严谨完备。

当然，《纲要》也有历史局限性，如把"为金海浆纸厂提供造纸原料"种植速生林的指标写进正文并纳入《附件》，这与生态省建设的总要求是不相宜的。虽然1997年3月，原国家环保总局审查批准了金海浆纸厂项目环境影响报告书，指出该项目拟采用国际先进水平的生产工艺技术和设备，符合海南总体规划，在采取各项环保对策措施，污染物排放达到规定标准的前提下，从环境保护角度考虑，该项目建设是可行的。但由于海南的老百姓、学者乃至一般政府官员对此多持批评态度，以至于到2004年底，海南"林浆纸"一体化重点项目总计造林只有97万亩，到2007年也只达到了170万亩，与项目规划的350万亩浆纸林建设目标存在很大差距。省有关部门不得不进一步制定优惠政策，广泛发动和吸引社会各界参与公路沿线的速生林建设，甚至还把浆纸林种进了自然保护区，但效果仍然不佳。

《纲要》中也存在一些不符合实际情况的问题，即意识超前而能力不足、实力不支。如生态省建设的保障措施里面，在经济保障中要求"探索制定生态省的新国民经济核算体系"，这涉及国民经济发展统计的严肃性和全国"一盘棋"的问题。如果在海南全省同时使用两套国民经济核算体系，将会大量增加行政成本，且一个小省"探索制定生态省的新国民经济核算体系"对全国的引领和示范作用到底有多大，也存在疑问。

三、《海南生态省建设规划纲要（2005年修编）》的新增内容

基于《海南生态省建设规划纲要》的历史局限性，特别是科学发展观提出之后人们对生态文明建设的认识上升到了一个更高的水平。海南省2005年对《海南生态省建设规划纲要》进行了修编。在指导思想的表述上体现了党的十六大以来的新认识、科学发展观的新要求，把生态省建设目标与全面建设小康社会新的目标要求进行了时间和内容上的衔接，把之前"中期目标"要求2015年初步建成生态省的目标加以提高并顺延至2020年，把1999年《纲要》规划到2030年，生态省建设分"近期、中期和远期"三个阶段的规划，变更为规划到2020年，分为"起步阶段""全面建设阶段""完善提高阶段"三个建设期。同时，修编后的《纲要》丰富了生态省建设的有利条件和新的挑战、区域布局、生活质量等内容，并按照产业和环境的关系对产业发展部分进行了调整，强化了生态省建设的保障措施。

《海南生态省建设规划纲要（2005年修编）》将海南生态省建设总体目标修改为："用20年左右的时间，在环境质量保持全国领先水平的同时，建立起发达的资源能源节约型生态经济体系，建成布局科学合理、设施配套完善、景观和谐优美的人居环境，形成浓厚的生态文化氛围，使海南成为具有全国一流生活质量、可持续发展能力进入全国先进行列的省份。"具体要达

到以下几个方面的基本要求：生态环境质量保持全国领先水平；建成具有海南特色的发达生态经济体系；建设舒适优美文明的人居环境；形成繁荣的生态文化。这比 1999 年《纲要》的总体目标要求有明显提高，特别是用 20 年时间建成"发达的资源能源节约型生态经济体系"，这比 1999 年《纲要》"用 30 年左右的时间，建立起发达的生态经济"的要求更为超前。

《海南生态省建设规划纲要（2005 年修编）》总结了海南生态省建设以来的情况，得出结论：一是生态环境得到了改善，二是环境污染得到了有效控制，三是生态省产业快速发展，四是城乡人居环境面貌发生了显著变化，五是公众生态环境意识明显提高。修编后的《纲要》还进一步分析了海南生态省建设的有利条件和面临的挑战。特别是在"有利的国际背景"中认为："环境与发展是当今世界普遍关注的主题"，发展绿色经济是突破国际贸易"绿色壁垒"、提高国际竞争力、加快经济发展的必然选择。在面临的挑战中，指出海南经济发展水平不高、公众生态环境意识还不普及、人才和科教等智力支持不足。由于上述因素制约，特别是经济发展滞后，财政收入总量较小，难以对生态省建设提供足够的资金支持，导致环境与发展的矛盾仍较突出，生态省建设的任务艰巨而繁重。

《海南生态省建设规划纲要（2005 年修编）》在生态省建设的区域布局上，根据海南省不同区域的地理区位、自然环境、自然资源、生态功能特点分类指导，就海洋生态圈、海岸生态圈、沿海台地生态圈、中部山地生态区，明确了保护、建设与发展的主要方向。在人居环境建设中把创建文明生态城市、文明生态集镇、文明生态社区、文明生态村做了比较系统的部署。特别是以生态建设为主题，围绕海南岛就海洋、海岸、海岛陆地生态功能区做出一体化的系统性安排，在全国有示范意义。

政府的宏观政策对于环境保护和经济社会发展具有决定性的影响。《海南生态省建设规划纲要》和《海南生态省建设规划纲要（2005 年修编）》对海南省的生态环境保护和经济发展起到了正确的政策导向和制度保障作用，从而在推动海南生态省建设向"海南国际旅游岛"建设方向发展起到了至关重要的作用。修编后的《纲要》虽然也存在一些不足，特别是为了与全面建成小康社会的时间要求相一致，把到2030年的生态省建设规划压缩到2020年。但从内容的丰富性和可操作性上看，更为具体可行。如对海南生态省建设的"完善提高阶段"：2016年到2020年。要求在"经济发展水平、经济增长方式、生态环境质量、生活质量和社会进步5个方面27项指标"达到预期目标，"生态省建设达到全国领先水平"。再如修编后《纲要》的两个附件——《生态省建设全面建设阶段重点工程》，就生态安全保障体系、环境质量保障体系、资源可持续利用体系、生态经济体系、人居生态体系、人口生态体系、生态文化体系、能力保障体系等八个方面，确定了32项重点工程；《海南生态省建设各阶段主要指标与预期目标》，从4个方面27项细化了2005年、2010年、2015年、2020年度的量化指标要求。这些指标为海南建设国际旅游岛，创建"全国生态文明建设示范区"，提供了实践经验、指标体系及目标参考。但也有些指标诸如"主要城市空气质量"每年365天均为一级，是不太容易实现的。目前，海南生态省建设的预期目标已经被中共中央办公厅、国务院办公厅印发的《国家生态文明试验区（海南）实施方案》（以下简称《实施方案》）确立的主要目标所取代。《实施方案》明确了海南国家生态文明试验区建设2020年、2025年、2035年的主要目标，其中对2020年海南城镇空气质量提出了优良天数比例保持在98%以上的要求。具体内容见本书附一：《〈国家生态文明试验区（海南）实施方案〉确定的主要目标》。

第四节 "海南国际旅游岛"建设上升为国家发展战略

《海南生态省建设规划纲要（2005年修编）》完成了海南从建设"工业省"到"生态立省"的转变。在海南生态省建设取得巨大成就的基础上，2009年底"海南国际旅游岛"建设上升为国家区域发展战略。这中间除了海南生态文明建设的行动力量之外，理论界对其发展战略的探讨有着其不可忽视的特殊贡献。其中，2007年海南省在省直机关中开展的"建言献策"活动，有两篇"千字文"引起了决策者们的高度关注。在"海南国际旅游岛"建设上升为国家发展战略的过程中，海南省委省政府更是积极主动作为，在广纳群智的基础上，2007年海南省政府向国务院正式申请设立"海南国际旅游岛综合试验区"；2008年又推出《关于加快推进国际旅游岛建设的意见》。到2009年底，《国务院关于推进海南国际旅游岛建设发展的若干意见》（国发〔2009〕44号）终于在全国人民的普遍关心和期待中正式发文，海南省建设国际旅游岛的地方战略决策和请求终于上升为国家区域发展战略。

一、"海南国际旅游岛"建设构想的提出

海南是我国最年轻省份和最大的经济特区，海南岛是仅次于台湾岛的中国第二大岛。海南岛海岸线长达1944.35公里，岛上气候宜人，四季鸟语花香，热带雨林和红树林为中国少有的森林类型。海南省具有丰富的可供开发建设的包括三沙在内的世界一流海岛、海洋旅游资源，但海南的建设发展在建省办经济特区之后却并不尽如人意。

据《对话迟福林深度剖析海南国际旅游岛概念》一文介绍："1998年，海南省委就委托他们研究海南未来改革开放的大思路。到2000年，他们就得出一个结论，海南的突破口就是国际旅游岛！"[①]从提出行动建议到编制行动大纲，他们也在一直在做着这项研究工作。在南海网《海南国际旅游岛建设大事记》中，也有2002年6月中国（海南）改革发展研究院撰写《建立海南国际旅游岛可行性研究报告》的记载。

据笔者的亲身经历：2007年5月开始，海南省直机关工委按照省委要

---

① 陈彦炜：《对话迟福林深度剖析海南国际旅游岛概念》，《南方人物周刊》2010年3月11日。

求为贯彻落实海南省第五次党代会精神和迎接党的十七大召开,组织开展了"我为突出'特'字献计策 100 条好建议"活动,中国(海南)改革发展研究院提交的《推进海南国际旅游岛建设——方案建议》,海南省邓小平理论和"三个代表"研究中心提交的《坚持生态立省建设"生态经济特区"》,两篇"千字文"同时被评为"特别奖"。中国(海南)改革发展研究院《推进海南国际旅游岛建设——方案建议》的核心思想出自中国(海南)改革发展研究院迟福林院长;《坚持生态立省建设"生态经济特区"》的执笔人是笔者和海南师范大学陈为毅教授。这两篇建议均收录在《建言献智千字文——"我为突出'特'字献计策"百条好建议选编》中。《推进海南国际旅游岛建设——方案建议》全文如下:

推进海南国际旅游岛建设——方案建议
中国(海 W 南)改革发展研究院

扩大旅游开放,深化旅游业改革,把海南建设成为国际旅游岛,是省五次党代会落实中央关于"构建具有海南特色的经济结构和更具活力的体制机制"的要求做出的重大战略部署。海南建省办经济特区以来的实践证明,旅游业是海南最具优势、最具特色、最具潜力和竞争力的产业。把海南建设成为国际旅游岛,大力发展以旅游业为龙头的现代服务业,是促进海南长期可持续快速发展的必然选择。

本方案建议是在省五次党代会提出推进海南国际旅游岛建设的背景下提出的,在多视角分析国际旅游岛建设现实背景的基础上,提出了国际旅游岛建设的总体目标、总体布局、政策框架、综合改革措施、组织实施等研究建议。

所谓国际旅游岛,是指在特定的岛屿区域内,限定在旅游产业,对外实行以"免签证零关税"为主要特征的投资贸易自由化政策，有步骤地加快推进旅游服务自由化进程。其主要内容是：人员进出便捷，旅游商品丰富，旅游设施完善，旅游服务国际化，旅游社会环境配套。

海南国际旅游岛建设的总体目标是力争用10—15年的时间，把海南建设成为世界一流的旅游服务国际化、生态环境持续良好、海岛生态旅游特色鲜明、旅游环境安全、中外游客向往的国际热带海岛度假休闲旅游目的地。

建设海南国际旅游岛的总体布局是：统一规划建设"五大旅游经济区"。选择"三亚热带海滨旅游经济区"作为国际旅游岛综合改革试验区的先行试点。规划建设10个"乡村生态旅游社区"和10个国内外知名的旅游景区品牌。根据海南国际旅游岛建设的中长期目标，进一步加强支撑体系和基础设施建设。

本方案建议根据建设海南国际旅游岛的需要，在游客出入境、免税零售服务、航权开放、开放西沙旅游、吸引外资、对外开放、国际会展、货币兑换和流通、旅游产业发展基金和旅游项目审批等十大方面提出了政策框架。

根据省五次党代会《报告》的精神，建设海南国际旅游岛，必须敢为天下先，勇于探索、善于创新、敢于尝试，"积极推进旅游对外开放"和"加快旅游岛管理体制及相关配套改革"，推进与国际旅游岛建设相关领域的改革。一是在推进旅游产业对外高度开放的同时，统筹现代服务业的全面开放；二是在大胆改革旅游管理体制的同时，统筹旅游投融资体制改革、旅游企业改革和旅游行业规范管理的体制机制建设；三是在推进旅游资源一体化管理的同时，统筹城乡发展和区域经济整合；四是在推进旅游开发、开放的同时，统筹生态环境保护，建立符合国际标准的环境保护的体制机制。

推进海南国际旅游岛建设的方案建议是在中国（海南）改革发展研究院 2001 年《建立海南国际旅游岛》(框架建议）和 2002 年《建立海南国际旅游岛可行性研究报告》的基础上提出来的，基本回答了国际旅游岛是什么内容、应该怎么去建设、建设的主要内容是什么、配套政策应该解决什么问题、建设国际旅游岛要进行的综合改革是哪些，具有开创性和可操作性。

由海南省邓小平理论和"三个代表"重要思想研究中心提交的《坚持生态立省建设生态经济特区》建议，是笔者和陈为毅教授以发表在《当代经济研究》2007 年第 8 期的文章《实现从经济特区到生态经济特区的跨越》为基础压缩而成的，基本观点见本书附二:《实现从经济特区到生态经济特区的跨越》(内容摘要)。最后，笔者基于长期研究得出了一个重要结论:"总之，中国需要经济特区，更需要生态经济特区。"[①] 唯有生态经济特区的创办，才能带来海南经济的可持续发展和久远繁荣，造福千秋万代。

这次海南省直机关根据省委要求开展的"我为突出'特'字献计策 100条好建议"活动，《推进海南国际旅游岛建设——方案建议》被省委省政府采纳。《坚持生态立省　建设"生态经济特区"》的建议，在《国务院关于推进海南国际旅游岛建设发展的若干意见》中也得到了体现——把"全国生态文明建设示范区"定位为海南国际旅游岛建设发展的六大战略目标之一，说明该文抓住了海南未来发展所要解决的核心问题之一。

二、推动"海南国际旅游岛"建设战略决策的全国各界联动

海南的建设发展牵动着党和国家领导人和全国人民的心。从 20 世纪 80年代党中央决策海南建省办经济特区，邓小平寄语海南岛"好好发展起来，是很了不起的"；到 1993 年 4 月，江泽民视察海南在三亚题词"碧海连天远，琼崖尽是春"；再到进入新千年，2008 年 4 月，胡锦涛视察海南时明确

---

① 王明初、陈为毅:《实现从经济特区到生态经济特区的跨越》,《当代经济研究》2007 年第 8 期。

要求"大力发展以旅游业为龙头的现代服务业""提高旅游业国际化程度"。党和国家领导人所谱写的关于海南春天的旋律，意境优美而影响深远。由郑南填词、徐东蔚谱曲、沈小岑演唱的歌曲《请到天涯海角来》于1982年发行，在中央电视台1984年春节联欢晚会演唱后红遍了祖国大江南北，触动了无数人的心扉。这说明党和国家领导人对海南之美的感慨和对海南建设发展的期待，与海南和全国人民的愿望是完全一致的。

　　继率先全国建设"生态省"之后，经过长时间的思想准备和决策酝酿，海南省人民政府于2007年4月23日向国务院正式行文申请设立"海南国际旅游岛综合试验区"，开始了生态文明建设与产业发展有机结合的新尝试。中央政府相关部门对此事给予了高度重视，由国家发改委、外交部、公安部、商务部、海关总署、原国家旅游局等组成联合调研组到海南调研和考察。当年6月，海南国际旅游岛综合试验区联合调研工作座谈会在三亚举行。会上，省委常委、常务副省长方晓宇、副省长陈成代表省委省政府就申请设立海南国际旅游岛综合试验区，向国家联合调研组作了情况介绍。国家联合调研组对海南为设立国际旅游岛综合试验区所做的工作给予了充分肯定。

　　由于申请设立海南国际旅游岛综合试验区产业发展的主要内容是旅游，2008年3月，国务院办公厅《关于支持海南省发展旅游业有关问题的函》原则同意海南进一步发挥经济特区优势，在旅游业对外开放和体制机制改革等方面积极探索，先行试验。在国家有关部门的大力支持下，2008年5月《海南省人民政府关于印发海南国际旅游岛建设行动计划的通知》（琼府〔2008〕36号）下发，标志着海南省建设国际旅游岛的工作正式启动。

　　海南建设国际旅游岛的行动得到了全国各界的支持，全国政协更是把"海南国际旅游岛建设"作为一个重点调研题目深入到海南各个市县进行深度调查。2008年9月，在政协副主席孙家正率领下，由部分全国政协委员、专家学者和国务院15个部委负责人组成的专题调研考察团赴海南调研。通过研究和分析论证，专题调研考察团一致认为，建设中国特色的海南国际旅游岛，是科学发展的大思路，是生态文明建设的大手笔，是特区建设的新宏图，关系到中国新一轮改革开放的全局。是年9月20日，海南省委省政府出台了《关于加快推进国际旅游岛建设的意见》；10月9日，《人民政协报》刊登全国政协调研记行，表示全力支持海南国际旅游岛建设；11月10日，《海南国际旅游岛建设总体规划（大纲）》（初审稿）在《中国旅游报》刊登，征集社会各界意见。2009年3月9日，全国"两会"期间，全国政协人口资源环境委员会主任张维庆在全国政协十一届二次会议第四次全体会议上作了《加快改革开放步伐，推进海南国际旅游岛建设》发言。

全国政协人口资源环境委员会主任张维庆在全国政协十一届二次会议第四次全体会议上的发言，不是单纯的个人即兴发言，而是一个代表全国各界支持海南建设国际旅游岛的总结性发言。张维庆主任认为，建设海南国际旅游岛，事关国家科学发展和改革开放全局，目前基本条件已经具备；同时提出"建设海南国际旅游岛，需要借鉴国际经验，授予海南更大的自主权和更多的优惠政策"。他说，海南岛长夏无冬，阳光明媚，碧波万顷。从椰城海口走东线经琼海，走中线经文昌、通什、五指山，走西线经洋浦，直至美丽三亚，到处郁郁葱葱，莺歌燕舞。据世界环保组织监测，海南特别是三亚地区的大气质量位居世界前列。世界旅游组织荣誉秘书长弗朗加利考察海南后，赞誉这里的美丽"远远超出了想象"，海南三亚"将成为世界上最理想的旅游目的地"[1]。"如果能够给予海南足够的政策支持，我们相信，一颗祖国的天然绿宝石一定会更加璀璨夺目。"[2]

与此同时，海南社科界也对推动海南国际旅游岛上升为国家战略做了

---

① 张维庆：《加快改革开放步伐，推进海南国际旅游岛建设》，http://www.china.com.cn/news/2009-03/09/content_17409505.htm。

② 《在全国政协十一届二次会议第四次全体会议上，全国政协人口资源环境委员会主任张维庆作主题为〈加快改革开放步伐，推进海南国际旅游岛建设〉的发言——建设海南国际旅游岛事关国家科学发展和改革开放全局》，《海南日报》2009年3月10日。

大量的研究工作。如笔者和陈为毅执笔，署名"海南省中国特色社会主义理论体系研究中心"的理论文章《建设国际旅游岛实现海南绿色崛起》，载《求是》2009 年第 20 期，直接论证了海南国际旅游岛建设要着眼"绿色崛起"。认为"建设国际旅游岛是重大的经济转型工程""重大的生态文明工程""重大的社会民生工程"，建议对海南生态核心区实施最严格的环境保护并纳入旅游发展体系，开辟为"海南岛国家公园"[①]，把海南绿色发展和生态文明建设提升到一个崭新水平。

推动"海南国际旅游岛"建设战略决策的全国各界联动，有一个特别值得注意的现象，那就是无论是全国政协还是海南学者，其出发点和落脚点都在生态。海南因热带旅游资源丰富、生态环境良好而建设国际旅游岛，建设国际旅游岛又是为了保护好海南得天独厚的热带海岛海洋旅游资源和生态资源，建设社会主义生态文明。

三、《国务院关于推进海南国际旅游岛建设发展的若干意见》发布

在人们的普遍期待中，2009 年 12 月 31 日，《国务院关于推进海南国际旅游岛建设发展的若干意见》（国发〔2009〕44 号）（以下简称国务院《意见》）正式发文，2010 年 1 月 4 日正式对外公布。2010 年 1 月 6 日，国务院新闻办公室在北京召开新闻发布会，海南省委书记卫留成和省长罗保铭等介绍了海南省经济社会发展和推进国际旅游岛建设的有关情况，回答了记者提问。

（一）国务院《意见》的基本框架

国务院《意见》近 8600 字，包括"海南国际旅游岛建设发展的总体要

---

① 海南省中国特色社会主义理论体系研究中心：《建设国际旅游岛实现海南绿色崛起》（执笔人：王明初，陈为毅），《求是》2009 年第 20 期。

求""加强生态文明建设，增强可持续发展能力""发挥海南特色优势，全面
提升旅游业管理服务水平""大力发展与旅游相关的现代服务业，促进服务
业转型升级""积极发展热带现代农业，加快城乡一体化进程""加强基础设
施建设，增强服务保障能力""推进以改善民生为重点的社会建设，加快形
成人文智力支撑""充分利用本地优势资源，集约发展新型工业""加强组织
协调，落实各项保障措施"九条，计 28 款。

国务院《意见》导言，从海南的区位和资源优势、建省办经济特区以
来的经济社会发展状况、建设海南国际旅游岛对于海南和全国的重大意义，
提纲挈领地做了说明。其中写道："充分发挥海南的区位和资源优势，建设
海南国际旅游岛，打造有国际竞争力的旅游胜地，是海南加快发展现代服务
业，实现经济社会又好又快发展的重大举措，对全国调整优化经济结构和转
变发展方式具有重要示范作用。"①

（二）海南国际旅游岛建设发展的指导思想

在"总体要求"中，关于海南国际旅游岛建设发展的指导思想是这样
表述的："高举中国特色社会主义伟大旗帜，坚持以邓小平理论和'三个代
表'重要思想为指导，深入贯彻落实科学发展观，进一步解放思想，深化改
革，扩大开放，构建更具活力的体制机制，走生产发展、生活富裕、生态良
好的科学发展之路；积极发展服务型经济、开放型经济、生态型经济，形成
以旅游业为龙头、现代服务业为主导的特色经济结构；着力提高旅游业发展
质量，打造具有海南特色、达到国际先进水平的旅游产业体系；注重保障和
改善民生，大力发展社会事业，加快推进城乡和区域协调发展，逐步将海南
建设成为生态环境优美、文化魅力独特、社会文明祥和的开放之岛、绿色之
岛、文明之岛、和谐之岛。"②

---

① 《国务院关于推进海南国际旅游岛建设发展的若干意见》(国发〔2009〕44 号)。
② 《国务院关于推进海南国际旅游岛建设发展的若干意见》(国发〔2009〕44 号)。

这一指导思想是关乎海南国际旅游岛改革发展全局的。最后要求实现的"四个之岛"与当时海南省委省政府所强调的"五个之岛"即"开放之岛、绿色之岛、繁荣之岛、文明之岛、和谐之岛"^①是不一致的。在四个之岛的中间，即在"绿色之岛"之后、"文明之岛"之前增加了"繁荣之岛"，即经济繁荣的要求。国务院不用"繁荣之岛"这一概念，实际上是在表明中央政府的态度，即2020年海南初步建成国际旅游岛之时，经济繁荣还不是海南的特色，或者说与全国发达地区相比还存在较大差距。遗憾的是，海南当时对这"四个之岛"没有完全看懂，以至于在后来制定《海南国际旅游岛建设发展规划纲要（2010—2020）》时，对经济发展提出了不切实际的"十二五"期间年均增长13%、"十三五"期间年均增长15%的地区生产总值增长要求，以致后来成为了一些人诟病海南国际旅游岛建设发展的口实。

（三）海南国际旅游岛建设发展的战略定位

国务院《意见》的"总体要求"，提出了"我国旅游业改革创新的试验区""世界一流的海岛休闲度假旅游目的地""全国生态文明建设示范区""国际经济合作和文化交流的重要平台""南海资源开发和服务基地""国家热带现代农业基地"这样六个方面总的战略目标定位。

这六大战略目标定位，是从海南的资源优势出发做出的："我国旅游业改革创新的试验区"来自中国最大经济特区资源优势；"世界一流的海岛休闲度假旅游目的地"来自热带海岛资源优势；"全国生态文明建设示范区"来自得天独厚的海南生态环境优势；"国际经济合作和文化交流的重要平台"来自"博鳌亚洲论坛"永久性会址设在海南琼海的优势；"南海资源开发和服务基地"来自海南省本身属于南海且管辖约200万平方公里南海海域的海洋资源和地理位置优势；"国家热带现代农业基地"来自海南热带农业资源

---

① 《海南二十周年宣传标语令人振奋》，《海南日报》2008年1月17日。

优势。由于海南的资源都是世界级优势资源，所以海南旅游岛的总定位是国际旅游岛，是展示中国发展转型、生态文明的新窗口。

（四）生态文明建设在海南国际旅游岛战略定位中的位置

从国务院《意见》的基本框架看，第一条"总体要求"之后，就是"加强生态文明建设，增强可持续发展能力"。建设路径和要求是"严格实行生态环境保护制度""加强生态建设""大力推进节能减排""强化环境污染防治"。这在国务院《意见》全文九条 28 款中占了 4 款，是分量最重的一条。这 4 款不仅对海南生态文明建设提出了方向性要求，还精确到了一些必须完成的具体数据，如 2015 年森林覆盖率提高到 60%；城镇污水处理率达到80%，城镇生活垃圾无害化处理率达到 90% 等。

在创建"全国生态文明建设示范区"的六大战略目标定位中，国务院《意见》要求"坚持生态立省、环境优先，在保护中发展，在发展中保护，推进资源节约型和环境友好型社会建设，探索人与自然和谐相处的文明发展之路，使海南成为全国人民的四季花园。"[①] 系统地提出了海南创建"全国生态文明建设示范区"的原则、路径和目标。既表明了海南生态文明建设在全国的示范性意义，又表明海南创建"全国生态文明建设示范区"对海南国际旅游岛所有战略目标的完成，特别是转型发展所起到的基础性作用。

在"海南国际旅游岛"概念中，"海南"是地域，"国际"是面向，"旅游"是产业，"岛"是载体。这个"岛"的发展承载力和优势是"国际""旅游"落地的基础。海南国际旅游岛要积极发展开放型经济、服务型经济、生态型经济，形成以旅游业为龙头、现代服务业为主导的特色经济结构，这实际上是走"绿色崛起"的路子。2012 年 4 月，海南省第六次党代会所作的大会报告直接使用了"绿色崛起"一词，在《坚持科学发展实现绿色崛起为

----

① 《国务院关于推进海南国际旅游岛建设发展的若干意见》（国发〔2009〕44 号）。

全面加快国际旅游岛建设而不懈奋斗》的报告中，特别强调要"一以贯之地走以人为本、环境友好、集约高效、开放包容、协调可持续发展的绿色崛起之路"①。创建"全国生态文明建设示范区"则是海南实现"绿色崛起"的基本保证。

国务院《意见》发布后，在国内外产生重大反响。在国内的重大反响首先是海南的房价翻番。为此，有人担心，海南国际旅游岛会不会成为房地产岛？现在，答案已经揭晓，海南国际旅游岛建设以来，生态环境得到了很好的保护，经济社会发展在经过短暂的兴奋之后，在经济新常态下仍实现了平稳健康的中高速发展。更为重要的是，生态文明建设和基础设施投资所形成的优势，原有资源所吸引的新的优势资源将会在海南国际旅游岛此后的建设发展中发挥出厚积薄发、久久为功的长远作用。

---

① 罗保铭：《坚持科学发展实现绿色崛起为全面加快国际旅游岛建设而不懈奋斗——在中国共产党海南省第六次代表大会上的报告》(2012年4月25日)，《海南日报》2012年5月2日。

第二章 "绿色崛起"是海南国际旅游岛建设发展的主题词

　　海南国际旅游岛建设包括六个方面的战略目标，其共同主题以及核心要义均在"绿色崛起"。这是贯穿《国务院关于推进海南国际旅游岛建设发展的若干意见》的一根红线，也是海南争创"全国生态文明建设示范区"的价值所在。海南国际旅游岛建设致力于"绿色崛起"有着世情、国情和省情的现实观照，其成功实践关键需要全面提升政府绿色治理能力以及搭建科技进步与生态文化发展的基础性支撑框架。海南坚定走绿色发展、循环发展、低碳发展之路，努力实现产业绿色化和绿色产业化协调发展，该发展方式将是对生态环境"生产力"论的正面实证。

第一节 "绿色崛起"作为主题词的现实观照

　　在《国务院关于推进海南国际旅游岛建设发展的若干意见》中，确定了包括优化经济结构、建设生态文明在内的六个方面的战略目标。这些战略目标围绕实现海南"绿色崛起"展开。而海南国际旅游岛建设之所以致力于"绿色崛起"，既有生态环境保护和经济结构调整的世情参照，也有传统发展模式难以为继的国情背景，还有生态资源优势明显和经济发展相对滞后的海南省情依据。

一、生态环境保护和经济结构调整的全球发展大势

人是自然之子，工业文明把人异化成了所谓自然的"主人"。一方面，人类加速了对自然的索取，实现了生产力的巨大飞跃。另一方面，人与自然严重分离，导致了来自自然界的疯狂报复。发达国家都曾发生过一系列环境污染问题，最典型的如"英国伦敦烟雾事件""日本水俣病事件""美国洛杉矶光化学烟雾事件"等。此后，环境污染在全球蔓延开来，而且在部分发展中国家因"吃饭"问题引发的生态环境问题日益突出。

以资源消耗和环境破坏为代价的经济发展具有不可持续性。如果说典型的"世界八大公害事件"对世界的直接影响只是局部的，那么，气候变暖的事实则使"节能减排"成为了我们这个时代的全球性重大课题。世界自然基金会2008年10月出台的《地球生命力报告2008》，亦译《生命地球报告》警告称，世界面临的"生态信用危机"比全球金融危机更严重，到2030年人类需要两个地球才能维持生存。"《生命地球报告》计算出人类每年消耗超过30%的自然资源，但地球却不能及时补给，这会导致森林资源消失、土地沙化、空气和水源污染以及鱼类和其他物种减少。报告称，人类每年由于过度使用自然资源造成的损失达4万亿—4.5万亿英镑，是全球金融危机造成损失的2倍。随着人口增多和消费速度加快，这种情况会继续恶化。专家预计到2030年，如果人类生活方式没有任何变化，人类要想维持生存得需要两个地球供应资源。"①。就全球变暖而言，世界主流科学界的看法已经越来越一致了，全球变暖的事实也是越来越清楚了。在过去的40年中，气温上升0.2—0.3℃，北极冰厚度已经下跌了大约40%。有报告说，如

---

① 徐思邈：《生态危机猛于金融危机 2030年人类需要两个地球》，http://www.ce.cn/xwzx/gjss/gdxw/200810/29/t20081029_17223094.shtml。

果海平面持续上升，位于南太平洋"八岛之群"的图瓦卢（Tuvalu）有可能成为地球上第一个被海水淹没的国家。

为此，自 20 世纪下半叶以来，联合国开始关注资源环境问题这一重大时代课题。1972 年 6 月 5 日至 16 日联合国人类环境会议在瑞典斯德哥尔摩召开，会议通过的《人类环境宣言》提出：为现代人和子孙后代保护和改善人类环境，已成为人类一个紧迫的任务。20 年后的 1992 年 6 月，联合国环境与发展会议在巴西里约热内卢召开。大会重申了 1972 年 6 月在斯德哥尔摩通过的联合国人类环境会议的宣言，并谋求以之为基础，通过在国家、社会重要部门和人民之间建立新水平的合作来建立一种新的、公平的全球伙伴关系。大会上通过的《联合国气候变化框架公约》于 1994 年 3 月 21 日生效。从 1995 年开始，每年举行一次《联合国气候变化框架公约》缔约方大会，即"联合国气候变化大会"。"共同但有区别的责任"原则是该《公约》的核心原则之一，即发达国家率先减排，并向发展中国家提供资金技术支持。

1997 年，《联合国气候变化框架公约》缔约方大会在日本京都举行，这次大会首次为发达国家设立强制减排目标，通过了具有法律约束力的旨在限制发达国家温室气体排放量的《京都议定书》。《京都议定书》与《联合国气候变化框架公约》之间最主要的区别是：《联合国气候变化框架公约》鼓励发达国家减排，而《京都议定书》强制要求发达国家减排，并对 2008 年到 2012 年第一承诺期发达国家的减排目标做出具体规定。中国于 2002 年 8 月批准了《京都议定书》。欧盟及其成员国于 2002 年 5 月批准了《京都议定书》，"2001 年，美国总统布什刚开始第一任期就宣布美国退出《京都议定书》，理由是议定书对美国经济发展带来过重负担"[1]。在发达国家的不同调之中，《京都议定书》于 2005 年 3 月生效。

---

① 资料来源：《京都议定书》，《国际展望》2001 年 14 期。

值得一提的是，美国退出《京都议定书》一事能较充分地体现"资本的逻辑"，但它对所谓道德制高点的把持从来都是大言不惭的。如在美国1969年通过的《国家环境政策法》中宣布立法目的是："宣示国家政策，促进人类与环境之间的充分和谐；努力提倡防止或者减少对环境与自然生命物的伤害，增进人类的健康与福利；充分了解生态系统以及自然资源对国家的重要性，设立环境质量委员会。"①

调整经济结构是目前世界主要大国特别是发达国家的普遍行动。在科技发展的推动下，世界经济发展总的趋势是第三产业在产业结构中的比例大幅提升，经济结构调整的总趋势是服务业逐步取代制造业成为经济中占主导地位的产业，旅游业发展越来越受到世界各国重视，据夏明、张红霞《发达国家经济结构长期变化的趋势与特点——对美国、日本与德国的比较研究》一文所提供的数据，2007年美国的服务业产出占总产出比重为68.6%，日本服务业占54.2%，德国为54%。对于大国而言，完整的工业体系必不可少，这在综合国力的较量上很重要，可以避免受制于人。但工业经济总量在后工业文明时代处于非首要位置并屈居于服务业之下，其代表的却是发展水平。在发展旅游服务业方面，美国较早规划和成功开发了海岛旅游胜地夏威夷等，整个美国从1840年到2010年，三大产业的从业人口数量发生了颠覆性的变化。

发展以旅游业为龙头的第三产业，地处东南亚的印度尼西亚巴厘岛、马来西亚兰卡威岛、泰国普吉岛，是比较成功的几个案例。海南在争取国家支持建设国际旅游岛的过程中，曾经组织考察了美国夏威夷、韩国济州岛和地理位置离海南较近的马来西亚的兰卡威岛、泰国的普吉岛、印度尼西亚巴厘岛以及印度洋上的岛国马尔代夫等地。考察团认为处于东南亚热带地区巴

---

① Selected Environmental Law Statutes（1999—2000 Educational Edition），West Group，1999. 转引自《环境正义：丧钟为谁而鸣——美国联邦法院环境诉讼经典判例选》，汪劲、严厚福、孙晓璞编译，北京大学出版社2006版，第94页。

厘岛、兰卡威岛、普吉岛以及印度洋上的岛国马尔代夫，其发展旅游业的许多经验对海南特别有借鉴意义。湖南大学旅游学院曹绘嶷也曾于2002年11月在《东南亚纵横》发表了《东南亚度假岛屿开发的成功奥秘》，对巴厘岛、兰卡威岛、普吉岛、马尔代夫旅游发展中的共性因素作了一些分析研究。海南建设国际旅游岛，东南亚近邻旅游岛开发的经验是一个好的借鉴。

一是充分发挥政府的导向作用。政府对旅游业发展的态度和宏观规划，产业开放和投资、税收方面的法律法规及各部门的管理权限，都对旅游业发展产生深刻的影响。巴厘岛是印度尼西亚17508个岛屿中最美丽、最耀眼的一个，开发旅游业之前贫穷落后，是典型的农业经济社会。自20世纪70年代发展旅游业以来，政府根据度假旅游业发展的要求，制定了一系列与国际接轨的旅游法规：开辟特别旅游区，允许外国人直接投资经营，给予优惠的土地使用政策；开通了巴厘岛到东南亚、澳大利亚以及其他旅游客源国的直飞航线等。如今，旅游业使巴厘省成为印度尼西亚最富庶的省份之一。马尔代夫以珊瑚礁和阳光沙滩闻名于世，1972年开始发展旅游业，对旅游项目的兴建报批实行旅游部门统一管理，需要建设和环保部门审批的项目，由旅游部门与建设、环保部门接洽办理。现在，旅游经济已经成了马尔代夫的主要经济来源，旅游税收占了马尔代夫财政收入的40%以上。

二是高度重视生态环境保护。在旅游业发展过程中，各地都认真编制旅游发展规划，把旅游业发展与生态环境保护统一起来。20世纪70年代，巴厘省政府就规定岛上新建筑最高为4层，即不超过椰子树的高度。巴厘岛唯一一栋10层高楼BEACH BALI大酒店建于法令发布前。绿县（GREEN SPACE）是巴厘省的一个县，紧邻省政府和几个大型旅游度假区，政府把它划为自然保护区，作为城市和度假区之间的缓冲带。马尔代夫的海拔不到1米，在环境保护方面更为注意。他们要求新来的游客都必须参加酒店简短的环境保护说明会，告诉游客必须遵守保护生态环境的有关规定。目前，马尔代夫全国有80多个岛屿开发了旅游业，每个岛都建有独立的自循环系统，以防止废弃物排入大海。马尔代夫是一个岛国，土地极度紧张，但仍然规定岛屿开发的建筑面积都必须小于20%，任何建筑物都必须建在海岸植物带之内。泰国的普吉岛为了发展旅游业和保护环境，还不惜牺牲既有利益，停止了之前作为普吉岛重要经济支柱的锡矿开采业。

三是营造安全、文明、好客的社会环境。巴厘岛居民大多信仰印度教，居民生活平和、友善热情，发展旅游业40来年这里仍保持着诚信的社会氛围。虽然2005年发生过巴厘岛爆炸案，但2015年美国著名旅游杂志《旅游＋休闲》的一项调查结果仍把巴厘岛评为世界上最佳且最值得前往的岛屿之一。此外，兰卡威、普吉岛也都是信仰佛教的地区，特殊的宗教氛围和地理条件客观上为营造良好的度假旅游环境创造了条件。再者，在马尔代夫，每个岛屿仅建一个酒店，外来闲杂人等难以上岛。游客到达酒店可以彻底放松自己，夜不闭户也不用担心安全问题。另外，这四个国际旅游岛有着良好的语言环境，旅游从业人员和当地居民都能讲一口流利的英语，许多人也还能讲几句汉语。

四是旅游区合理布局和可持续发展。旅游度假区开发的时序和空间分布是一个很重要的问题，东南亚旅游业发展在这方面积累了很好的经验。如巴厘岛的旅游度假区，政府严格控制开发范围和速度，基本上是成熟一个后才能再开发另一个。到现在，全岛已形成三个大型旅游开发区。这三个旅游区反映了巴厘岛发展旅游业的三个阶段，形成高中低搭配，面向不同的消费群体：最古老的KUTA区，20世纪60—70年代开发，直到现在还是最热闹的经济型旅游区；过渡型的SANUR区，20世纪80年代开发，酒店档次稍高一点；最豪华的NUSADUA酒店特别区，20世纪90年代开发，高尔夫球场、大型购物中心、大型会议厅等配套设施齐全。目前，政府已在着手准备开发第四代度假旅游区——巴厘岛北部的TULAMBEN区，利用岛屿植被生态与海洋生物生态资源等突出旅游在"回归自然"。

二、全面建设小康社会和传统发展模式难以为继的国情背景

中华人民共和国成立后，在新民主主义社会向社会主义社会过渡时期，"一化三改"的总任务就提出了工业化要求。但中国真正意义的大规模工业化进程是从党的十一届三中全会开创改革开放和社会主义现代化建设新局面时开始的。从 20 世纪 80 年代初乡镇企业遍地开花到进入 21 世纪党的十七大之前提出"建设生态文明"，中国经济实现了近 30 年高速发展，但也付出了自然资源浪费、自然环境破坏的代价。生态环境问题为高速运行的中国经济敲响警钟——传统发展模式已经走到了尽头。

中国的改革开放和社会主义现代化建设在如期实现邓小平"三步走"发展战略中前两步，总体达到小康目标后，党的十六大提出"全面建设小康社会"新任务，即把"三步走"发展战略中第三步的前 20 年单列出来，作为"三步走"发展战略第二步的自然延伸和更高台阶，呈现了承前启后的新格局。"全面小康"不同于"总体小康"，要求"经济更加发展、民主更加健全、科教更加进步、文化更加繁荣、社会更加和谐、人民生活更加殷实"。并提出了走"文明发展道路"，即"可持续发展能力不断增强，生态环境得到改善，资源利用效率显著提高，促进人与自然的和谐，推动整个社会走上生产发展、生活富裕、生态良好的文明发展道路"[①]的重大历史任务。这是因为进入新世纪的中国，首要任务仍是大力发展生产力，但以民生为重点的社会建设和生态环境治理的任务已经十分紧迫地摆到了党的面前。

党的十六大之后，"全面建设小康社会"取得重大成就。党的十六大至十七大这五年间，我国国内生产总值年均增长 10% 以上，正如胡锦涛在党的十七大报告中所说的，2006 年中国经济"发展到总量跃至世界第四、进出口总额位居世界第三，人民生活从温饱不足发展到总体小康，农村贫困人

---

① 江泽民：《全面建设小康社会，开创中国特色社会主义事业新局面——在中国共产党第十六次全国代表大会上的报告》（ 2002 年 11 月 8 日）。

口从两亿五千多万减少到两千多万"，国家综合国力和国际竞争力得到全面提高。在中国步入中等收入国家行列时，中国自身所蕴藏着的广阔市场和巨大消费需求，为中国发展提供了前所未有的发展空间；加入 WTO 和"中国—东盟自由贸易区"的建立，又把中国的发展空间拓展到全世界，中国从国际经济秩序的被动适应者变为主要参与者，成为拉动全球经济增长的火车头。

在新的发展成就和发展机遇面前，全国人民对"全面建设小康社会"有了诸多方面的新期待，同时提出了一系列亟须解决的重大问题，突出表现在：发展速度上去了，发展质量和生态环境问题日益突出；发达国家上百年出现、分阶段解决的生态环境问题，在我国快速发展的 20 多年中集中呈现，经济发展的不可持续性日益凸显。在这样的重要历史时刻，我党立足基本国情，总结中国发展实践，借鉴国外发展经验，适应新的发展要求，形成了"科学发展观"，并顺应全国各族人民过上更好生活的新期待，适应国内外形势的新发展，把握经济社会发展新规律，正视和努力克服各种矛盾，于 2007 年在党的十七大对"全面建设小康社会"提出新的目标要求，包括"增强发展协调性，努力实现经济又好又快发展""建设生态文明，基本形成节约能源资源和环境保护的产业结构、增长方式和消费模式"[①]。

"全面建设小康社会"五个方面的新目标要求内涵极其丰富：一是增加了实现发展方式根本性转变要求，提出要不断解决现代化进程中比较突出的各种矛盾和问题；二是增加了经济富裕含量，把国内生产总值翻两番提升为人均国内生产总值翻两番；三是增加了国民幸福指数，其主要指标不仅是经济增长，还包括民主法治、政府善治、文化发展、社会宽容、人居环境和生态环境良好等；四是增加了科技创新含量，明确提出要建设"创新型国家"；五是增加了生态文明建设要求，在党的重要文献中第一次明确使用了

---

① 胡锦涛：《高举中国特色社会主义伟大旗帜为夺取全面建设小康社会新胜利而奋斗——在中国共产党第十七次全国代表大会上的报告》(2007 年 10 月 15 日)。

"生态文明"概念，要求"基本形成节约能源资源和保护生态环境的产业结构、增长方式、消费模式。循环经济形成较大规模，可再生能源比重显著上升。主要污染物排放得到有效控制，生态环境质量明显改善。生态文明观念在全社会牢固树立。"[①]"生态文明"与"基本形成节约能源资源和保护生态环境的产业结构、增长方式、消费模式"的要求结合在一起，构成了全面建设小康社会新的目标要求的最大亮点。

从 2007 年党的十七大提出"全面建设小康社会"新的目标要求，到 2020 年全面建成小康社会，仅有 13 年的时间。面对诸如突出的能源和环境问题，必须采取新举措以夯实可持续发展的基础，缓解、化解各种矛盾并在重点和关键领域取得实质性进展。2008 年是党的十七大之后的开局之年，这一关键时刻却恰遇全球性金融危机。由美国"次贷危机"（subprime crisis）引发的全球性金融危机，对我国实体经济的冲击很大。它使长期制约我国经济发展的体制性、结构性矛盾更加突出，进而使我国的各种经济社会矛盾凸显和各种困难加重。从 2008 年 9 月开始，中国对外出口大幅下滑，出口企业大批停产，众多农民工提前返乡。为应对经济衰退，在全球救市中，中国政府出台了"进一步扩大内需的十项措施"。在这一举措的作用下，中国经济增速迅速止跌回升，但同时也延续了一些问题，其中最主要的是经济结构调整和生态环境治理问题。

为缓解生态环境的压力，2007 年中国政府制定了《中国应对气候变化国家方案》，2008 年国务院新闻办发表了《中国应对气候变化的政策与行动》白皮书。在"十一五"开始节能减排行动的基础上，2011 年工业和信息化部公布了"十二五"我国工业节能减排四大约束性指标。

《中国应对气候变化国家方案》《中国应对气候变化的政策与行动》白皮书，全面系统地介绍了气候变化对中国的影响、中国减缓和适应气候变化的

---

① 胡锦涛：《高举中国特色社会主义伟大旗帜为夺取全面建设小康社会新胜利而奋斗——在中国共产党第十七次全国代表大会上的报告》（2007 年 10 月 15 日）。

政策与行动，以及将采取的一系列法律、经济、行政及技术等手段，减缓温室气体排放，并提高适应气候变化的能力。特别是把能源生产和转换、提高能源效率与节约能源、工业生产过程、农业、林业和城市废弃物等列为中国减缓温室气体排放的重点领域；将强化钢铁、有色金属、石油化工、建材、交通运输、农业机械、建筑节能以及商业和民用节能等领域的节能技术开发和推广。在工业生产过程，发展循环经济，走新型工业化道路；强化钢材节约、限制钢铁产品出口；开展建筑材料节约；推动生产企业开展清洁发展机制项目的国际合作。同时大力加强能源立法工作，加快能源体制改革，推动可再生能源发展的机制建设，等等。

海南国际旅游岛建设是在这样的国情时代背景下上升为国家区域发展战略的。中央政府支持海南建设国际旅游岛，是从国家战略层面落实党的十七大全面建设小康社会新的目标要求的重要举措，是应对气候变化、建设生态文明、推进发展转型、关乎中国特别是海南未来发展走向的一次重大决策。国务院《意见》确定了海南国际旅游岛建设发展包括"世界一流的海岛休闲度假旅游目的地""全国生态文明建设示范区"在内的六个方面的战略目标。在这六个方面的战略目标中，首要任务是经济转型发展，即"着力构建以旅游业为龙头、现代服务业为主导的具有海南特色的经济结构"①，实现"绿色崛起"目标。而要实现这质和量相统一的经济转型、"绿色崛起"目标，创建"全国生态文明建设示范区"是最重要的资源环境保障。

三、生态资源优势明显和经济发展相对滞后的省情依据

海南国际旅游岛的建设发展追求绿色崛起，不是"空降"的"舶来品"。它不仅有其产生的国情背景和世情参考，更以海南省情为基本依据。2007 年，笔者曾受海南省应对气候变化及节能减排工作领导小组委托，主

①《国务院关于推进海南国际旅游岛建设发展的若干意见》（国发〔2009〕44 号）。

持了《海南省应对气候变化行动方案研究》,研究成果"方案内容丰富,较好地突出了我省应对气候变化重点工作要求,形成了上报省政府审定的应对气候变化方案文件基础。"[①]在该项目研究过程中,海南省应对气候变化及节能减排工作领导小组办公室和海南省工业和信息化厅提供了大量的可公开的政府文件和经政府核准的统计资料。现依据该研究资料和《海南省统计年鉴》,对截至2009年的海南省情特别是生态资源优势和经济发展相对滞后的省情作一概说。

(一)地理位置和地形地貌有利开发

海南省位于中国最南端,是中国最大的经济特区。海南是中国海洋面积最大的省,管辖的海域面积约200万平方公里,占全国海洋总面积的2/3;海南是中国陆地面积最小的省,陆地面积3.54万平方公里,次于台湾地区。海南岛四周低平,中部高耸:五指山山脉位于海南岛中部,其主峰是海南岛最高峰,海拔1867.1米;以五指山、鹦哥岭为隆起核心,向外逐级下降,构成山地、丘陵、台地、滨海平原环形层状地貌。海南岛比较大的河流大都发源于中部山区,组成辐射状水系,属山地河流,流程短,落差大,含沙量小。海岸生态以热带红树林海岸和珊瑚礁海岸为主要特点。海岸线总长1823公里,其中沙岸占50%—60%。与台湾岛相比较,具有环岛和南海开发优势。

(二)气候及生态优势明显

1.海南岛地处低纬地带,位于热带北缘,属热带海洋季风气候,暖热湿润,雨热同季,夏长无冬,干湿分明。

2.海南岛日照充足,热量丰富,年平均日照时数达2081个小时,太阳

---

① 引自《海南省应对气候变化及节能减排工作领导小组办公室关于海南师范大学王明初教授主持"海南省应对气候变化行动方案"课题前期研究成果的意见》(琼节能减排办〔2009〕31号)。

总辐射量 4500—5800 兆焦耳 / 平方米。年平均气温 24.1℃，气温季节变化平缓。中部山区年平均气温较低，沿海较高，南部沿海最高。其中，琼中和五指山为 22.8℃；而沿海（除临高外）各地均大于 24℃，南部沿海的三亚达 25.8℃。

3. 海南岛水汽来源充足，降水丰沛，是地球上同纬度降雨量最多的地区之一。年平均降水量约 1800mm，各地分别在 961mm（东方）—2442mm（琼中），呈东多西少的分布特征。东部沿海的琼海、万宁超过 2000mm，西部沿海地区不足 1000mm。干湿季分明，旱季为 11 月至次年 4 月，雨季一般从 5 月开始至 10 月结束，平均降水量达 1504mm，占年总降水量的 84%。

4. 海南岛是我国热带雨林面积最大最典型的地区。由于地理位置处于热带北缘的干湿热带气候过渡带，气候条件独特，从而形成独特的海南热带雨林，与赤道雨林相比较，无论在种类组成，外貌和群落结构等方面均明显不同，在全球热带雨林中具有特殊的保护价值。海南岛生态环境保护良好。截至 2009 年，海南"森林覆盖率达 59.2%"，城镇"建成区绿化覆盖率 38.8%"。[①] 其中森林覆盖率是全国"森林覆盖率 21.63%"的 2.7 倍，全球"森林覆盖率 31%"[②] 的 1.9 倍。

（三）自然资源丰富

1. 土地资源。海南土地总面积 351.87 万公顷，人均土地约 0.44 公顷。已利用开发的土地约 331.36 万公顷，未被开发利用的土地 20.51 万公顷。

2. 生物资源。海南是"天然大温室"，植被生长快，生物多样性丰富。有维管束植物 4600 多种，列为国家重点保护的珍稀树木 20 多种；陆栖脊椎动物 567 种，其中有国家一级保护动物 7 种。

---

① 资料来源：《2009 年海南省经济和社会发展统计公报》（2010 年 1 月 25 日）。
② 资料来源：《第八次全国森林资源清查主要结果（2009—2013 年）》，http://www.forestry.gov.cn/main/65/content-659670.html。

3. 农业资源。海南是我国橡胶生产基地，橡胶面积和产量都占全国的70%左右；是热带经济作物生产基地，面积和产量分别占全国的60%和95%；是冬季瓜菜生产基地，年出岛量达160多万吨；是热带、亚热带水果生产基地，被誉为热带"百果园"；是南繁育种基地，全国27个省市在三亚建立水稻育种基地。

4. 矿产资源。海南共发现矿产88种，占全国已发现矿产168种的52%，探明有工业储量的矿产67种，其中居全国首位的钛铁矿、钛锆、石英砂、富铁矿石的储量分别占全国同类总储量的57%、67%、54%、71%。

5. 能源资源。油气资源：经地质普查勘探预测，南海海域有丰富的油气资源，有油气沉积盆地39个，蕴藏的石油潜量152亿吨，天然气潜量4万亿立方米（主要分布在海南岛周边海域）。可燃冰资源：我国在南海北部神狐海域进行的可燃冰试采已经获得成功，"我国对海底可燃冰的研究和勘探已经进行了30年，在南海西沙海槽、神狐等海区相继发现存在标志。保守估计，我国可燃冰的总资源约是常规天然气、页岩气等资源量总和的2倍，按当前的消耗水平，可满足我国近200年的能源需求"[1]。水电资源：海南岛独流入海的河流154条，理论水电蕴藏量约100万千瓦，可供开发的约65万千瓦，年可发电量约26亿度。潜力巨大尚待开发的还有可燃冰、海洋能、太阳能、风能和生物能。

6. 水资源。海南岛水资源丰富，水资源总量为283.52亿立方米，人均3355立方米，远高于全国人均2200立方米的水平。

7. 旅游资源。海南旅游资源十分丰富，热带海岛风光极富特色，拥有滨海度假、生态观光、民俗文化等11大类特色旅游资源，是我国七大旅游区和全国休闲旅游度假目的地之一。

8. 海洋渔业资源。海洋渔场面积近30万平方公里，可供养殖的沿海

---

[1]　资料来源：《中国首次海域可燃冰试采成功 2030年前商业开发》，http://energy.people.cn/n1/2017/0519/c71661-29286574.html。

滩涂面积 2.57 万公顷，海洋水产 800 多种，是我国拥有最大海洋资源的海洋渔业生产基地，同时也为海南热带观赏鱼和珊瑚养殖发展等提供了战略纵深。

（四）生态环境保护走在全国前列

海南建省办经济特区之后，全面深入实施退耕还林、天然林保护、海防林等生态建设工程，实施中部山区生态补偿机制的试行办法。特别是建设生态省之后，1999—2009 年森林覆盖率从 51% 增加到 59.2%，城镇建成区绿化覆盖率达到 38.8%。实施重点节能减排工程，化学需氧量和二氧化硫排放量分别下降 0.2% 和 14.8%。值得一提的是，海南 1999 年在全国率先"生态省"建设时就开展了淘汰消耗臭氧层物质工作，发布了《关于建立无氟省级区域的决定》(琼府〔1999〕73 号)，2005 年海南省政府又发布了《关于加速淘汰消耗臭氧层物质的通告》(琼府〔2005〕69 号)，到 2006 年 9 月实现了提前淘汰全氯氟烃（CFCs）和哈龙（Halon）的工作目标，被原国家环保总局、联合国开发计划署和环境规划署联合授予"保护臭氧层示范省"称号。"十一五"期间，通过落实"结构减排、管理减排、工程减排"，2008 年海南首次实现了化学需氧量和二氧化硫排放指标双下降，二氧化硫排放控制在国家下达的指标之内。由于海南正处在发展上升期，能耗基数、排放总量和经济总量都很小，新上一个项目就会引起全省能耗指标的上升和排放总量的增大，通过存量节能减排获得的"成果"不足以弥补新上项目在能耗和排放量方面的增加量。且在当时海南 18 个县市中，由于发展水平低和发展不足，有 10 个县市 2007 年的万元 GDP 能耗指标不超过 0.7 吨标准煤，其中中部山区 7 个少数民族县市的万元 GDP 能耗指标不超过 0.5 吨标准煤。而当时全国万元 GDP 能耗为 1.16 吨标准煤。能耗低是好事，但也突出表明了海南与全国工业化程度的差距。

（五）发展国际旅游业的基础条件良好

海南建省办经济特区以来，基础设施得到极大改善，特别是具有了全国一流的休闲度假生活设施和交通条件。2009 年海南共有星级宾馆 260 家，其中五星级宾馆 20 家，四星级宾馆 54 家，三星级宾馆 117 家。2009 年之后，海南更是五星级宾馆高度集中的地方，"截至 2016 年底，海南全省住宿饭店 4000 家，其中按五星级标准建设开业的 123 家"[①]，密度居全国之首。同时，在海南国际旅游岛建设之初，海南环岛高速、海文高速早已开通，环岛高铁、中线高速分别在建设、规划之中，三亚、海口国际机场开通了 100 多条国际国内航线。海南的基础条件除基础设施外，还有海南作为全国唯一省级经济特区，人口和经济总量都比较少，实行省直管市县，有可以在改革开放诸方面"先行先试"的体制优势等。同时，《国务院关于推进海南国际旅游岛建设发展的若干意见》对海南在旅游业体制机制的改革创新已经提出明确要求，海南也完全有条件高效率地实现旅游业与生态文明建设的协同发展、相互促进。

进入新世纪以来，海南经济发展渐入快车道且经济结构趋于优化，但经济发展总体水平仍相对落后：海南自生态省建设以来，GDP 总量和人均 GDP 分别从 1999 年的 476.67 亿元、6294 元增长到 2009 年的 1654.21 亿元、19254 元；2009 年海南省 GDP 总量和人均 GDP 分别是 1999 年的近 3.5 倍和 3 倍。特别是在海南省向中央政府申请建设国际旅游岛的 2008 年，海南省 GDP 总量 1459.23 亿元中，第一产业增加值 437.61 亿元；第二产业增加值 434.40 亿元；第三产业增加值 587.22 亿元[②]，三次产业比重大致形成"三三四"结构。到 2009 年，在海南省 GDP 总量 1654.21 亿元中，第一产业增加值 462.19 亿元；第二产业增加值 443.43 亿元；第三产业增加值

---

① 赵叶苹：《海南五星级标准建设开业酒店达 123 家》，http://www.hinews.cn/news/system/2017/01/21/030945879.shtml。

② 《2008 年海南省经济和社会发展统计公报》（2009 年 2 月 20 日）。

748.59 亿元，三次产业比重优化为 27.9：26.8：45.3 结构。在经济发展、经济结构趋向优化的同时，海南地方财政收入也有较大幅度增长，城镇居民收入有了进一步提高。海南 2009 年"全年全省全口径一般预算收入 376.4 亿元，比上年增长 18.7%，高于 GDP 增长 7 个百分点。其中，地方一般预算收入 178.21 亿元，增长 23.0%，比全国财政收入预计增长 11.7% 高 11.3 个百分点"。"全年城镇居民人均可支配收入 13751 元，扣除物价因素，比上年实际增长 9.6%；全年农村居民人均纯收入 4744 元，扣除物价因素，比上年实际增长 9.2%。全年职工平均工资 23703 元，比上年增长 8.4%；年末城乡居民储蓄存款余额 1297.12 亿元，比年初增长 20.9%。"① 海南省的经济发展，纵向比取得了巨大成绩。但横向比，海南省的 GDP 总量和人均量在全国所占的比重不但没有上升，反而有所下降。具体说：海南省 GDP 总量占全国比重 1999 年是 0.53%，2009 年是 0.48%；海南省人均 GDP 占全国比重，1999 年是 87.43%，2009 年是 74.16%。生态文明建设如果没有经济发展做支撑，其持续发展必然乏力。

表 2-1　海南省 1999 至 2009 年 GDP 增长状况表

年　份	全国 GDP 总量（亿元）	全国人均 GDP（元）	海南 GDP 总量（亿元）	海南人均 GDP（元）	海南 GDP 总量占全国比重（%）	海南人均 GDP 占全国比重（%）
1999	90187.7	7199	476.67	6294	0.53	87.43
2000	99776.3	7902	526.82	6798	0.53	86.03
2001	117270.4	8670	579.17	7315	0.49	84.37
2002	121002.0	9450	642.73	8041	0.53	85.09
2003	136564.6	10600	713.96	8849	0.52	83.48
2004	160714.4	12400	819.66	10067	0.51	81.19
2005	185895.8	14253	918.75	11165	0.49	78.33
2006	217656.6	16602	1065.67	12810	0.49	77.16

① 《2009 年海南省经济和社会发展统计公报》（2010 年 1 月 25 日）。

续表

年　份	全国GDP总量（亿元）	全国人均GDP（元）	海南GDP总量（亿元）	海南人均GDP（元）	海南GDP总量占全国比重（%）	海南人均GDP占全国比重（%）
2007	268019.4	20337	1254.17	14923	0.47	73.38
2008	316751.7	23912	1503.16	17691	0.47	73.98
2009	345629.2	25963	1654.21	19254	0.48	74.16

资料来源：《中国统计年鉴 2015》《海南省统计年鉴 2015》。统计部门对 2005—2008 年的国内生产总值在 2008 年经济普查后进行了修订，故《2008 年海南省经济和社会发展统计公报》中的数据与本表不一致。本表所有数据均按当年价格计算。

第二节　"绿色崛起"作为主题词的政策解析

海南建设国际旅游岛必须谋求经济社会发展，关键是实现什么样的发展。建设海南国际旅游岛是中央从海南省情特别是生态资源、旅游资源、特区资源等优势出发做出的重大战略决策。海南选择新的绿色崛起发展方式，借此期望实现海南发展与全国发展同步，到 2020 年建成具有"绿色小康"特色的全面小康社会。"绿色崛起"作为主题词的政策解析，不仅是对国务院《意见》文本的理解，更是对海南创建"全国生态文明建设示范区"的价值取向的确认和对生态环境"生产力"的实证诠释。

一、贯穿海南国际旅游岛建设发展的一根红线

在《国务院关于推进海南国际旅游岛建设发展的若干意见》中，六大战略目标由"生态文明"主导，"绿色崛起"是核心要义。它像一根红线贯穿国务院《意见》全文并融入各战略目标任务之中。

海南国际旅游岛建设发展战略目标之一：世界一流的海岛休闲度假旅游目的地。把海南建设成为"旅游开放之岛、欢乐阳光之岛、休闲度假之岛、生态和谐之岛、服务文明之岛"，就要顺应世界经济转型发展大势，发挥海南山水一色、海天一色、满眼皆绿、处处是景的这一得天独厚的热带海

岛、海洋旅游资源优势，变自然资源优势为经济发展优势。海南国际旅游岛建设发展的成功，可以为经济文化落后地区通过"绿色发展"实现"赶超"战略提供范例。

海南国际旅游岛建设发展战略目标之二：中国旅游业改革创新的试验区。参照国际惯例，以国际眼光走出有中国特色的旅游业改革发展创新之路，是发挥经济特区"先行先试"的制度创新作用，担当"排头兵""试验田"的新尝试。海南经济特区的设立相对于深圳、珠海等四个经济特区，时间上较晚，但空间更大、发展起点更为落后。虽然海南在建省办经济特区之初，就在"小政府、大社会"的省直管市县体制、"一脚油门踩到底"的公路交通管理体制等方面有所改革突破，但总体上对社会主义市场经济体制改革的贡献率不大。如果在新世纪新发展方式的探索上，海南能够走到全国前列，不仅能回应中国加入WTO后"特区不特"的社会质疑，更重要的是为全面深化改革，以开放促改革走绿色发展之路首开先河。

海南国际旅游岛建设发展战略目标之三：全国生态文明建设示范区。全国生态文明建设示范区的战略目标定位对海南生态省建设提出了更高要求。发挥海南的生态环境资源优势和经济特区先行先试的综合优势，为努力走向社会主义生态文明新时代树立标杆，就必须走有海南地方特色的"生产发展、生活富裕、生态良好"之路。这本身就是绿色崛起之路。海南省制定"十二五"生态文明建设"资源节约、环境保护、生态保护"三项行动计划。"资源节约行动"以节能节水节地节材、能源资源综合利用和发展循环经济为重点，逐步形成节约能源资源和保护生态环境的产业结构、增长方式、消费模式。"环境保护行动"将重点放在水环境防治、大气污染防治、生态建设、城市环境保护、农村环境保护、旅游区环境保护、基础能力建设七大工程建设上，以确保环境质量持续保持全国一流。"生态保护行动"的重点是以保持海南岛生物多样性为前提，把生态保护融入老百姓的日常生活之中，形成全民大行动，就是在为绿色崛起打基础。

海南国际旅游岛建设发展战略目标之四：国际经济合作和文化交流的重要平台。要在充分发挥经济特区对外开放程度高、自由流动性强的窗口作用的同时，重点发挥"博鳌亚洲论坛"文化交流基地、三亚政府首脑外交和民间休闲外交活动基地作用。亚洲幅员辽阔，国别和地域差异性大，社会制度、经济体制、文化传统、宗教信仰等方面均具多样性。"博鳌亚洲论坛"因博鳌的自然生态而永驻于此，能够为各国政府和民间的对话交流、相互借鉴搭建重要舞台，为亚洲人民变革创新、探索符合自身实际发展道路分享思想智慧，能够为推进亚洲经济合作、促进互联互通并与世界对话提供有益助力。三亚要在中央政府安排国事活动的基础上，瞄准世界顶级市场，将三亚打造成具备独特的自然环境、一流的会议场所和会议服务水平、一流的疗养机构、一流的娱乐休闲设施、一流的安保设施、重要的国际航空航运枢纽中心等要素完备的国际化旅游城市、花园城市，使之成为国家休闲外交的首选地之一。

海南国际旅游岛建设发展战略目标之五：南海资源开发和服务基地。它是要充分发挥海南在南海开发中独特的区位优势，为未来扩大海洋投资、发展海洋产业预留巨大空间。据国家海洋信息中心数据，海南所辖海域分布着600余个岛、礁、滩和沙洲，具有开发价值海洋资源的有海洋渔业资源、海盐资源和海洋油气、可燃冰、海流能、温差能、波浪能等能源资源。海南建设南海资源开发和服务基地，要坚持陆海统筹，以建设海洋经济强省为目标，制定和实施海洋经济发展规划，加强海域综合管理和保护，开发开放无居民岛屿，提高海洋灾害救护能力；统筹推进"四方五港"①、渔港和专业化码头建设，让海南岛和三沙永兴岛成为南海开发的总部经济所在地；发展壮大海洋渔业、海洋船舶工业、海洋交通运输业、海洋生物制药等特色海洋产

---

① 即海南岛北部的海口港、南部的三亚港、西部的洋浦港和八所港、东部的清澜港。

业，推动海洋经济跨越式发展。[①] 随着国家"21 世纪海上丝绸之路"发展战略的布局和实施，以及国际油气价格走高的变化，这一基地作用的发挥将会越来越突出。

海南国际旅游岛建设发展战略目标之六：国家热带现代农业基地。是立足于热带资源优势，打造全国人民的"菜篮子"。海南现代农业的总量不大，但地位重要、特色明显、贡献突出。特别是冬季瓜菜生产快速发展，为确保全国"菜篮子"产品均衡供应发挥了积极作用；南繁育种基地建设不断迈上新台阶，良种培育一年三熟的时间优势，致全国农作物品种80％以上都经过了南繁选育；热带经济作物优势明显，天然橡胶作为国家战略物资其产量占全国一半以上，同时椰子、槟榔等热带果物产量占全国90％以上。在建设海南国际旅游岛之后的 2011 年 10 月，海南省政府与原农业部在北京签署《关于共同推进海南国家热带现代农业基地建设合作备忘录》，决定在国家冬季瓜菜生产基地、国家热带水果基地建设等 11 个方面深化合作。以此为契机，海南推进传统农业向热带特色现代高效农业转型升级，取得了显著成就。如乐东黎族自治县等在荒芜的海边沙滩上种出了新疆哈密瓜且形成了优势产业，引领了全国热带高效农业发展。

"生态文明"主导海南国际旅游岛建设发展，核心要义在"绿色崛起"。这个结论不仅可以从海南国际旅游岛的六大战略目标定位中得出，而且在2012 年海南省第六次党代会报告上也有清晰的表述："高举中国特色社会主义伟大旗帜，以邓小平理论和三个代表重要思想为指导，深入贯彻科学发展观，深化开放改革，转变发展方式，实现海南绿色崛起，为全面加快国际旅游岛建设而不懈奋斗！"[②] 把笔者和陈为毅执笔，发表在《求是》2009 年第

---

① 资料来源：《海南将建设南海资源开发和服务基地》，http://district.ce.cn/zg/201204/25/t20120425_23273747.shtml。

② 罗保铭：《坚持科学发展实现绿色崛起为全面加快国际旅游岛建设而不懈奋斗——在中国共产党海南省第六次代表大会上的报告》（2012 年 4 月 25 日）。

20期、署名"海南省中国特色社会主义理论体系研究中心"的《建设国际旅游岛实现海南绿色崛起》的建议，上升为海南省发展战略用语，成为了海南省第六次党代会的主题词。

实现海南"绿色崛起"最基本的依托是海南得天独厚的生态环境。海南省第六次党代会在总结上次党代会以来的工作成绩时指出：海南"过去五年，是生态保护与开发建设双赢、生态环境持续优良的五年"。在部署今后五年工作时，认为在国际金融危机持续影响下，经济发展方式也正在经历重大变革，"绿色、低碳、包容性发展已经成为当今的时代潮流"，"以人为本、全面协调可持续的科学发展已经成为全国上下的高度共识和实践选择"。为此，要"坚定不移地走科学发展、绿色崛起之路"①。

二、创建"全国生态文明建设示范区"的根本价值取向

海南创建"全国生态文明建设示范区"的根本价值取向是"以人为本"，"绿色崛起"是"以人为本"根本价值取向的本质内涵。社会主义生态文明建设理论不同于"人类中心论"和"自然中心论"的最大区别在于，它在"尊重自然、顺应自然、保护自然"的前提下让生态环境造福于人类。而"绿色崛起"作为海南人民和全国人民的根本利益所在，必然成为海南创建"全国生态文明建设示范区"的根本价值取向。

"绿色崛起"这一要义或曰基本思想，是以"生态文明"主导海南国际旅游岛建设发展，特别是以通过创建"全国生态文明建设示范区"促进海南经济社会发展，步入发达地区行列。海南"绿色崛起"不仅对海南意义重大，而且可以示范全国。"落后就要挨打"，不追求经济发展的生态文明建设是误国误民的。在坚持环境优先的前提下追求经济发展，致力于"绿色崛起"，就是在为实现中华民族伟大复兴"中国梦"做功。只是由于海南体量

---

① 罗保铭：《坚持科学发展实现绿色崛起为全面加快国际旅游岛建设而不懈奋斗——在中国共产党海南省第六次代表大会上的报告》(2012年4月25日)。

小，经过几年建设后经济发展还没有达到预期，没能发挥出其应有的影响力和示范作用。于是重现"无工不富"老调，认为"海南国际旅游岛"建设去掉了"工业省"，想依靠旅游业发展富起来是太"天真"。

笔者认为，海南国际旅游岛的战略定位并不意味着排斥和放弃新型工业发展，将来的南海开发可能是海南工业化、现代化的一次重要机遇。但海南作为一个区域狭小的非独立的经济体，完全没有必要走作为一个大国发展必经的工业化发展道路。海南的发展要放在整个国家发展的区域布局之中以扬长避短，这犹如马克思所讲的跨越"卡夫丁峡谷"①。海南的现代化进程没有经历工业化初期"村村点火、处处冒烟"的"苦难"，却能在"谱写美丽中国海南篇"中奋起，这就为全国树立起一个建设生态文明、转变发展方式、实现绿色崛起的范例。

国际旅游岛建设以来，海南经济发展没有达到预期。虽然有诸多客观原因，如整个世界受美国次贷危机的拖累，增长乏力，有些国家甚至到了国家整体性"破产"的境地。在工作不稳、收入下降、前景不明朗时期，人们纷纷捂紧"钱袋子"，国际旅游业的景象并不乐观。在经济发展"新常态"下海南经济保持了中高速发展，这已经是一个不容小觑的成绩。更为重要的是，海南在经济"新常态"下加大了基础设施建设、生态文明建设力度，经济转型初见成效，其资源优势和后发优势所积聚的巨大能量将会得到集中释放。

海南创建"全国生态文明建设示范区"，不仅仅意味着把生态环境保护好、建设好，让中外游客满意，更重要的是在把生态环境建设好的同时，实现绿色发展、绿色崛起，让海南人民与全国人民一道共享改革发展成果，过上健康、幸福、美满的生活。在全球化背景下，经济发展受国际形势的影响

①　"卡夫丁峡谷"（Caudine Forks）典故出自古罗马史。公元前 321 年，萨姆尼特人在古罗马卡夫丁城附近的卡夫丁峡谷击败了罗马军队，并迫使罗马战俘从峡谷中用长矛架起的形似城门的"牛轭"下通过，借以羞辱战败军队。后来，人们就以"卡夫丁峡谷"来比喻灾难性的历史经历。马克思、恩格斯晚年在对俄国农村公社研究的基础上，提出了落后国家有可能跨越资本主义"卡夫丁峡谷"的思想。而实现这种"跨越"的原因在于俄国农村公社的土地公有制。

较大，不确定性因素增多，但中国发展的战略谋划和战略定力已经通过诸如"一带一路"而彰显大国风范。在海南，"绿色崛起"作为国际旅游岛建设发展的主题词、创建"全国生态文明建设示范区"的人民利益价值取向，成为在世界经济大潮中"任凭风浪起，稳坐钓鱼船"的"压舱石"。

三、对生态环境"生产力"的实证诠释

对于这一点，笔者最近在《海南生态文明建设要领跑全国》一文中，对习近平总书记的经典论断有过如下感想：

"我们既要绿水青山，也要金山银山。宁要绿水青山，不要金山银山，而且绿水青山就是金山银山"。这一质朴睿智的自然观告诉我们，绿水青山可以源源不断地创造财富，生态优势可以变成经济优势。

"保护生态环境就是保护生产力，改善生态环境就是发展生产力。"这一精辟论述阐明了生态环境与生产力之间的辩证关系，蕴含着尊重自然、人与自然和谐发展的价值观念和发展理念。

"良好生态环境是最公平的公共产品，是最普惠的民生福祉。"这一重要论述深刻揭示了生态与民生的关系。生态环境是惠及更多人民群众的生产力，是对社会主义本质、民生内涵的丰富和发展。在建设美丽新海南的过程中，只有深入推进生态文明建设，满足百姓对生态需求的渴望，不断夯实海南经济社会发展的生态基础，才能实现人民群众对幸福美好生活的追求。

总之，"绿色崛起"是海南国际旅游岛建设发展的主题词和核心要义，是对生态环境"生产力"的实证诠释。"绿色崛起"的内涵集中在两点：一是转变经济发展方式，形成以旅游业为龙头、现代服务业为主导的具有海南特色的经济结构；二是牢固树立绿色发展新理念，以"生态文明"主导海南经济社会发展，在生态文明建设领跑全国的同时，经济发展水平进入全国先进行列。"崛起"是不甘平淡，致力于奋起。海南所追求的"绿色崛起"就是指以生态保护为前提，以最小的环境代价和资源消耗获得最大经济社会效

益，步入发达地区行列，最终实现对工业文明时代的超越。

第三节　海南国际旅游岛建设遵循"绿色发展"新理念的基本要求

以绿色发展理念引领国际旅游岛建设发展，并以绿色崛起示范全国，走出以生态文明建设促进经济发展新路，海南得"天时、地利、人和"。其中，"天时"是时代发展的要求；"地利"是海南生态资源优势；"人和"是指从中央到地方上下齐心。在此背景下，海南贯彻落实党的十八届历次全会精神，自觉将绿色发展理念转化为绿色发展实践，把生态文明建设融入其他建设的各个方面和全过程，全面提升政府绿色治理能力，认真搭建科技进步与生态文化发展的基础性支撑框架，走绿色发展、循环发展、低碳发展之路，努力实现产业绿色化和绿色产业化协调发展，夯实了海南国际旅游岛绿色崛起的坚实基础。

一、全面提升政府绿色治理能力

党的十八届三中全会提出推进国家治理体系和治理能力现代化的目标任务，全面提升政府绿色治理能力，是在新发展理念引领下全面提升政府治理能力的重要内容。中国环境与发展国际合作委员会"国家绿色转型治理能力研究"课题组中方组长、清华大学公共管理学院教授薛澜（课题组外方组长：彼得·汉尼克，系瑞典隆德大学国际工业环境经济研究所客座教授、德国伍珀塔尔研究所前所长、罗马俱乐部成员）在国合会 2015 年年会发言时建议"国家将绿色转型治理能力作为国家治理能力综合改革的试验田"：提升科学民主制定政策的能力、政府行政部门的政策执行能力和司法机关的司法能力、市场推动绿色创新的动力和将环境污染外部性内化的能力、公众和社会组织推动绿色创新与参与环境保护的能力等，以此作为国家治理能力综合改革路线图，"整体推动国家绿色转型治理能力的全面提高"①。

党的十九届四中全会作出了《中共中央关于坚持和完善中国特色社会主义制度、推进国家治理体系和治理能力现代化若干重大问题的决定》提出了"建设人民满意的服务型政府""实行生态环境损害责任终身追究制"的目标要求。政府公共服务的主要表现形式是提供优质公共产品——公共政策，不然就难以走上公平与可持续的科学发展之路。但现实的情况是，由追求 GDP 年代所成型的各级党政机关和领导者的工作范式与在当前"绿色发展"中政府该怎么做的工作要求之间还存在着差距。生态文明建设不唯"GDP"但又不能简单地去"GDP"，有学者提出考核绿色"GDP"，但一时又拿不出切实有效的考核标准和办法。这说明，"绿色行政"的建设发展、服务型政府的职能转换也是需要一个过程的，绝不是用一句"小政府、大社会"或"管得最少的政府就是管得最好的政府"这样抽象的话语所能解决的。因此，在遵循"绿色发展"新发展理念的基础上实行"绿色行政"和"生态问责"，在不脱离社会现实可行性的基础上不断提升政府绿色治理能力，乃是建设"法治中国""美丽中国"的必然选择。

实现绿色治理需要建立政府、企业、社会组织、公众、媒体、专家学者等合作协同，但政府是领导者，起主导作用。全面提升政府绿色治理能力必须抓住"关键少数"，特别是党政"一把手"，这不仅仅是为了破解"一把手"监督难和反腐败的问题，更重要的是要抓住绿色治理主体的"牛鼻子"。毛泽东对"关键少数"的作用曾有经典表述："政治路线确定之后，干部就是决定性的因素。"②各级领导干部是国家绿色治理的组织者、推动者、实践者，只有抓住了领导干部这个"关键性少数"，就有了全面提升国家治理能力包括绿色治理能力在内的组织保证。全面提升政府绿色治理能力，要在约

---

① 郭薇等：《国合会专家就绿色转型的国家治理能力提出六项课题建议》，《中国环境新闻》2015 年 11 月 11 日。

② 《毛泽东选集》第二卷，人民出版社 1991 年版，第 526 页。

束好公权力的同时提升领导者的思想力、执行力、决策力、纠错力等领导能力。思想力是提升治理能力的认知前提。从传统的管理理念转到现代治理理念上来，领导者需要转变思想观念，自觉培育和养成法治思维和公共服务意识。执行力是提升治理能力的实现环节。提高执行力主要是解决好落实国家战略和政策的"落地"能力问题，做到有目标、有可操作的措施和能够有效实施。决策力是提升绿色治理能力的核心素养。决策力要求把上级意图与民众期待及现实条件结合起来考虑，创造性地开展工作。科学民主决策必须走群众路线，但同时必须坚持民主集中制原则，坚决克服命令主义、尾巴主义和民粹主义。同时，现代化是一个不断发展变化的过程，当出现一些始料不及或无法预料的具有不确定性的事态时，也需要治理者有根据一定的原则做出敢于负责的集体决策及个人临场果断处置的决断力。纠错力是提升治理能力的责任担当。敢于问责、敢于负责是需要勇气的。但也只有敢于问责负责，才能深入推进依法行政，按权力清单办事，自觉接受各种监督，减少工作失误。

全面提升政府绿色治理能力，是地球村的村民责任对世界各国和中国各级政府提出的客观要求。据《中国环境报》2015年11月10日《提升治理能力促进绿色转型——中国环境与发展国际合作委员会2015年年会发言摘登》，联合国副秘书长、环境规划署执行主任阿奇姆施·泰纳对中国提升国家绿色转型治理能力建设做了这样的评价："在应对气候变化上，中国做出了前所未有的贡献。""中国通过建立南南合作基金，将筹资120亿美元左右，到2030年之前为全世界发展中国家的600多个项目提供支持。"[①]这表明，在全面提升政府绿色治理能力中，国际合作已经形成。中国政府对于促进绿色转型所做的努力已经获得国际的普遍认同和尊重。

全面提升政府绿色治理能力，必须"加快制度创新，强化政策行动"。

---

① 《提升治理能力促进绿色转型——中国环境与发展国际合作委员会2015年年会发言摘登》，《中国环境报》2015年11月10日。

从海南省的角度看，走绿色发展道路，围绕国际旅游岛建设全面深化改革，当下的主要任务是旅游业发展体制和生态文明体制改革。旅游业发展体制改革在国务院批准建设海南国际旅游岛伊始，就在行政管理体制上将原海南省旅游局升格为海南省旅游发展委员会，负责统筹协调全省旅游业发展，统一规划全省旅游资源及其保护，统筹全省旅游要素国际化改造，负责旅游安全的综合协调和监督管理。海南省旅游发展委员会成立后，为加强旅游市场主体管理、加强行业监管规范市场、促进旅游行业组织建设，为配套中国首部《旅游法》出台了国内第一个以政府名义下发的具体操作手册《海南省旅行社经营规范（试行）》。2015 年 10 月，海南省国际化程度最高的旅游城市三亚市还成立了我国首支旅游警察部队——三亚市公安局旅游警察支队，承担起了维护三亚旅游市场秩序和旅游治安环境的重任。

全面提升政府绿色治理能力，海南省当前的工作重点要突出解决好旅游业发展如何与国际惯例接轨、旅游业发展如何更有效地保护生态环境以实现生态环境保护与旅游业发展的良性互动问题。前者是旅游业发展体制改革所必须解决的问题。后者是生态文明体制改革所必须解决的问题。关于生态文明体制改革，在中共中央、国务院未出台生态文明体制改革文件之前，海南在这方面已经有了自己的一些探索，仅 2013 年就审议出台了《海南省主体功能区规划》《海南省林地保护利用规划》《海南省质量发展纲要》三部重要法规。其中《海南省林地保护利用规划》把全省林地划分为"沿海防护林及红树林带""环岛中间商品林圈"和"中部南部山区生态保护核心区"，并从用途管制、分级管理、森林保有量等方面明确了海南省林地保护利用的方向、政策和措施。在 2015 年中共中央、国务院出台生态文明体制改革文件后，海南省及时出台了定位绿色发展的《海南省总体规划（2015—2030）纲要（内容摘要）》，该《纲要》"内容摘要"在修改完善海南省主体功能区规划、消减各单项规划相互矛盾的基础上，形成了海南岛各类功能区汇总表。以法规的形式确定了海南省生态功能区面积占到了海南岛陆地面积的 80%。

在绿色治理中如果没有规划，绿色发展就无所遵循。但单项规划多了，依法办事与规划"打架"的矛盾又突出起来。为解决这一问题，2015年海南省主动承担了全国唯一开展省域"多规合一"改革试点任务，《海南省总体规划（2015—2030）纲要》是海南实施"多规合一"改革试点任务的一个重大成果，2016年3月，时任海南省省长刘赐贵在接受新华社记者专访时说："由于各部门规划编制期限不同，审批主体不同，规划之间'相互打架'现象相当严重，多张规划图要合为一张《海南省总体规划》难度极大，图斑重叠、矛盾之处多达127.9万块。"[①] 此前的2015年暑期，本课题组在对海南岛中部山区热带雨林生态功能区调查时，据白沙县国土资源局反映，该县城乡规划与国土规划相差8.81平方公里；公益林保护建设规划、国土规划中基本农田与公益林重叠304.43公顷，国土规划中的建设用地与公益林重叠507.64公顷。更为突出的是，2012年8月，省政府出台《海南省公益林保护建设规划（2010—2020）》（琼府〔2012〕43号），扩大了生态公益林保护范围，将许多人工林划为生态公益林。其中白沙县生态公益林面积从74万亩增加到了181.2万亩。由白沙黎族自治县管护的面积为101.0万亩，其中约49万亩属天然生态公益林，约52万亩属人工公益林。人工公益林中，橡胶林面积31.5万亩，占60.6%，多为农民种植。其他主要是以桉树、马占相思树为主的造纸林，大多属于福莱斯公司、金光公司。公益林不准砍伐或不能及时批准砍伐以致拖延林木品种更新，引起了执行中的一些矛盾冲突。《海南省总体规划（2015—2030）纲要》的出台，回应了广大人民群众对"多规合一"的热切期望，表明海南省在提升绿色治理能力方面不断发现问题和解决问题的努力是卓有成效的。

---

① 凌广志、赵叶苹、唐牛：《海南省域"多规合一"试点为全国探路——专访全国人大代表、海南省省长刘赐贵》，《新华每日电讯》2016年3月9日。

二、走"绿色发展、循环发展、低碳发展"之路

党的十八大首次提出"绿色发展、循环发展、低碳发展"要求，党的十八届五中全会提出了"绿色发展"新理念，这说明绿色发展是有广义和狭义之分的。从狭义上说，绿色发展直接从生产生活出发，要求生态环境保护和生态环境治理。从广义上说，绿色发展是以人与自然和谐为价值取向，以生态环保为基本目标，以低碳发展和循环发展为基本路径的发展理念和发展方式。把并列的"绿色发展、循环发展、低碳发展"在内涵上分别作出界定，大致可以把它们看成是人类活动与自然互动中的"添""恒""减"。

（一）绿色发展之"添"——在发展经济时让生产、生活、生态"添绿"

绿色是生命的象征、大自然的底色。绿色发展首先追求天更蓝、山更绿、水更清、生态环境更美好。但传统发展模式破坏了生态环境，于是才有了植树造林，水土保持、污染防治、清洁生产、节能减排等一系列的生态环境保护行动，才有了绿色食品、有机食品等一系列食品安全新概念。严格地讲，绿色发展作为对生态环境和生产生活"添绿"，首先是对生态环境破坏的约束和对被破坏了的生态环境的修复。中国的生态文明建设是从这里起步的，广义的绿色发展也是从这里起步的。

从海南实践看，建设生态省从封山育林开始。通过开展大规模国土绿化行动、蓝色海湾整治行动等，使山水林田湖海生态得到保护。眼前的海南可以用"满眼皆绿"来形容。当然，绿色发展不仅仅是外在美，更重要的是提升人们的生活品质。海南是旅游者的天堂，全国人民的四季花园。人们常说"上有天堂，下有苏杭"，那是在封闭的古代没有发现海南美之前。人们常说"天外有天"，就是这个道理。"要想身体好，请来海南岛"，不能单纯地理解为调侃，而是对海南绿色发展带给人们绿色生活的真实写照。同时，

海南还是全国的"菜篮子"基地，热带瓜果蔬菜出岛给全国人民送去的应该是绿色发展、绿色食品的问候，但也曾为"毒豆角""蕉癌"事件付出代价。

对于发生在 2010 年的"毒豆角"事件，海南省委省政府针对存在的突出问题，采取多项有力措施，落实豇豆检测 100% 全覆盖，加大农资市场监管力度，加大对农民的宣传教育等，并规定对所有合格的瓜菜张贴凭证方可出岛，才逐渐走出困境。据海南省农业厅发布的信息，2015 年海南省"全年共检测蔬菜水果产品 126.72 万份（批次），蔬菜合格率 98.86%"[①]。

2007 年 3 月，海南香蕉大面积感染巴拿马病。因没有特别有效的治疗方法，故植物专家将其称为"香蕉癌症"。可这话"以讹传讹"，传到市场上却变成了"吃香蕉会得癌"。 2007 年 4 月 7 日，农业部新闻办公室为此发布消息辟谣：香蕉巴拿马病学名为香蕉枯萎病，同食用香蕉的安全性没有任何关联。即香蕉枯萎病由植物病原菌引起，在香蕉树的维管束内繁殖，进入不了香蕉果实内，也不会对人体和动物体产生危害。这一被放大了的"香蕉癌症"事件说明了人们对食品安全和绿色食品的高度关注；同时也提醒我们，绿色发展需要科普，对绿色食品管理上的一个小小的疏忽和信息传递上的失误，都会酿成大的事件，造成重大经济损失。

（二）循环发展之"恒"——通过垃圾资源化实现自然资源"恒定"

循环发展的基本理念是没有废物，废物是放错地方的资源，垃圾资源化的实质是解决资源永续利用和由资源消耗引起的环境污染问题。循环发展的核心内涵是循环经济发展，"减量化、再利用、资源化"是循环经济模式所遵循的基本原则。党的十八届五中全会提出要"树立节约集约循环利用的资源观"，"建立绿色低碳循环发展产业体系"，"实施循环发展引领计划"，

---

① 况昌勋、孙慧：《海南创建全国生态循环农业示范省》，《海南日报》2016 年 2 月 22 日。

为做好"十三五"循环经济发展工作指明了方向和路径。

海南在循环发展方面，设立了国家循环经济试点单位——海南省昌江循环经济工业区。2008年海南省昌江循环经济工业区之所以获得国家批准，主要在于该工业区在资源综合利用方面起到了循环发展的引领作用，如海南矿业联合有限公司，利用多年排放的800多万吨尾矿再生产为精矿粉，2007年处理尾矿110万吨，生产品位含65%的铁精矿粉61万吨、矿渣30万吨用作水泥企业的水泥制品原材料，尾矿利用率达到90%，给企业带来良好的经济效益和社会效益；华盛水泥厂以园区内纸浆厂的废弃物——绿泥代替石灰石作为原料生产水泥，每年可减少纸浆厂绿泥排放量约70000吨，同时在生产源头减少了初级资源——石灰石的投入量，大幅降低了生产成本；华盛水泥厂通过回收余热发电，回收粉尘做水泥熟料，减少余热量排放和灰尘的污染。该厂余热发电装机容量6.5兆瓦，每年能节约标准煤3000吨。排放的粉尘、二氧化硫、温室气体等各项指标达到国际先进水平，获联合国CDM项目资金支持；并在CDM交易中获得国外合作方瑞典碳资产管理有限公司每年300多万元人民币的补偿资金。同时，该余热发电项目，被国家批准为海南第一个"CDM合作项目"①。

海南在发展旅游业、农业方面，特别是在文明生态村建设中，对发展循环经济有诸多举措。如按照节地、节水、节肥、节约、节能、节粮和减少从事农业的人员的要求，围绕生态农业和农产品资源，大力发展以沼气池建设为中心环节的"饲—畜—沼—肥"生态模式，能够较好保护森林资源。其具体做法是：将农林剩余物综合利用作为猪、牛、羊、鸡的饲料；牲畜和家禽的粪便入沼气池；沼气做燃料，用于烧饭、加工、照明；沼气水、沼气渣

---

① 资料来源：海南昌江循环经济工业区管委会，国家发改委产业经济与技术经济研究所2008年4月编纂的《海南省昌江循环经济工业区建设国家循环经济试点实施方案》。CDM（清洁发展机制）作为《京都议定书》建立的机制之一，旨在推动发达国家对发展中国家在减少温室气体排放方面的投资和技术转移。

为农田肥料，提高土地肥力。沼气连接着养殖业和种植业，还形成了"植物生产—动物转化—微生物还原"产业链条。据海南省农业厅原厅长林玉权测算：一般沼气户养猪 3 头以上，所产沼气能满足全家的生活用能，年节支约560 元，养猪年增收可达 1200 元，沼液、沼渣折计化肥 350 公斤，折算约400 元，每户年节支增收达 2160 元，不少农户利用沼液、沼渣发展庭院经济，生产无公害农产品。沼气也是促进农民增收、发展农村经济的好项目。2016 年初，海南省农业厅部署了创建全国生态循环农业示范省的工作目标，提出实施十大工程，打造农业王牌。这十大工程是：无疫区建设；畜禽废弃物综合利用、沼气、肥水一体化；化肥农药减施；秸秆综合利用；田间废弃物回收；绿色防控；农产品质量安全；生物有机肥转化等。计划 2016 年全省完成 210 家规模化养殖场环保改造，建成 3—5 家有机肥骨干生产企业，增加有机肥年产能 35 万吨，实现农药化肥使用量零增长，土壤有机质含量逐年提升，海南农业循环经济有望走在全国前列。

（三）低碳发展之"减"——以应对气候变化、防止环境污染为目标"节能减排"

"煤炭消费在我国整个能源结构中占比始终在 70% 左右。这是我国二氧化碳排放量逐年增加并成为全球第一大二氧化碳排放国的重要原因。"[1]自应对气候变化以来，我国已经将节能减排的低碳发展作为实现绿色发展的重要举措。2015 年，党的十八届五中全会提出建立绿色低碳循环发展产业体系和推动低碳循环发展，建设清洁低碳、安全高效的现代能源体系，实施近零碳排放区示范工程，为我国循环发展规划了蓝图。"到 2020 年、2030 年、2050 年煤炭在我国一次能源消费结构中的比重，将由目前的 66% 逐渐回落到 62%、55% 和 50% 左右"[2]，但煤炭作为主体能源的格局一时还难以被

① 张云飞：《全面把握"绿色发展"》，《学习时报》2015 年 11 月 9 日。
② 《中国煤炭工业协会：煤炭行业须主动应对新趋势》，《中华工商时报》2015 年 11 月 3 日。

打破。

海南没有煤炭工业，也不存在居民冬天取暖用煤问题。海南用煤主要是火力发电。大致在 2002 年，笔者在中国（海南）改革发展研究院参加一次关于海南发展的理论座谈会时，省电力部门的领导谈到这样一件事：基于成本考虑和天然气供气不足的现实，海口电厂一些机组在投产之前就对其进行了逆向的"气改煤"技术改造。在建设海南国际旅游岛的前后，根据国家节能减排政策安排，海南对各地火力发电机组电除尘器、脱硫装置进行了改造提效。2015 年为落实国家发展改革委、原环境保护部、国家能源局《煤电节能减排升级与改造行动计划（2014—2020 年）》，出台了《海南省煤电节能减排升级与改造行动计划（2014—2020 年）》，计划在 2020 年前实现淘汰落后火电机组 25 万千瓦以上，实现供电煤耗、污染排放、煤炭占能源比重"三降低"和安全质量、技术装备水平、电煤占煤炭消费比值"三提高"。2016 年 3 月，为贯彻落实国务院《大气污染防治行动计划》及原环境保护部、国家发展改革委、国家能源局《全面实施燃煤电厂超低排放和节能改造工作方案》，海南省人民政府办公厅又印发了《关于印发海南省燃煤电厂超低排放和节能改造的实施方案通知》。要求到 2017 年底前，全省现役 30 万千瓦及以上公用燃煤发电机组、10 万千瓦及以上自备燃煤发电机组（暂不包含 W 型火焰锅炉和循环流化床锅炉）全部完成超低排放和节能改造。

低碳发展的重点在工业。海南节能减排的成效不显著，问题主要在于火力发电及工业发展基数较低。据统计，截至 2015 年 10 月，海南全社会装机 600 万千瓦，电源结构以煤电为主，占比 58.6%，以水电、气电、风电、生物质、光伏和余热发电为补充，占比 41.4%。实现低碳发展必须有效地解决清洁能源问题。2009 年 6 月底，海南首个清洁发展机制项目儋州峨蔓风电场投产。分两期投资建设的峨蔓风电场，规划装机容量为 100 兆瓦，一年的发电量将节省火电发电所需的 6 万吨标准煤，还能减少火力发电所排出的 19.4 万吨二氧化硫。2010 年 4 月，国家发展改革委批准建设海南昌江核电项目。据中国核工业集团公司原董事长孙勤介绍，昌江核电采用成熟的国产二代改进型核电技术，具有可靠的技术安全性，单机容量为 65 万千瓦，与海南电网需求十分适应。核电机组按年运行 7000 个小时测算，相比同等容量的煤电机组，每年可以减少燃用标煤约 260 万吨，可减少排放二氧化碳约 780 万吨、烟尘约 450 吨、二氧化硫约 1600 吨、氮氧化物约 9700 吨。2015年 11 月 7 日，海南昌江核电站 1 号机组并网发电，开启了海南绿色核电时代，形成了以核电、煤电为主、多能源齐头并进多元互补的电源新格局。

三、实现"产业绿色化"和"绿色产业化"的协同发展

产业绿色化和绿色产业化的关键词在产业、绿色，其实质是要实现绿色与产业的对接融合。产业绿色化是指所有产业都必须走绿色发展、循环发展、低碳发展的道路。绿色产业化是指依托生态环境优势和对生态环境的保护催生新产业，这种新产业可以是三次产业之内的新产业，也可以是三次产业之外代表绿色发展方向的更高层次的新产业。犹如农耕文明之后才有工业，工业化之后才有第三产业。生态文明建设要努力进入社会主义生态文明新时代，这个生态文明新时代也必然会有其相应的新产业形式，绿色发展的未来是否会形成以"信息化＋"为基础的第四产业——生态业？这有待时间来发展、来检验。在生态环境问题凸显的今天，绿色产业化的首要目标就是要实现"绿水青山"向"金山银山"的转换，让三次产业通过采用清洁安全的新材料、新工艺、新技术以降低原材料和能源消耗，实现少投入、高产出、低污染，形成以绿色经济、循环经济、低碳经济为代表的经济发展新常态。这种新常态有别于世界经济贸易长期低迷，而呈现出绿色发展的中高速增长。

产业绿色化要求三次产业都必须走绿色发展道路，但掌控产业绿色化命脉的首先是工业绿色化。因为工业化是国家现代化不可逾越的发展阶段，当代全球性的环境资源问题属工业文明的副产品。工业绿色化要以尽可能少

的资源消耗和污染物排放完成工业化和新型城镇化，并由此带动农业、服务业的绿色化发展。国务院发展研究中心社会发展研究部周宏春认为："工业绿色化，包括'传统工业的绿色化'和'发展绿色产业'两方面。工业绿色化是过程，也是结果。"①改革开放以来，国务院发布的我国第一个把整个工业作为规划对象的《工业转型升级规划（2011—2015 年）》（国发〔2011〕47 号），把促进工业绿色低碳发展作为转型升级的八大重要任务之一。由此展望未来，"我国的工业绿色化，需要从产业布局、结构调整、全生命周期资源环境管理、技术促进和创新，以及激励和约束机制等方面动脑筋、下力气"②，由此勾画出中国绿色低碳发展路线图。

　　绿色产业化必须牢固树立"保护生态环境就是保护生产力，发展生态环境就是发展生产力"的绿色发展理念：绿色发展只有与产业发展、生产力的发展紧密结合，不断提高广大人民群众的物质文化生活水平，才有生命力和可持续。笔者曾经在一篇文章中假设："即把海南岛封存 50 年，而 50 年后海南的自然增值，将远远超过海南人民辛辛苦苦 50 年所创造的社会财富的总和。"③但海南人民当下也要生活，海南的生态文明建设必须与提高人民群众的生活水平相结合，绿色发展以人民为中心，才能得到最广大人民群众发自内心的支持。绿色产业化当然不能停留在理念，还需把理念转变为现实。其实，在全国生态文明建设实践中，已经产生了不少鲜活事例。如内蒙古自治区的沙产业与草产业，海南岛中部山区的林下经济、乡村旅游，都有着浓郁的绿色产业化特征。

　　产业、绿色，是产业绿色化和绿色产业化不可或缺的两个基本要素。"产业绿色化"和"绿色产业化"不是单向的发展行为，而是密不可分、互

---

①　周宏春：《赢得工业绿色发展的主动权》，《经济日报》2015 年 07 月 30 日。

②　周宏春：《工业绿色化，路在何方？》，《中国战略新兴产业》2015 年第 13 期。

③　王明初、陈为毅：《实现从经济特区到生态经济特区的跨越》，《当代经济研究》2007 年第 8 期。

为因果、需协调协同发展的统一体。所以我们在制定绿色发展规划时切不可把"产业绿色化"和"绿色产业化"进行切割，更不能把"绿色产业化"和"产业绿色化"机械地分解到每一块区域或某一块区域，如主体生态功能区的主要功能就是生态保护，绿色产业是生态保护的衍生品。"绿色产业化"——让绿色自身成为产业和以绿色推动产业发展，是一个大的发展方向，需要时间培育，切不可急功近利。犹如大西北的大草原"绿色产业化"的最佳办法是牧羊，但羊放养得多了牧草又被羊连草根一起啃了。

实现"产业绿色化"和"绿色产业化"协同发展需要合适的载体。如内蒙古自治区在治沙过程中形成的沙产业与"互联网＋"农业：鄂尔多斯市的沙产业在靠近包头市的沙漠公园——响沙湾国家 5A 级旅游景区得以潇洒呈现；通辽市的沙产业通过由市水利部门组建的网络信息平台，将科尔沁沙地上近百万亩的玉米地全部纳入用计算机网络技术遥控的水肥一体的精准膜下滴灌，不仅达到了节水节肥节时、提高收入的目的，更为沙地改良、土地集约经营和集中管理创造了技术和社会条件。

产业绿色化和绿色产业化的实现形式是多种多样的，以海南环岛高铁为例：海南环岛高铁是全世界首条环岛高铁，在海南国际旅游岛建设中，刘赐贵在任海南省省长期间，曾于 2016 年 5 月要求环岛高铁沿线各市县：按照创建全域旅游"点、线、面"的要求，着力落实各项环境整治工作，"将 653 公里高铁沿线建设成海南重要的景观带、经济带"，"把打造沿线景观带和特色产业小镇、美丽乡村建设结合起来"[1]。这就为海南高铁和围绕海南高铁找准了产业绿色化和绿色产业化协同发展的载体和切入点。

---

① 彭青林：《刘赐贵省长要求：把环岛高铁沿线建成景观带经济带》，《海南日报》2016 年 5 月 11 日。

四、以科技进步与生态文化发展作为重要支撑

实现海南国际旅游岛绿色发展，科技进步和生态文化发展是重要路径，也是腾飞的翅膀。早期罗马俱乐部预言的环境问题今天为什么没有发生，是因为科学技术的进步超越了对资源消耗的速度。人们常说：知识改变命运。科学技术作为第一生产力，生态文化作为我们处理与自然的关系的伦理道德和价值取向，不仅仅关乎物质财富的增长，也关乎生产方式和消费方式的选择，关乎生态环境保护和生态文明。

从科技进步看，工业革命以来世界的变化不断加快，而这种不断加快的变化首先表现在科技这个第一推动力的发展上。而人们在为科学技术的突飞猛进欣喜之余，又经历了因新技术采用所带来的不安甚至灾难。蕾切尔·卡逊所著《寂静的春天》描述了人类可能面临一个没有生命体的世界，那惊世骇俗的关于农药危害人类环境的预言，强烈地震撼了社会，标志着人类关注环境问题的开始，也预示了绿色科技的兴起。于是，有了在保护地球、珍爱生命、节能减排等诸方面的科学技术的新突破及其应用。随着信息化时代的到来，我们必须将科技创新作为国家发展战略的基点，一方面要推动传统制造业的绿色化改造，构建"清洁、低碳、安全、高效"的现代能源体系；另一方面要大力发展节能、环保、新能源等绿色产业，以绿色工程技术推动绿色投资增长，以绿色产品拉动绿色消费。绿色发展需要绿色技术的创新、推广和应用。就海南而言，由于科研基础薄弱和技术创新能力不强，把科技进步作为绿色发展的重要支撑，重点在绿色技术的推广应用，如新能源汽车、绿色建筑、太阳能利用、植物病虫害的生物防治，等等。

从生态文化发展看，坚持把培育生态文化作为海南绿色发展的重要支撑，首先要牢固树立绿色发展新理念。发展理念说到底是个自然观、世界观和政绩观问题。绿色发展新理念是我们党执政以来不断探索经济规律、社会规律和自然规律的认识升华。绿色发展新理念带来的不仅仅是发展理念的新

变化，更重要的是引领发展方式和执政方式的深刻转变。在绿色发展新理念中，"绿水青山就是金山银山"这"两山"理论，从根本上打破了简单把发展与保护对立起来的思维束缚，指明了经济发展和环境保护内在统一、相互促进和协调共生的方法论。领导干部这一"关键少数"如果首先树立起绿色发展新理念，就会打破以 GDP 论英雄的传统政绩观，就会从决策和执行的各个层面和侧面，自觉带领广大人民群众走绿色发展之路。其次要从中国传统生态文化中吸取养分。中国传统文化中有许多关于人和自然和谐相处、"天人合一"的思想。"四千年前的夏朝，就规定春天不准砍伐树木，夏天不准捕鱼，不准捕杀幼兽和获取鸟蛋；三千年前的周朝，根据气候节令，严格规定了打猎、捕鸟、捕鱼、砍伐树木、烧荒的时间；二千年前的秦朝，禁止春天采集刚刚发芽的植物，禁止捕捉幼小的野兽，禁止毒杀鱼鳖。"[①] 中国古代还有许多关于"风水"和"禁忌"的文化，都与处理人与自然的关系相关。中国古代生态文化在民间也很盛行，官府倡导和法律引领是重要因素。就连海南这一祖国边陲，自古以来，森林生态环境也一直受到官府的保护。如在万宁市境内的省级重点风景名胜区和自然保护区"礼纪青皮林自然保护区"管理站大门口，就留有清朝官员为保护这片青皮林而立的青皮林禁碑——"奉官立禁"。该碑高 1.2 米，宽 0.5 米，碑上竖列楷体字，其中写着："鸟石图界内如有坟墓之山，不准乱砍树木。既不坟墓之山，凡以海滨者亦无准乱砍树。倘有恃强砍伐，一经该图呈按，立即拿案究惩。各宜禀遵毋违，特示。光绪二十七年正月二十九日告示"。目前，此碑已经被万宁市政府部门移走，被保护了起来。

---

① 潘岳：《环境文化与民族复兴》(2003 年"绿色中国首届论坛"的主题报告)，《光明日报》2003 年 10 月 29 日。

"奉官立禁"现收藏在万宁市文化馆新翻修的万宁潮州会馆内／王明初　摄

在海南农家，古村落的房前屋后有千年古树是常态。在定安县翰林镇的后岭村，有一棵树冠占地 8.6 亩的小叶榕树，被称为"亚洲榕树王"。传说这株九世同堂的古榕为元元贞元年（1295）春定安立县及县衙落成时，第一任县令王献之移栽。

把科技进步与生态文化发展作为重要支撑，社会大众对科技重要性认识的提高，与改革开放以来"知识改变命运"的耳濡目染有关。海南也有着许多感人的故事，如鹦哥岭被保护并被世人所熟悉的种种。鹦哥岭是海南省陆地面积最大的自然保护区，这里山高路远、默默无闻。从 2007 年起，有 27 名大学毕业生，包括 2 名博士和 4 名硕士，放弃到城市生活的优越条件，陆续从全国各地来到这里从事热带雨林和生物多样性的保护工作。他们的事迹被《光明日报》等媒体广为报道后，鹦哥岭才被揭开神秘的面纱。在鹦哥岭自然保护区升格为国家级自然保护区的当年——2014 年全国考研政治思修材料分析题《鹦哥岭来了大学生》中有这样的综合材料："鹦哥岭周边有 103 个自然村，近 2 万村民。看到村民大片砍伐雨林种山芝、香蕉，作为环境保护者，大学生们痛心疾首。但习惯靠山吃山的当地百姓说，'让我们放下砍刀、放下猎枪绝对不行！'大学生们克服阻力，用真诚和智慧动员招募了 270 名护林员，并与他们一起，用一个多月时间，走遍了 209 公里长的界线，埋下了近 400 根桩和 50 多块界碑，为鹦哥岭保护区筑起了一道看得见的保护网"；接着大学生们又推广起"鸭稻"共育和发展"林下经济"，"并帮助当地人建起了环保厕所，盖起了猪圈，改善了居住的环境。当地百姓手里有了钱，靠上山砍树卖钱的人越来越少了。"① 这是鹦哥岭青年对"知识改变命运"的又一种诠释：在改变人的命运的同时也在改变着自然的命运。

海南省定安县后岭村"亚洲榕树王"，树冠占地 8.6 亩／王明初　摄

科技进步与生态文化发展非常重要，但目前海南省科技创新、科技创新转化为产业的能力较弱。据 2016 年全省科技与知识产权工作会议披露的数据："十二五"期间，海南科技创新能力快速提升，共有 425 项科技成果获得省科技进步奖和成果转化奖；专利受理申请量 11213 件，专利授权量6846 件，分别同比增长 174.3% 和 207.13%；荣获中国专利金奖 2 项、优秀奖 19 项。纵向比，成绩很大；横向比，确实汗颜。这从国家科学技术奖 5

---

① 摘自 2014 年全国硕士研究生入学统一考试政治试题：《鹦哥岭来了大学生》。

大奖项（国家最高科学技术奖、国家自然科学奖、国家技术发明奖、国家科学技术进步奖、国际科学技术合作奖）获奖数为"0"的事实中可以看出。再如，海口国家高新技术产业开发区是1991年经国务院批准设立的海南省唯一的国家级高新技术产业开发区，海南师范大学国家科技园是2014年获国家教育部、科技部批准的海南省首个国家级大学科技园。目前，海南师范大学国家科技园与海口国家高新技术产业开发区共建，这两园的科技创新和转化是可以代表海南水平的。2016年3月，海南省科技厅组织评审专家对海南师范大学国家大学科技园以及海口国家高新区、海南生态软件园、海南国际创意港、江东电子商务产业园、海南热带海洋学院国家大学科技园等6个园区进行2015年度综合考评。海南师范大学国家大学科技园经过一年多的建设，已经初步建成创业培训及交流平台等18个创新创业公共服务平台，获得海南省科技厅科技园区考核第二名的成绩。作为龙头老大的海口国家高新技术产业开发区2015年完成工业总产值179亿元，同比增长26.1%；园区工业总产值占海口全市工业总产值的33.3%。高新技术企业56家中已投产35家，完成工业总产值110亿元，占园区工业总产值的62%，同比增长24.7%，高新技术企业成为了园区经济增长的主要动力。突出亮点是医药产业发展迅猛，2015年制药产业完成工业总产值74.5亿元，占园区工业总产值的42%，同比增长39.4%，对园区工业总产值增长的贡献率为57%。企业国际化水平快速提升，齐鲁制药、海灵药业、双成药业等多家医药企业顺利取得国际市场"通行证"，显著提高了园区制药产业的国际化发展水平。其中，华益泰康更是成为我国首家零缺陷通过FDA认证的企业，获得了业界的高度认可。根据科技部火炬中心《关于通报国家高新区评价（试行）结果的函》（国科火函〔2015〕41号），该园区在此次全国115个国家高新区（含苏州工业园区）的排名为第76名，这一中等偏下成绩折射出海南经济文化发展相对落后，走科技创新并转化为高新产业的道路还较困难的现实。

在绿色发展中，人们一般认为科技进步和生态文化发展是"软件"建设，但软件建设也必须"硬"起来。在海南科技进步的创造力较弱的情况下，有必要把科技进步的重点放在应用推广上，围绕海岛、海洋、绿色、生态等做文章。只要事情做实了，解决了"生产、生活、生态"这"三生"中的大难题，就是"三生有幸"，海南就硬了起来。生态文化发展这一"软件"建设，海南更有诸多条件可以使它先"硬"起来：一是海南省是全国最早建设"生态省"、走"生态立省"道路的省份，发展生态文化有着坚实的自然基础和群众基础；二是海南省工业不发达，工业文明对本岛居民的影响较少，中华传统文化包括热爱自然、敬畏自然、保护自然的生态文化传统保留得比较完整；三是海南经济发展步入"快车道"的时候，国家对生态文明建设已经非常重视；四是海南建设国际旅游岛，与世界的互动越来越频繁和深刻，无论是发展旅游业的刚性要求还是为了海南"亚洲的博鳌"和三亚作为国家"首脑外交"基地的荣誉，其对海南生态文化建设的影响都是极其正面的。

第三章　海南国际旅游岛生态文明建设任务、空间布局和评价指标体系

创建"全国生态文明建设示范区",国务院要求海南省在"坚持生态立省、环境优先,在保护中发展,在发展中保护,推进资源节约型和环境友好型社会建设,探索人与自然和谐相处的文明发展之路,使海南成为全国人民的四季花园"①。在"使海南成为全国人民的四季花园"这一愿景没有发展成"全省人民的幸福家园、中华民族的四季花园、中外游客的度假天堂"这"三大愿景"之前,还存在着一些发展不充分的情况,所以说海南国际旅游岛建设一定要"顶天立地"。"立地"就是要"接地气";"顶天"就是要按照国际化的要求、按照党的十八大以来以习近平同志为核心的党中央治国理政新理念新思想新战略,来确定海南国际旅游岛生态文明建设任务、空间布局和评价指标体系。

---

① 《国务院关于推进海南国际旅游岛建设发展的若干意见》(国发〔2009〕44号)。

第一节　创建"全国生态文明建设示范区"的
战略任务

把创建"全国生态文明建设示范区"的战略目标放在中国特色社会主义事业的总体布局中去思考，其战略任务远超其生态文明建设本身。主要表现在：经济层面是要实现发展方式的转变，形成以旅游业为龙头、现代服务业为主导的具有海南特色的经济结构；政治层面是要全面深化生态文明建设体制改革，推进生态文明建设领域国家治理体系和治理能力的现代化；在生态文明建设自身层面是要争创生态文明建设实践范例，即贯彻落实好习近平总书记关于以国际旅游岛建设为总抓手，"争创中国特色社会主义实践范例，谱写美丽中国海南篇章"的殷切希望和总要求。

一、率先转变经济发展方式

生态环境问题的产生和加剧与传统的经济社会发展模式密切相关。20世纪下半叶以来日趋严重的环境问题，是近代以来工业文明对人类生存环境破坏的结果。改革开放以来，中国经济经过40多年的高速增长，已经铸就世界第二大经济体，但也积累了一系列深层矛盾和问题。其中一个突出的矛盾和问题是：资源环境承载力逼近极限，高投入、高消耗、高污染的传统发展方式已不可持续。在全面建成小康社会的关键时刻，中国正面临着一个历史性问题——制约中国持续发展繁荣的是环境容量等自然资源的短缺，而不再是人造资本的稀缺。虽然在海南这个问题不是很突出，但海南作为中国的一个省、世界的一部分，不能独善其身。在全球自然资本普遍稀缺的情况下，中国的现代化过程如果不变革传统发展方式，单靠事后的补救性治理，"头痛医头、脚痛医脚"地建设生态文明，资源环境问题不可能得到根本解决。海南如果不走可持续发展道路，从绿洲到沙漠也只是一步之遥。

"推进生态文明建设，是涉及生产方式和生活方式根本性变革的战略任务"[①]。转变生产方式要求优化产业结构和形成循环经济。优化产业结构要大力发展第三产业，形成循环经济就是要首先改变传统工业社会单向流动的线性经济，通过"节能减排"以应对气候变化，通过将原来工业文明的"原料—产品—废弃物"生产方式转变为"原料—产品—剩余物—产品……"这样一种循环生产方式，实现经济可持续发展。海南形成优化的产业结构易，而形成循环经济难。这"易"和"难"都缘于工业经济不发达。形成优化的产业结构易，是因为海南的旅游业在国民经济中所占比重较大；形成循环经济难，"难"就难在产业链短、经济规模小而难以形成规模效益。

转变生活方式要解决消费与生活需要相一致的问题。现代经济发展中有"消费拉动经济增长"和"消费决定生产"的诸多重要理论论述。根据马克思主义政治经济学，在一般情况下，供给不足时是生产决定消费，供给过剩时是消费决定生产。而无论是生产还是消费都影响和决定着生态。人们对物质的追求并非天生就贪得无厌，但在一定社会风气和文化氛围影响下，相对需求就变得满足。当今世界，消费与生活需要的背离使得消费失去理性，进而导致了人对自然资源的无度掠夺。工业社会也许能从物质层面上暂时满足人的需要和欲望，但地球资源有限而不堪重负。面对自然资源短缺的现状，为了实现可持续发展，我国必须由当前的生产和出口导向型经济，转向生活和消费导向型经济，同时通过"供给侧"改革，主要通过消化产能过剩，促进产业优化重组，解决"供需错位"即"供给不足"与"需求不足"的问题。海南国际旅游岛通过发展以旅游业为龙头的第三产业来促进发展方式转变，是中央意图所在。海南旅游业发展走国际化高端路线不能简单化为"奢侈"路线，以生态文明促旅游业发展才能实现可持续。

---

　　① 胡锦涛：《沿着中国特色社会主义伟大道路奋勇前进》，http://politics.people.com.cn/n/2012/0723/c1024-18580408-1.html。

建设海南国际旅游岛以转变经济发展方式，中央基于对海南省情的考量，对海南提出了非常明确的要求，就是要形成以旅游业为龙头、现代服务业主导的产业结构。对于这目标的实现，海南有诸多有利条件，其中最主要的有两条：一是海南经济总量少、工业经济少而产业结构趋优。据《2015年海南省国民经济和社会发展统计公报》，"十二五"末的2015年，海南省全年全省地区生产总值（GDP）为3702.8亿元，比上年增长7.8%。其中，第一产业增加值855.82亿元，增长5.3%；第二产业增加值875.13亿元，增长6.5%；第三产业增加值1971.81亿元，增长9.6%。三次产业增加值占地区生产总值的比重分别为23.1 ：23.6 ：53.3。海南全省的经济总量虽然不及东部沿海省份的一些发达县市，但三次产业结构比具有明显的优势；二是经济快速发展而由现代服务业主导的经济发展环境容量巨大。海南国际旅游岛建设要求2020年第三产业在三次产业结构中的比例达到60%。第三产业在三次产业中属于低碳经济。海南经济社会持续快速发展不会导致生态环境恶化，不仅有经济结构的保证，而且还有包括200万平方公里蓝色国土在内的巨大环境容量保证。就人口而言，据2010年全国人口普查数据，海南约867.15万人，而台湾地区人口约2316.21万人，差不多的陆地面积，台湾地区人口密度接近于海南3倍。这就是海南在未来发展中的资源承载力优势。

转变经济发展方式，海南在充分认识和利用好自身得天独厚的有利条件的同时，还需审时度势，充分认识和把握海南在世界经济发展"新常态"中形成的新优势，即经济中高速增长对海南经济快速发展的压力减弱，可以使海南比较积极从容地进行经济结构调整。可以在大力发展以旅游业为龙头的第三产业的同时，对传统产业加快进行新能源、新材料、新技术的应用和改造升级；对新兴产业发展可以突出"互联网+"和海洋经济，更好地发挥海南在"21世纪海上丝绸之路"中的战略支点作用，在推动转变发展方式的同时实现海南"绿色崛起"。

把转变发展方式看成是生态文明建设的内在要求，其内在的相互促进将进一步升值海南的绿水青山和蓝天白云并转化为绿色崛起。建设海南国际旅游岛，要形成以旅游业为龙头的现代服务业主导的产业结构，不是要摒弃工业而是要发挥优势。如果在新型工业快速发展、经济总量不断做大的前提下，海南还能够形成和保持以旅游业为龙头、现代服务业为主导的具有海南浓郁生态特色的经济结构，那么，1998年朱镕基来海南视察时提出的只要真正抓好热带农业和旅游业，海南就可"富甲天下"，就有了无愧于这个概念的意义。这"富甲天下"由于有了坚实的三次产业支撑和丰富的经济、民生内涵，其"绿色崛起"才能真正成为现实。

二、落实生态文明体制改革顶层设计

中共中央、国务院2015年9月出台的《生态文明体制改革总体方案》是中国生态文明领域改革的顶层设计。该《方案》提出要建立健全八项制度，即"健全自然资源资产产权制度""建立国土空间开发保护制度""建立空间规划体系""完善资源总量管理和全面节约制度""健全资源有偿使用和生态补偿制度""建立健全环境治理体系""健全环境治理和生态保护市场体系""完善生态文明绩效评价考核和责任追究制度"。目标是到2020年，构建起由"八项制度构成的产权清晰、多元参与、激励约束并重、系统完整的生态文明制度体系，推进生态文明领域国家治理体系和治理能力现代化，努力走向社会主义生态文明新时代"①。

落实《生态文明体制改革总体方案》，需按照建立健全八项制度的要求，从海南省情出发细化政策措施。比如：在健全自然资源资产产权制度方面，坚持"资源公有、物权法定"，通过统一确权登记清晰界定全部国土空间各类自然资源资产的产权主体，明确各类自然资源产权主体权利，用具体制度解决好各国营农场与当地农民的经济林被划入"生态红线"内的经济补

---

① 《生态文明体制改革总体方案》，中共中央、国务院2015年9月21日印发。

偿问题，水源地的百姓承担起保护水源的义务而没有享受到自然资源产权主体权利的问题；在建立国土空间开发保护制度方面，坚持"主体功能区制度"，将国土用途管制扩大到所有自然生态空间，严守生态红线，并从海南自然资源的特殊性和稀缺性出发探讨建立国家级生态公园系列，特别是建立南海国家公园和海南岛热带雨林国家公园问题；在建立空间规划体系方面，坚持"多规合一"，根据中共中央、国务院《生态文明体制改革总体方案》中关于开展市县"多规合一"试点的要求，从省情出发具体规划，"多规合一"从省开始，统一编制全省"一张图"的空间规划，以此来指导和规范各市县的"多规合一"等。

落实《生态文明体制改革总体方案》，要在全面深化改革中创建生态文明示范区，海南可以走"分类建设、以点带面、整体突破"的发展路子。要积极推动海口、三亚创建"现代化都市"型生态文明建设示范区；积极推动"海南省中部山区热带雨林国家重点生态功能区"内白沙、琼中、保亭、五指山等市县创建"美丽乡村"——"风情小镇"型生态文明建设示范区；积极推动海南全域旅游，创建包括海洋生态、森林生态、乡村生态等旅游景区和度假区在内的生态旅游示范区；积极推进各种类型的生态文明示范区建设，如儋州、琼海、万宁的国家生态文明先行示范区建设，三沙、三亚的国家海洋生态文明示范区建设；积极持续推进全省文明生态村、生态文明乡镇和小康环保示范村等社会基层生态文明的基础性建设，推广琼海"不砍树、不占田、不拆房，就地城镇化"的新型城镇化发展模式等，全面夯实和扩大生态文明示范区建设的社会基础。

落实《生态文明体制改革总体方案》，明确责任主体，政府主管部门要加强对房地产开发、填海造地和无居民海岛管理。海南国际旅游岛必须破解"土地财政"依赖，严格控制好房地产开发，重点防范一些进岛目的在于"圈地""圈海"的"重点项目"。要制定和实施海岸带土地利用总体规划，严格填海造地和无居民海岛的使用审批管理，不能让海南建省办经济特区初期"房地产泡沫"的历史教训在海洋、海洋岛礁的开发上重演。

落实《生态文明体制改革总体方案》，推进生态文明领域国家治理体系和治理能力现代化，必须坚持"依法治国"，发挥和管理好当权者这一"关键少数"，要落实好领导干部任期环境质量考核制度和自然资源资产离任审计，中央"两办"印发的《党政领导干部生态环境损害责任追究办法（试行）》，倒逼"关键少数"谨慎用权，是我国生态文明建设中规范权力的制度"利器"。落实到海南，必须做到权责统一，党政同责——把权力装进制度笼子；及时追责，永不免责——使权力没有"免死金牌"；制度导向，勇于负责——让权力做到勤政为民。特别是在县市工作的主要领导同志，一般都希望"青史留名"。这是一个好的追求，但也要有一个正确的认识、一个好的心态。有人担心老百姓在他离任时对他的评价是"无为而治"——这是在生态文明建设调研时常听到的一些县委书记们的困惑。"绿水青山就是金山银山"，时代的发展要求地方官工作重心转移，要求地方主要领导同志有一个正确的心态以适应形势，同时笔者也更希望组织上和社会上对领导干部的评价体系做相应调整，在生态核心区能"无为而治"就是大德。

三、"谱写美丽中国海南篇章"

在党的十八大，对社会主义生态文明建设提出了两个奋斗目标："建设美丽中国"和"努力进入社会主义生态文明新时代"。笔者认为，这两个奋斗目标代表了社会主义生态文明建设的两个不同发展阶段。社会主义生态文明新时代是中国生态文明建设的高级阶段，美丽中国则是初级阶段的要求，是实现努力进入社会主义生态文明新时代这一奋斗目标的起始一步。

2013年4月，习近平总书记出席博鳌亚洲论坛年会后视察海南并发表重要讲话，要求海南以国际旅游岛为总抓手，"争创中国特色社会主义实践范例，谱写美丽中国海南篇章"，对海南提出了生态文明建设要努力进入社会主义生态文明新时代的当前奋斗目标。"谱写美丽中国海南篇章"，使之成为"中国特色社会主义实践范例"，其实质是创建"全国生态文明建设示范区"。这一表述给人的突出印象首先是强调了生态文明、美丽中国在中国特色社会主义事业总体布局中的时代特色，突出了生态文明在中国的社会主义属性。

首先从这句话的整体上看，"争创中国特色社会主义实践范例"是总要求，"谱写美丽中国海南篇章"是其内涵和落脚点。再结合习总书记在海南重要讲话的全部内容和语境，无论从中共海南省委在全省干部会议上所传达的文字材料还是新华社的报道看，习总书记对海南最为关注和讲得最多的还是生态文明和民生，而且人民日报的标题就是《习近平在海南考察时强调：加快国际旅游岛建设 谱写美丽中国海南篇》。该报道描述的情景是："一路上，习近平集中了解国际旅游岛建设的进展，实地调研海南转变经济发展方式、保障和改善民生、加强生态文明建设、转变工作作风的情况。"就生态文明的重要性和对海南的要求作了明确的指示，强调"保护生态环境就是保护生产力，改善生态环境就是发展生产力。良好生态环境是最公平的公共产品，是最普惠的民生福祉。……他希望海南处理好发展和保护的关系，着力在'增绿''护蓝'上下功夫，为全国生态文明建设当个表率。"[1] 习近平总书记在海南视察期间还到了琼海市潭门镇看望渔民群众，到了三亚市亚龙湾兰德玫瑰风情产业园考察，强调"小康不小康，关键看老乡"。关心的重点都是生态和民生问题。

习近平总书记对海南提出"争创中国特色社会主义实践范例，谱写美丽中国海南篇章"的殷切期望，到现在也还有一个深化科学理解的大问题。笔者认为，对"争创中国特色社会主义实践范例"的理解必须抓住"争创""实践""范例"这三个关键词。

一是"争创"。习总书记讲"争创中国特色社会主义实践范例"，是对

---

① 《习近平在海南考察时强调：加快国际旅游岛建设 谱写美丽中国海南篇》，《人民日报》2013年4月11日。

海南省、海南经济特区、海南国际旅游岛的新期许，也是赋予海南人民实践创新的新使命。海南人必须要有率先"争创"的历史使命感。"争创"不是海南的特权，但海南应努力在科学发展和全面深化改革的实践创新中担当重任、走在前列。"争创"的要义在于"争"——时不我待、奋勇争先；在于"创"——开拓创新、敢为天下先。而不思进取、休闲养性，搭"顺风车"共享发展改革成果，显然是与经济特区、国际旅游岛的"争创"秉性背道而驰的。

二是"实践"。"实践"是马克思主义的基本观点。"实践"的核心不是"坐而论道"，而在于行动；"实践"不仅仅是领导者的实践，更是以最广大人民群众为主体的社会实践。社会实践离不开思想理论的指导。改革开放以来，在以邓小平为主要开创者的中国特色社会主义理论体系指导下，中国特色社会主义事业在不断开拓前进中形成了"五位一体"①建设大格局，中国特色社会主义理论体系本身亦不断得到检验和发展。实践创新不断推动理论创新和制度创新，理论和制度创新的成果，又进一步推动了实践在更高层次上的发展。这个过程，也是中华民族不断增强理论自信、道路自信和制度自信的过程。

三是"范例"。"范例"就是模范、典型，可复制。范例不是唯一。"一花独放不是春，万紫千红春满园。"但"春满园"也要有报春花的率先绽放。作为我国最大经济特区，在"争创中国特色社会主义实践范例"的过程中，应有勇于成为第一范例的决心，突出自身优势和特色，争取在某些特定领域特别是在绿色发展方面走在全国前面。这是"争创中国特色社会主义实践范例，谱写美丽中国海南篇章"所期许的。海南可以从不同角度去争创一个个鲜活的具体化的实践范例，但以"谱写美丽中国海南篇章"落实"争创中国特色社会主义实践范例"具有最强比较优势。

---

① 指"经济建设、政治建设、文化建设、社会建设、生态文明建设五位一体，全面推进"。

对"谱写美丽中国海南篇章"这一"争创中国特色社会主义实践范例"总目标的内涵和落脚点的理解，笔者认为要在生态文明建设上引跑全国，以"绿色崛起"迈进发达地区行列。

在生态文明建设上引跑全国，是"争创中国特色社会主义实践范例，谱写美丽中国海南篇章"的题中之义。在怎样建设生态文明上，根据党的十八大以来的中央文献要求，确立其在"五位一体"总体布局中的特殊地位之后，可简要概括为"树、优、节、保、建"。"树"，即树立尊重自然、顺应自然、保护自然的理念，形成人与自然对等互惠、珍爱自然的良好风尚；"优"，即优化国土空间开发格局，在空间要素配置上实现人口资源环境相均衡，在经济社会生态效益上实现现在与未来相统一；"节"，即全面促进资源节约，通过新材料、新能源、新工艺和新发展方式实现绿色低碳循环发展，积极推进"两型社会"建设；"保"，即加大对自然生态系统和环境的保护力度，在处理经济发展与环境保护的关系上坚持环境优先，坚决反对将人类意志凌驾于自然之上；"建"，即加强生态文明制度建设，围绕"源头严防、过程严管、后果严惩"，划出"红线"，形成生态文明建设制度体系。

海南生态文明建设怎样做到引跑全国？首先，要有一个好的战略思路和战略规划。海南自建设生态省以来，确立了生态立省的发展思路，先后出台了反映生态立省的发展思路的《海南生态省建设规划纲要》《海南生态省建设规划纲要（2005年修编）》《海南国际旅游岛建设发展规划纲要（2010—2020）》等一系列战略规划。特别是2015年，海南省根据海南生态省建设、国际旅游岛建设发展的目标任务和实践经验，出台了"多规合一"的《海南省总体规划纲要（2015—2030）》，把"谱写美丽中国海南篇章"的载体——创建"全国生态文明建设示范区"战略落到实处。虽然海南生态省建设以来，海南省的主要领导换了几届，在战略思想和战略规划上也几经修订，但在不忘初心、砥砺前行，生态文明建设一刻也没有松懈松弛过；而且生态文明建设的战略思路越来越清晰，战略规划更符合海南实践，更具前瞻性。

其次，要全面完成国家下达的生态环境建设的各项约束性指标。国家"十二五"时期开始下达生态环境建设的 4 项约束性指标，主要是约束工业经济对环境的破坏。《"十三五"生态环境保护规划》提出了 12 项约束性指标，其中新增的 8 项约束性指标均涉及环境质量。虽然海南生态环境好，生态环境容量大，工业经济总量偏少，对海南的生态环境保护和生态环境建设极为有利。而新增的 8 项约束性指标均涉及环境质量，犹如给海南发来生态文明领先全国嘉奖令。如《"十三五"生态环境保护规划》要求到 2020 年，地级及地级以上城市空气质量优良天数比率达 80% 以上。而海南 2016 年"全省空气质量总体优良，优良天数比例为 99.4%，……其中优级天数比例为 80.4%"[①]。但对于"十二五"开始的 4 项约束性指标，海南在"十二五"前期是非常紧张的。原因在于中央政府在下达"十二五"节能减排指标时，以 2010 年的排放量为基数，而海南省的基数太低，在工业发展"两大一高"战略之下，新上一个大的工业项目，其节能减排指标需要几年时间才能消化。虽然"十二五"国家下达海南的生态环境建设的各项约束性指标均已实现，但 2013 年"十二五"中期检查时笔者受海南省发改委委托对环境保护进行评估，海南省政府对于节能减排指标是否能如期完成的焦虑至今记忆犹新。在"十三五"乃至以后，是否还会发生诸如此类情况难以预知。但可以肯定的是坚持底线思维，必须全面完成国家下达的生态环境建设的各项约束性指标。

再次，要全面对接国家生态文明试验区建设标准。在出台《国家生态文明建设示范区管理规程（试行）》《国家生态文明建设示范县、市指标（试行）》文件之前，原国家环保总局就开始了生态县（市、区）、生态乡（镇）、生态村的命名，截至 2016 年，原国家环保总局和后来的生态环境部授予的"国家生态县（市、区）""国家生态文明建设示范区（生态市、县、

---

① 《2016 年海南省国民经济和社会发展统计公报》（2017 年 2 月 10 日）。

区）"名单中，海南竟然没有一个市、县、区进入。据原环境保护部 2015
年《中国环境状况公报》，海南生态环境质量总体为优；空气质量综合指数
排名，海口市居全国 74 个新标准第一阶段监测实施城市第一："74 个城市
中，空气质量相对较好的 10 个城市（从第 1 名到第 10 名）为海口、厦门、
惠州、舟山、拉萨、福州、深圳、昆明、珠海和丽水"；水体质量没有城市
和省份的比较，但据全国近岸海域水质分布示意图显示，海南近岸海域水质
总体为优。生态环境质量保持在全国领先水平的海南，在"国家生态文明建
设示范区"命名中却出现没有一个县市入选的情况，值得省委省政府深思。

最后，要在生态环境质量保持全国领先水平的前提下实现海南绿色崛
起。在生态文明建设上引跑全国，将生态环境质量保持在全国领先水平，以
海南现有的自然基础并不是很大的难事，且在每年度、每季度、每月乃至每
日的全国环境质量报告数据中，海南的空气、水体质量等均领先全国。绿水
青山就是金山银山。海南通过绿色崛起迈进发达地区行列，是海南国际旅游
岛建设创建"全国生态文明建设示范区"必须实现的战略目标。正如笔者在
导论中所说，创建"全国生态文明建设示范区"以绿色起步，但绝不能仅仅
停留于绿色，而是要实现"绿色崛起"。

海南致力于"绿色崛起"，难以绕开绿色 GDP 核算这个话题。GDP 是
目前世界各国普遍采用的经济核算体系。这一经济核算体系由于不衡量自
然成本、社会成本等，而有其局限性。为此，联合国统计署 1989 年发布了
《综合环境与经济核算体系（SEEA）》，1993 年出版了《综合环境经济核算
手册》，正式提出"绿色 GDP"概念。绿色 GDP 就是传统 GDP 扣减掉环境
资源成本和对环境资源的保护服务费用以后的 GDP。世界上率先实行绿色
GDP 核算的是挪威。我国绿色 GDP 核算开始得较晚。2002 年首次在修订的
国民经济核算体系附表中增加了自然资源实物量核算表。2005 年，国家统
计局和当时的国家环保总局在北京市、天津市、重庆市、河北省、辽宁省、
浙江省、安徽省、广东省、海南省和四川省等 10 个省市启动了绿色 GDP 试

点工作，并成立了课题组于 2006 年发布了《中国绿色国民经济核算研究报告 2004》。报告由三部分组成：（1）环境实物量核算；（2）环境价值量核算；（3）经环境污染调整的 GDP 核算。[①]课题组先后完成了 2004 年至 2010 年期间共 7 年的研究报告，但并没有应用于对政府、官员的政绩考核。此后，中国绿色国民经济核算研究报告也没有持续。这说明中国实行绿色国民经济核算的条件尚不具备。一些学者对此研究后也认为：计量绿色 GDP 目前尚存在许多理论上和实践上的困难，"到目前为止，还没有一个国家能够完成全面的环境经济核算，计算出一个全面的绿色 GDP"[②]。

那么，在幅员辽阔、区域发展不平衡的中国，到底要不要进行绿色 GDP 核算？建立起一个什么样的绿色 GDP 核算体系才符合中国国情？对于要不要进行绿色 GDP 核算，笔者认为当然是肯定的。因为这是一个大的方向，而且中国未来的绿色 GDP 核算不仅要从 GDP 中扣减掉环境资源成本和对环境资源的保护服务费用，而且还要扣减掉因环境损害导致其他社会资源消耗增加的成本。如因雾霾指数爆表而添置空气净化器的费用，因雾霾指数爆表引发呼吸道疾病所产生的医疗费用，等等。问题是当前可以为进行绿色 GDP 核算做出哪些探索。笔者认为，在精确进行绿色 GDP 核算条件不具备的情况下，可先对各省市区绿色 GDP 先进行"写意性"的简便核算。这"写意性"核算是要形成一种导向。具体做法可以先易后难，逐步推进，渐进性形成中国话语。当前可从以下四个方面考虑：（1）以环境质量为标准，如空气质量年优级率、水体质量（包括饮用水源、江河湖泊、近海水域）优级率、森林覆盖率同时达到 60% 或优良率 90%，以上该地区的 GDP 即为绿色 GDP；（2）达不到环境质量标准的以产业结构为标准，第三产业在产业结构中所占比重 60% 以上的，该地区的绿色 GDP 为第一产业、第三产业的

---

① 王金南、於方、曹东：《中国绿色国民经济核算研究报告 2004》，《中国人口·资源与环境》2006 年第 6 期。

② 李绍飞：《绿色 GDP 的梦想与现实》，《福建农业》2014 年第 2 期。

GDP加上第二产业中的高科技、新能源GDP部分；（3）依特殊情况对各省市区绿色GDP进行增减。如发生生态环境灾难实行一票否决；对发生生态环境责任事故的，以县市（区）为单位将该产业的绿色GDP清零；对约束性指标之外的其他生态文明指标有特别贡献的，尽可能计算出价值量，奖励性计入绿色GDP总量。

第二节　生态文明主导的海南国土空间布局

在海南，生态文明主导的国土空间布局始于《海南国际旅游岛建设发展规划纲要（2010—2020）》，经过《海南省主体功能区规划》最终形成于《海南省总体规划（2015—2030）纲要》。《海南国际旅游岛建设发展规划纲要（2010—2020）》对生态文明建设的要求主要集中在"六大功能组团"①中的"中部组团"。《海南省主体功能区规划》将海南省划分为"重点开发""限制开发"和"禁止开发"三大主体功能区，突出了以绿色为主色调。上述《纲要》《规划》作为平行的、各有侧重的地方性行政法规，对同一块土地的用途存在不一致的要求，加上其他众多《规划》相互"打架"而亟须协调统一。为此《海南省总体规划（2015—2030）纲要》作为"多规合一"试点工作的重大成果出台，形成了完整的"山水林田湖海生命共同体"国土空间布局。这是海南发展规划的重大突破，为创建"全国生态文明建设示范区"在发展空间上提供了制度保障。

一、海南国际旅游岛主体功能区布局

为落实《国务院办公厅关于开展全国主体功能区划规划编制工作的通知》精神，2007年海南省人民政府办公厅《关于开展全省主体功能区规划编制工作的通知》明确海南省规划编制工作的主要任务是："提出全省主体

---

① 依次分为：北部组团、南部组团、中部组团、东部组团、西部组团、海洋组团。

功能区规划基本思路，制定编制全省主体功能区规划的指导意见，编制完成《全省主体功能区规划》。"编制工作要求从 2007 年 7 月开始，到 2008 年 11 月形成上报省政府的审议稿。但为了在内容上保持与《全国主体功能区规划》的衔接，《海南省主体功能区规划》直到《国务院关于印发全国主体功能区规划的通知》（国发〔2010〕46 号）下发 3 年后，才随《海南省人民政府关于印发海南省主体功能区规划的通知》（琼府〔2013〕89 号）正式下发。

中国的主体功能区规划，是基于不同区域的资源环境承载能力、现有开发密度和发展潜力及对全局的意义等，将特定区域定位为特定主体功能类型的一种长期性、根本性的国土空间功能安排。在《国务院关于推进海南国际旅游岛建设发展的若干意见》下达半年后的 2010 年 6 月，《国家发展改革委关于〈海南国际旅游岛建设发展规划纲要（2010—2020）〉的批复》（发改社会〔2010〕1249 号）"原则同意《海南国际旅游岛建设发展规划纲要》"。该《纲要》根据国际旅游岛战略定位，在优化人口布局、生产力布局、城乡布局的基础上，按照"整体设计、系统推进、滚动开发"的空间发展模式，确定了国际旅游岛建设的"六大功能组团"。由于该《纲要》功能组团规划的主要目的在于经济发展，而且文字起草在《全国主体功能区规划》颁布之前，所以未能按照《全国主体功能区规划》将国土空间分类，对生态文明建设的要求也主要集中在"中部组团"。该组团"包括五指山、琼中、屯昌、白沙 4 个市县，面积 7184 平方公里，占海南岛面积 21.07%"。要求在加强热带雨林和水源地保护的基础上积极发展热带特色农业、林业经济、生态旅游等，重点建设国家森林公园和黎族苗族文化旅游项目。在海洋组团中提到了"在保护好海洋生态环境的前提下，高标准规划建设特色海洋旅游项目"①。这个《纲要》绿色发展意味很浓，但没有提到"禁止开发"问题。而且《纲要》对经济发展指标提得非常具体：从 2010 年到 2015 年地区生产总

---

① 《海南国际旅游岛建设发展规划纲要（2010—2020）》，《海南日报》2010 年 6 月 21 日。

值年均增长 14%，到 2020 年地区生产总值年均增长 15%。经济"新常态"
下没有完成此目标，于是又成为了一些学者认为海南国际旅游岛建设没有达
到预期的重要理由。

2013 年 12 月 28 日《海南省人民政府关于印发海南省主体功能区规划
的通知》(琼府〔2013〕89 号）下发。该《规划》从海南追求绿色发展的现
实出发，将海南省主体功能区划分为"重点开发""限制开发"和"禁止开
发"，没有按照国家主体功能区设置分类去设置"优化开发"主体功能区。
同时出台的《海南省林地保护利用规划》，把海南岛林地划分为"沿海防护
林及红树林带""环岛中间商品林圈""中部南部山区生态保护核心区"。《海
南省主体功能区规划》和《海南省林地保护利用规划》，加上《海南国际旅
游岛建设发展规划纲要（2010—2020）》，对不同主体功能区、不同林地做
了分门别类的政策设计和制度安排。这是三个平行且各有侧重的《规划》，
再加上其他各个领域众多内容相互"打架"的《规划》，它们的矛盾显而易
见地急需协调统一。

为此，2015 年海南省承担了以省域为单位的国家"多规合一"试点
任务，《海南省总体规划（2015—2030）纲要》是这一试点工作的重大成
果。2015 年 9 月，海南省人民政府原则通过《海南省总体规划（2015—
2030）纲要》，其内容摘要在《海南日报》刊发。该《纲要》坚持陆海统筹
构建省域规划"一张图"，形成了"山水林田湖海生命共同体"国土空间布
局，同时在战略目标上提出到 2020 年"全面建成小康社会，基本建成国际
旅游岛"；到 2030 年"海南国际旅游岛发展成为中国特色社会主义的实践
范例"。① 并提出要"建成全国绿色发展示范省"。该《纲要》把海南省全面
建成全国生态文明建设示范区目标的实现放到了 2030 年，整个发展过程中
生态文明主导，绿色发展铸魂意蕴日浓，较好地实现了与当前国家生态文明

---

① 《海南省总体规划（2015—2030）纲要（内容摘要）》，《海南日报》2015 年 9 月 29 日。

试验区建设"到 2035 年，生态环境质量和资源利用效率居于世界领先水平，海南成为展示美丽中国建设的靓丽名片"①的长远要求和世界领先水平的标准相衔接。

二、海南国际旅游岛生态功能区布局

在《海南国际旅游岛建设发展规划纲要（2010—2020）》中，第四章是专门规划"生态文明建设"的，共设计了"生态建设和环境保护""污染防治""资源循环利用""低碳技术应用与推广"4 节。特别是在"生态建设和环境保护"一节中提出了"加快推进以天然林保护、重点生态区域绿化、沿海防护林建设和保护、'三边'防护林建设、自然保护区建设、水土保持与生物多样性保护等为重点的生态保护工程建设"的总体思路。

《海南省总体规划（2015—2030）纲要》在《海南国际旅游岛建设发展规划纲要（2010—2020）》的基础上，对"禁止开发""限制开发""重点开发"三大主体功能区做了"一级生态功能区""二级生态功能区""开发功能区"分类。其中"一级生态功能区"面积指标 11535 平方公里，"二级生态功能区"面积指标 15984 平方公里，分别占全省陆域空间的 33.6%、46.4%，两级生态功能区面积指标之和占到了全省陆域空间的 80%，且到 2030 年保持不变。而"开发功能区"考虑到城市化和工业发展因素，2020 年面积指标 3571 平方公里，2030 年面积指标 3699 平方公里，分别占全省陆域空间的 10.4%、10.8%。海南生态功能区还包括近岸海域生态保护功能区。海南省近岸海域海洋生态保护红线区总面积为 2920 平方公里，占海南岛近岸海域总面积的 12.32%。由于近岸海域生态保护功能区不属于陆地，没有计入《海南岛各类功能区汇总表》。

《海南省总体规划（2015—2030）纲要》对海南各类生态功能区做了明

---

① 《国家生态文明试验区（海南）实施方案》，《人民日报》2019 年 5 月 13 日。

确的界定。^①对于陆地和近岸海域禁止性生态保护红线区和限制性生态保护红线区的区分及其范围，《海南省总体规划（2015—2030）纲要》也做了详细说明。更为重要的是，《海南省总体规划（2015—2030）纲要》提出了体系完整的生态保护格局：基于山形水系框架，以中部山区为核心，以重要湖库为节点，以自然山脊及河流为廊道，以生态岸段和海域为支撑，构建全域生态保育体系，总体形成"生态绿心 + 生态廊道 + 生态岸段 + 生态海域"的生态空间结构。^②

三、海南国际旅游岛"山水林田湖海生命共同体"布局

在中共中央、国务院《生态文明体制改革总体方案》中，提出要树立"山水林田湖草是一个生命共同体"的理念。海南从自身的实际出发，在其所制定的《海南省总体规划（2015—2030）纲要》中形成了"山水林田湖海生命共同体"布局雏形。从"山水林田湖生命共同体"布局到"山水林田湖海生命共同体"布局，是基于海南岛是我国陆地面积仅次于台湾岛的祖国第二大岛，同时海南省是管辖有 200 多万平方公里蓝色国土即海域的全国面积最大的省份，习近平总书记说"青山绿水、碧海蓝天是建设国际旅游岛的最大本钱"。《海南省总体规划（2015—2030）纲要》把海岸线保护、近岸海域保护纳入生态功能区保护，是海南省建设"全国生态文明示范区"的一次主

---

① 一级生态功能区，指严格进行生态保护红线管控和刚性约束的区域，是生态功能与生态安全的核心骨架。一级生态功能区包括禁止性生态保护红线区和限制性生态保护红线区。二级生态功能区，指进行生态指标管控的区域，既是农、林业的生产空间，也是重要生态空间。区内实施严格的指标控制，面积指标可实施占补平衡。二级生态功能区主要包括耕地、部分林地、部分水域以及其他重要生态空间。近岸海域生态保护功能区分为禁止性生态保护红线区和限制性生态保护红线区。

② "生态绿心"包括五指山、霸王岭、黎母山等 40 个重要山体、62 万公顷热带雨林和 12 个自然保护区，是生态保护与水土涵养的核心空间。"生态廊道"包括 38 条生态水系廊道和 7 条自然山脊生态廊道，是全岛指状生长、山海相连的生态骨架。"生态岸段"包括河流入海口、基岩海岸、自然岬湾、潟湖、红树林等重要海岸带类型。"生态海域"包括珊瑚礁、海草床、红树林海洋保护区、水产种质资源保护区等近岸海域。

动作为。这一主动作为反映了中央领导人的期盼和广大人民群众的意愿。

海南国际旅游岛建设不局限于海南岛，也不能局限于海南岛环岛海岸线和附近海域，而必须把三沙市的发展包括生态环境保护纳入实现海南"绿色崛起"的重要范畴。三沙市陆地面积13平方公里，管理了约200万平方公里海域。据三沙原市委书记、市长肖杰介绍，2012年6月三沙设市后动工的第一个项目和出台的第一份文件，都是有关生态环保的。自2012年建市以来，西沙军民共同植树绿化，最多的2016年种植了200万棵树。在笔者去三沙调研之前，主观想象中岛礁还是比较荒芜的。但去了西沙永兴岛、七连屿之后，方知这里绿树成荫、生机盎然。

2015年，三亚和三沙获国家海洋局批准创建"海洋生态文明建设示范区"。这对于三亚和三沙的生态环境保护乃至酝酿建立"南海国家公园"，完善海南"山水林田湖海生命共同体"战略布局，将起到推动作用。三沙市的海洋生态文明示范区建设目前集中在三点：一是做好三沙旅游发展规划；二是保护好海洋资源特别是国家明令禁止围捕的海洋生物的保护；三是增加岛屿植被和保护好居住地的生态环境。由于三沙市当时没有开发，巨大的生态环境容量和"零污染"，是中国任何地方都无法比拟的，它在此项目研究中理所当然地难以成为"主角"。

2019年5月，中共中央办公厅、国务院办公厅印发《国家生态文明试验区（海南）实施方案》，提出海南的战略定位是"生态文明体制改革样板区""陆海统筹保护发展实践区""生态价值实现机制试验区""清洁能源优先发展示范区"。在"陆海统筹保护发展实践区"战略定位中要求海南"坚持统筹陆海空间，重视以海定陆，协调匹配好陆海主体功能定位、空间格局划定和用途管控，建立陆海统筹的生态系统保护修复和污染防治区域联动机制，促进陆海一体化保护和发展。深化省域'多规合一'改革，构建高效统一的规划管理体系，健全国土空间开发保护制度。"该《方案》提出的重点任务是："构建国土空间开发保护制度""推动形成陆海统筹保护发展新格局""建立完善生态环境质量巩固提升机制""建立健全生态环境和资源保护现代监管体系""创新探索生态产品价值实现机制""推动形成绿色生产生活方式"。在"构建国土空间开发保护制度"重大任务中要求海南"按照国土空间规划体系建设要求，完善《海南省总体规划（空间类 2015—2030）》和各市县总体规划，建立健全规划调整硬约束机制，坚持一张蓝图干到底。划定海洋生物资源保护线和围填海控制线，严格自然生态空间用途管制。到 2020 年陆域生态保护红线面积占海南岛陆域总面积不少于 27.3%，近岸海域生态保护红线面积占海南岛近岸海域总面积不少于 35.1%。"① 海南在建设"全国生态文明建设示范区"的升级版"国家生态文明试验区"有了海陆统筹的基本遵循。

第三节 海南国际旅游岛"全国生态文明建设示范区"评价体系

生态文明建设评价体系的构建，需要政府和学者的共同参与和国内外参照，但更重要的是要以国家生态文明建设的约束性指标为依据。对经济文化相对落后地区特别是具体到海南国际旅游岛的建设发展，生态文明建设评价体系的确立既要考虑到当下生态文明建设的推进，同时也要考虑到可持续发展和绿色崛起能力、潜力的培育；生态文明建设评价体系对于生态文明建设的作用，以目前的技术手段和经验，更多的应当是一种政策导向而难以做到"圆周率"式的精准。

---

① 《国家生态文明试验区（海南）实施方案》，《人民日报》2019 年 5 月 13 日。

一、生态文明建设评价体系的国内外参照

（一）国际上对生态文明评价指标体系的研究

生态文明评价指标体系是引领生态文明建设走向的核心问题。"一直以来，众多学者都致力于建立更加科学准确的评价指标体系，但至今仍没有一套真正被广泛接受和认可的指标体系。"目前，国际上生态文明评价指标体系出现了两种类型、四个主要研究方向和三类构建模式。具体来说，生态文明评价指标体系分为单指标评价、多指标评价两大类型；生态文明评价指标体系的构建呈现出生态学、经济学、社会学、系统学四个大的研究方向；生态文明指标体系常用 DSR（压力—状态—响应）、投入—产出、系统锅合这三种构建模式。王然认为，生态文明评价指标体系的系统学方向、系统锅合模式对我国较有借鉴意义："基于系统学方向建立的指标体系多涵盖了经济、社会、资源、环境等各个方面，含义丰富，考察全面，评价科学，适用性强，是目前广泛使用的一种指标体系构建方式"；系统锅合模式"将经济、社会、资源、环境等子系统运用指标体系表达，……这种模式构建的指体系内容丰富，涵盖广泛，易于实际操作，但是在表达各子系统之间锅合关系时常常流于简单加和，需要进一步研究"[1]。

国际机构、非政府组织及发达国家对生态文明建设评价体系的构建是从 20 世纪 90 年代开始的。"在此期间，较为完整和典型的评价指标体系有联合国可持续发展委员会（UNCSD）国家尺度主题指标体系、联合国统计局（UNSTAT）可持续发展指标体系（FISD）、环境问题科学委员会（SCOPE）和联合国环境规划署（UNEP）提出的可持续发展指标体系。"[2] 其中，联合国可持续发展委员会根据 DSR（压力—状态—响应）模型，从经

---

[1]　王然：《中国省域生态文明评价指标体系构建与实证研究》，博士论文，中国地质大学2016 年。

[2]　符蓉、张丽君：《我国生态文明评价指标体系综述》，《国土资源情报》2014 年第 10 期。

济、社会、环境和制度四个方面选取了 25 个子系统、142 项指标构建了可持续发展评价指标体系，2001 年重新精简设计了由 58 个指标构成的可持续发展指标体系。1995 年 9 月，世界银行综合了自然资本、社会资产、人力资源和社会资源四类要素，提出以"储蓄率"的概念动态地表现区域可持续发展能力。1999 年英国可持续发展报告以环境保护、资源分类使用、经济高速发展和社会进步作为实现可持续发展的基本要素；美国则将"健康与环境、经济繁荣、平等、保护自然、管理、持续发展的社会、公民参与、人口、国际责任、教育十项作为可持续发展的目标"①。

（二）国内面向全国的生态文明评价指标体系研究

据国土资源部信息中心符蓉、张丽君《我国生态文明评价指标体系综述》，国内对生态文明评价指标体系的研究启蒙于国际上关于可持续发展的讨论。1996 年原国家计委、原国家科委在《关于进一步推动实施〈中国 21 世纪议程〉的意见》中提出："有条件的地区和部门可根据实际情况，制定可持续发展指标体系，并在本地区、本部门实行。"② 这期间，中国可持续发展评价研究得到了巨大发展，出现了很多有较大影响力的可持续发展指标体系。中国科学院可持续发展研究组 1999 年的《中国可持续发展战略报告》，将可持续发展总系统解析为生存、发展、环境、社会和智力五大支持系统，共采用 45 个指数，涵盖 219 个指标；原国家环保总局按照 DSR，即压力—状态—响应框架构建起可持续发展城市判定指标体系，从经济发展、社会发展、环境与资源指标体系、域外影响与可持续发展 4 个方面，通过对环境、资源等描述性指标的货币化，将其综合成为单一指标"真实储蓄率"；国家统计局和中国 21 世纪管理中心的指标体系从经济、社会、人口、资源、环

---

① 王然：《中国省域生态文明评价指标体系构建与实证研究》，博士论文，中国地质大学 2016 年。

② 《国务院办公厅转发国家计委、国家科委关于进一步推动实施中国 21 世纪议程意见的通知》（国办发〔1996〕31 号）。

境和科教六大系统设置了 196 个描述性（现状）和 100 个评价性（变化趋势）指标。由于上述三种典型的评价指标体系覆盖面广，数量指标过多且部分指标重复交叉，质量指标相对较少以及社会指标的货币化难以核算，而可操作性不强。

严格地讲，上述可持续发展评价指标体系并不是生态示范区或生态文明示范区的评价体系。面向全国的生态示范区的评价体系构建是从原国家环保总局开始的。在我党提出生态文明建设之前的 20 世纪 80 年代末，我国一些地区就已经开展了生态村、生态乡、生态县和生态市的建设。90 年代初，原国家环保总局在全国推动建设 100 个生态示范县。1995 年，原国家环境保护局，根据生态保护、经济建设和社会发展三个方面共 24 个项目开展生态示范区的评估认定。2000 年，国务院印发《全国生态环境保护纲要》，提出建设生态省。2007 年，原国家环保总局颁布实施《关于印发生态县、生态市、生态省建设指标（修订稿）》，进一步明确了生态示范区建设内容和验收标准。

从党的十七大前提出建设"生态文明"，到党的十八大把"生态文明建设"纳入中国特色社会主义事业总体布局后，国内出现了生态文明建设实践及其指标体系的研究高潮，特别是中央政府部门层面出台了一系列面向全国的生态文明示范区建设、生态文明建设的考核评价指标体系。（1）国家发展改革委牵头制定了《国家生态文明先行示范区建设方案（试行）》。国家生态文明先行示范区建设目标体系分为经济发展质量、资源能源节约利用、生态建设与环境保护、生态文化培育、体制机制建设 5 个方面共 51 个具体指标。（2）原环境保护部研究制定了《国家生态文明建设试点示范区指标（试行）》，进一步加强了对生态文明建设试点工作的协调、指导和监督，其中制定了生态文明试点示范县（含县级市、区）建设指标和生态文明试点示范市建设指标，由生态经济、生态环境、生态人居、生态制度、生态文化 5 个评价子系统组成，分别设置 29 个、30 个具体指标。（3）原林业部组织编制发布了《推进生态文明建设规划纲要（2013—2020年）》，在第二章"推进生态文明建设的基本思路"中提出了具体的发展目标，主要指标体系由生态安全、生态经济、生态文化3个方面共22个指标组成。所有指标均提出了2015年和2020年的目标值。（4）与国家"十三五"规划相配套，2016年下半年国家发改委、原国家统计局、原环境保护部等部门制定印发了《绿色发展指标体系》《生态文明建设考核目标体系》，这一生态文明建设考核指标体系的集大成成果，较好地弥补了国家生态文明先行示范区建设目标体系、国家生态文明建设试点示范区指标体系"生态环境和生态经济方面的指标数量相比较少"①的问题。其指标体系的具体内容在后面有相应介绍。

（三）国内对省域生态文明评价指标体系的研究

国内对省域生态文明评价指标体系的研究相对比较成熟。目前，省域生态文明评价指标体系已经形成了通用型、差异化两种类型。通用型生态文明评价指标体系的研究已经逐步将国土空间优化、生态承载能力、生态保育水平、生态制度建设等因素纳入考虑范畴。在对生态文明认识不断深化的过程中，还有学者对自身提出的生态文明评价指标体系进行了修改完善。如2009年北京大学杨开忠教授提出以生态效率测度生态文明指数，2014年在此基础上加入环境质量指数。2010年北京林业大学严耕教授等从生态活力、环境质量、社会发展、协调程度四个方面构建起省域生态文明评价指标体系，2014年将上述指标体系中指向经济发展的协调程度变更为总体协调。生态文明建设是在具体不同区域进行的，目前涉及差异化生态文明评价指标体系的研究成果不多见。除国家《生态县、生态市、生态省建设指标（修订稿）》中部分指标针对东、中、西部地区设置了差异化的约束值外，学者

---

① 符蓉、张丽君：《我国生态文明评价指标体系综述》，《国土资源情报》2014年第10期。

的研究成果主要集中在中国地质大学（武汉）：2014年，中国地质大学（武汉）张意翔博士等在能源区域差异分析的基础上构建了能源差异情形下区域生态文明评价指标体系；成金华教授等在环境问题区域差异分析的基础上构建了东北、东南、西北、西南四个不同区域生态文明评价指标体系；2016年，成金华教授在《中国省域生态文明差异化评价指标体系研究》一文运用聚类分析法将中国省域（除港澳台地区外）做了三种类型划分，并"从国土空间优化、资源能源节约、生态环境保护、经济发展质量和生态制度建设五个方面构建了具有共同框架的省域生态文明基本评价指标体系"。

　　在成金华等《中国省域生态文明差异化评价指标体系研究》的"生态文明综合指数分析"中，他们通过对划入第一类的天津、江苏、浙江、广东、北京、山东、上海、福建、海南九个省市进行分析，得出2005—2013年平均生态文明综合指数、2013年生态文明综合指数，天津排名第一，海南均排名最末位，福建排名分别为倒数第二、倒数第三，"天津平均生态文明综合指数最高（0.5556），海南平均生态文明综合指数最低（0.4642），两者绝对相差0.0914，相对相差约19.7%"；与此同时，在"生态文明评优结果分析"中，第一类省域中又"仅有广东、海南有资格参与生态文明评优，且广东生态文明最优"[①]。该文在图中两次把海南省写为"海南市"，属笔误。该研究成果在内容上笔者认为存有某些缺陷：一是把海南岛屿型省份和经济欠发达地区归入东部沿海经济发达地区；二是在指标设计上有些离题较远，最极端的例子如在"资源能源节约"方面对第一类单独增加"大专以上受教育人口比重指标"，其意义不大而主题被稀释。这样一来，其结论自然不够严谨。

---

　　① 成金华、王然、袁一仁：《中国省域生态文明差异化评价指标体系研究》，《环境经济研究》2016年第2期。

二、海南"全国生态文明建设示范区"评价指标体系的构建

对海南"全国生态文明建设示范区"评价指标体系的构建，海南省政府迄今没有出台过相关文件。评价指标体系的零星内容可以在《海南生态省建设规划纲要》《海南国际旅游岛建设发展规划纲要（2010—2020）》《海南省国民经济和社会发展第十二个五年规划纲要》《海南省国民经济和社会发展第十三个五年规划纲要》《海南省总体规划（2015—2030）纲要》等众多规划文件中找到。规划文件中最为清晰的指标项多为国家下达的约束性指标，海南省自己确定的与生态文明建设最为紧密的指标项主要是"文明生态村"建设、植树造林、森林覆盖率、人口和城市化率等。目前，随着国家统一规范的《绿色发展指标体系》《生态文明建设考核目标体系》《生态文明建设目标评价考核办法》等文件在 2016 年相继出台，建立海南"全国生态文明建设示范区"评价指标体系的基本条件已经具备。

国家《绿色发展指标体系》《生态文明建设考核目标体系》的出台为我们构建海南"全国生态文明建设示范区"评价指标体系提供了范本，更有了一个指标约束和目标导向的"尚方宝剑"。但国家《绿色发展指标体系》《生态文明建设考核目标体系》是面向全国的。海南是岛屿型省份，在建设国际旅游岛中创建"全国生态文明建设示范区"，就必须在坚持以人民为中心的发展思想的大前提下，围绕"实现全省人民的幸福家园、中华民族的四季花园、中外游客的度假天堂'三大愿景'"[①]，朝着建成"中国特色社会主义实践范例"这一总目标，形成具有国际性、示范性、前瞻性和可操作性的海南省生态文明建设评价指标体系。

海南省生态文明建设评价指标体系的内容框架可以分为三个部分（子系统）：生态文明建设国定约束性指标；生态文明建设融入其他建设的国定

① 刘赐贵：《凝心聚力奋力拼搏　加快建设经济繁荣社会文明生态宜居人民幸福的美好新海南——在中国共产党海南省第七次代表大会上的报告》（2017 年 4 月 25 日）。

约束性指标；海南地方特色约束性指标。海南省生态文明建设国定约束性指标、海南省生态文明建设融入其他建设指标，主要从国家发改委等部门制定印发的《绿色发展指标体系》《生态文明建设考核目标体系》中提取，同时参考原林业部《推进生态文明建设规划纲要（2013—2020年）》，原环保部《国家生态文明建设示范县、市指标（试行）》，国家发改委等部门《国家生态文明建设示范区管理规程（试行）》等中央部门文件。海南地方特色约束性指标则坚持海南问题导向，从解决海南在生态文明建设中的突出问题入手设置。

　　海南省生态文明建设评价指标体系的构建，在起始阶段应当是战略性、粗线条的，是与评价指标考核所能采用的技术手段相一致的。考虑到国家《绿色发展指标体系》有7个方面共56项评价指标，《生态文明建设考核目标体系》有5个方面共23项考核目标。两者相加共79项评价指标。这两个指标体系吸纳了国家各部门对生态文明建设的各式各样的主要指标要求，分别用于年度考核和"十三五"时期的总考核，内容会有重叠。其在12个方面中因重叠而空余出来评价指标数，用于增加海南地方特色约束性指标。以此为基本思路，海南省生态文明建设评价指标体系的构成拟以三个子系统、10个方面、50个指标为最高限。考虑到国定评价指标是有国家技术做支撑的。海南地方特色约束性指标的选取，在注意技术支撑的同时，还要注重指标体系的国际性、示范性、前瞻性和可操作性。

　　海南省生态文明建设评价指标体系的构建强调国际性，是基于海南国际旅游岛可以被看作中国生态文明建设的橱窗，尽管世界上各国社会制度不同、意识形态各异，但生态文明是"地球村"最大公约数；强调示范性，是基于中央政府对海南创建"全国生态文明建设示范区"的要求和期待，在良好的自然环境和社会环境中建不成"全国生态文明建设示范区"，将是海南人的耻辱；强调前瞻性，是基于生态文明建设是一项长期的战略任务，不能急功近利，要坚持环境优先，在追求发展中保护好海南这片"净土"，为未来发展留足空间、夯实基础、培植后劲；强调可操作性，就是要有相应的检测、检验技术手段，以避免限于"大话、空话、套话"之中。

三、海南"全国生态文明建设示范区"评价指标体系图示

海南省生态文明建设评价指标体系同时是海南省生态文明示范区建设评价指标体系，作为评价 2020 年基本建成国际旅游岛在生态文明建设方面的要求，其内容框架可分三个部分（子系统）：（1）生态文明建设国定约束性指标；（2）生态文明建设融入其他建设约束性指标；（3）海南地方特色生态文明建设约束性指标。生态文明建设国定约束性指标直接来源于《生态文明建设考核目标体系》第一、二类，但根据海南省情，可以用"湿地保护"指标取代"草原综合植被覆盖度"指标；生态文明建设融入其他建设的约束性指标，来源于《生态文明建设考核目标体系》《绿色发展指标体系》，在不改变《生态文明建设考核目标体系》总分值的前提下作部分调整，将指标和指标分值分解到经济建设、政治建设、文化建设、社会建设中去；海南地方特色生态文明建设约束性指标从解决海南的突出问题出发设置，与《生态文明建设考核目标体系》中"生态环境事件"扣分项最高扣分值 20 相对应，设分值 20 作为海南省自我考核，但不作为参与国家"十三五"全国生态文明考核评分排名依据。

表 3-1　海南"全国生态文明建设示范区"评价指标体系图之一：
生态文明建设国定约束性指标体系

指标类别	指标类分值	序号	指标名称	指标分值	备注
资源利用	30	1	单位 GDP 能源消耗降低	4	
		2	单位 GDP 二氧化碳排放降低	4	
		3	非化石能源占一次能源消费比重增加	4	
		4	能源消费总量	3	
		5	万元 GDP 用水量下降	4	
		6	用水总量	3	
		7	耕地保有量	4	
		8	新增建设用地规模	4	
生态环境保护	40	9	地级及以上城市空气质量优良天数比率	5	
		10	细颗粒物（PM2.5）未达标地级及以上城市浓度下降	5	
		11	地表水达到或好于Ⅲ类水体比例	3	
		12	近岸海域水质优良（一、二类）比例	2	
		13	地表水劣Ⅴ类水体比例	5	
		14	化学需氧量排放总量减少	2	
		15	氨氮排放总量减少	2	
		16	二氧化硫排放总量减少	2	
		17	氮氧化物排放总量减少	2	
		18	森林覆盖率	4	
		19	森林蓄积量	5	
		20	草原综合植被覆盖度	3	湿地保护替代

表 3-2　海南"全国生态文明建设示范区"评价指标体系图之二：
生态文明建设融入其他建设约束性指标体系

指标类别	指标类分值	序号	指标名称	指标分值	备注
融入经济建设	4	21	人均 GDP 增长率	1	
		22	居民人均可支配收入	1	
		23	第三产业增加值占 GDP 比重	1	
		24	战略性新兴产业增加值占 GDP 比重	1	
融入政治建设	13	25	公共机构人均能耗降低率	1	
		26	生态文明建设规划红线的划定与执行	1	
		27	领导干部生态文明建设责任制的落实	1	
		28	生态文明建设年度评价的综合情况	10	
融入文化建设	3	29	居民卫生习惯和农村卫生厕所普及率	1	
		30	生态旅游文化和绿色出行	1	
		31	全社会的生态文化氛围	1	
融入社会建设	10	32	居民对海南生态文明建设、生态环境改善的满意程度	8	
		33	游客对生态环境的满意程度	1	
		34	公众对海南生态文明建设的参与程度	1	
生态环境事件	扣分项	35	重特大突发环境事件、造成恶劣社会影响的其他环境污染责任事件、严重生态破坏责任事件的发生情况		总扣分超过10分一票否决

注：1. 生态文明建设融入经济建设、政治建设、文化建设分值 20 分，对应《生态文明建设考核目标体系》"年度评价结果"分值 20 分。本"生态文明建设融入其他建设约束性指标体系"的生态文明建设年度评价综合情况设定分值 10 分，另 10 分被分解为本表 21—30 序号中其他指标分值；2. 融入社会建设分值 20 分，对应《生态文明建设考核目标体系》"公众满意程度"10 分；3.《生态文明建设考核目标体系》生态环境事件扣分项，每发生一起重特大突发环境事件、造成恶劣社会影响的其他环境污染责任事件、严重生态破坏责任事件扣 5 分，"该项总扣分不超过 20 分"。海南省创建"全国生态文明建设示范区"，建议总扣分超过 10 分一票否决。

表 3-3　海南"全国生态文明建设示范区"评价指标体系图之三：
海南地方特色生态文明建设约束性指标体系

指标类别	指标类分值	序号	指标名称	指标分值	备注
资源环境保护	7	36	生物多样性保护	2	不减少种类
		37	清除有害外来物种	2	100%
		38	矿山绿色复垦	1	90%
		39	自然保护区和森林公园的规范化管理	2	省级、国家级
三次产业发展	8	40	实施农业减少化肥农药和清除塑料"白色污染"行动	2	2016 年为基数
		41	恢复海岸带公共绿地、公共沙滩性质	2	90%
		42	取缔生态红线内的矿产资源和房地产开发	2	100%
		43	绿色能源	2	45%
城乡环境卫生	5	44	创建全国卫生城市	2	60%
		45	创建全省卫生乡镇	1	80%
		46	创建文明生态村	1	90%
		47	公共场所槟榔渣、甘蔗渣专项治理	1	

四、海南"全国生态文明建设示范区"评价指标体系的应用

本指标体系共三个子系统 10 大类 47 项，总计 120 分。前两个子系统以国家评分标准为主要依据，第三个子系统为海南特色指标。笔者认为，海南虽然已经从建设"全国生态文明建设示范区"过渡到建设"国家生态文明试验区"，而且对于海南"生态省建设""全国生态文明建设示范区"的成就，习近平总书记《在庆祝海南建省办经济特区 30 周年大会上的讲话》已经作

出"拥有全国最好的生态环境""大气和水体质量保持领先水平"①的结论。但以本指标体系作为海南生态文明建设的自我评价体系，以"确保海南省生态环境质量只能更好、不能变差，人民群众对优良生态环境的获得感进一步增强"②还是有现实意义的。

创建生态文明建设示范区发挥的典型示范引领作用，在党的十八大以来进入高潮。2016年8月，针对全国各生态文明建设示范区、先行区设置过热状态，中共中央办公厅、国务院办公厅印发了《关于设立统一规范的国家生态文明试验区的意见》。据原国家环保部网站信息，截至2017年5月，全国已经有福建、浙江、辽宁、天津、海南、吉林、黑龙江、山东、安徽、江苏、河北、广西、四川、山西、河南、湖北16个省（区、市）开展了生态文明建设示范区建设，有1000多个市、县、区开展了生态文明建设示范市（县）建设，133个市县（区）获得生态文明建设示范市（县）命名。

由于海南经济支撑力相对较弱，各市县创建国家生态文明建设示范区均需要投入一定的资金进行环境综合整治和加强环保基础设施建设。在市县财政资金不足，省里又暂时缺乏引导和奖励资金的情况下，各市县政府生态文明建设投入与实际需求还存在一定差距，参与创建的积极性不高。同时，由于国家生态文明建设示范区创建标准较高。原创建标准中硬性条件是申报国家级生态市县必须有80%的乡镇达到生态乡镇，申报国家级生态乡镇必须有80%的村庄达到生态村。2016年，原环境保护部又颁布实施了《国家生态文明建设示范区管理规程（试行）》和《国家生态文明建设示范县、市指标（试行）》，从生态空间、生态经济、生态环境、生态生活、生态制度、生态文化6个方面，分别设置38项（示范县）和35项（示范市）建设指标，以此考核国家生态文明建设示范县、市创建。故在"国家生态文明建设

---

① 习近平：《在庆祝海南建省办经济特区30周年大会上的讲话》，《人民日报》2018年4月14日。

② 《国家生态文明试验区（海南）实施方案》，《人民日报》2019年5月13日。

市、县（区）"的申报考核和命名上，海南属于空白。

　　虽然从国家生态文明建设示范县市指标看，我省市县建设现状与国家标准间存在一定差距，但海南的生态环境质量和生态文明建设的整体水平居于全国领先水平。面对艰巨的创建任务，2017 年，笔者在海南省委主要领导主持的一次专家座谈上，提议海南应以全省为一个整体积极准备申请国家"生态文明建设示范区"合格验收。从解决"短板"争取"话语权"，到总结建设经验、丰富建设内涵、突出建设特点，提前做好实际的和文字的准备工作。待 2018 年海南建省办经济特区 30 周年之后，海南按照《国务院关于推进海南国际旅游岛建设发展的若干意见》文件精神，做好国家标准和海南标准的对接和对照检查，突出绿色发展以弥补经济发展和基础设施"短板"，争取通过海南省 2020 年基本建成"全国生态文明建设示范区"的国家合格评估。切实按照海南自由贸易港建设总要求和海南国家生态文明试验区到 2020 年取得重大进展的具体要求，实现"城镇空气质量优良天数比例保持在 98% 以上，细颗粒物（PM2.5）年均浓度不高于 18 微克 / 立方米并力争进一步下降；基本消除劣 V 类水体，主要河流湖库水质优良率在 95% 以上，近岸海域水生态环境质量优良率在 98% 以上；土壤生态环境质量总体保持稳定；水土流失率控制在 5% 以内，森林覆盖率稳定在 62% 以上，守住 909 万亩永久基本农田，湿地面积不低于 480 万亩，海南岛自然岸线保有率不低于 60%；单位国内生产总值能耗比 2015 年下降 10%，单位地区生产总值二氧化碳排放比 2015 年下降 12%，清洁能源装机比重提高到 50% 以上"。[1] 国家确定的 2020 年海南国家生态文明试验区建设的指标体系，是对海南全国生态文明建设示范区自我检测指标体系的质的提升。目前，海南国家生态文明试验区建设进展顺利，其指标体系完全能够按期完成。

---

　　① 《国家生态文明试验区（海南）实施方案》,《人民日报》2019 年 5 月 13 日。

第四章　海南"全国生态文明建设示范区"发展路线图与生态风险防范

海南"全国生态文明建设示范区"三步走发展路线图确立，有一个从"两步走"到"三步走"的发展过程，其基本依据是《国务院关于推进海南国际旅游岛建设发展的若干意见》和海南省政府文件，特别是《海南省总体规划（2015—2030）纲要》。《海南省"十三五"经济社会发展规划》明确提出到 2020 年"基本建成国际旅游岛，努力将海南建设成为全省人民的幸福家园、中华民族的四季花园、中外游客的度假天堂，谱写美丽中国海南篇章"①。《海南省总体规划（2015—2030）纲要》明确提出到"2030 年，海南国际旅游岛发展成为中国特色社会主义的实践范例。建成全国绿色发展示范省。生态环境质量继续保持全国领先水平，实现人与自然的和谐发展"。"全国绿色发展示范省"战略目标彰显了"全国生态文明建设示范区"的新内涵。

---

① 《海南省国民经济和社会发展第十三个五年规划纲要》（海南省第五届人民代表大会第四次会议审议通过）。

第一节　海南"全国生态文明建设示范区""三步走"发展路线图的确立

《国务院关于推进海南国际旅游岛建设发展的若干意见》对海南创建"全国生态文明建设示范区"提出了从 2010 年到 2015 年、2020 年的两个阶段性目标；第一阶段目标完成在即时，《海南省总体规划（2015—2030）纲要》将海南创建"全国生态文明建设示范区"规划延续到 2030 年。笔者依形势发展并借鉴"巴厘路线图"概念，对海南"全国生态文明建设示范区""三步走"发展路线图（2010—2030 年）的形成依据和框架内容进行了较为系统的概括归纳，以期用比较简洁的语言勾画出"三步走"路线图所涉及的战略目标、主要任务、行动计划及政策措施。

一、"全国生态文明建设示范区""路线图"概念释义

创建"全国生态文明建设示范区"是《国务院关于推进海南国际旅游岛建设发展的若干意见》确定的六大战略定位之一。海南省人民政府办公厅在下发《2012 年度海南生态省建设工作要点》时开始省略"建设"二字，提出 2012 年海南要出台全国生态文明示范区建设指导意见，启动全国生态文明示范区建设规划编制工作，"全国生态文明示范区"作为"全国生态文明建设示范区"的替代概念在海南开始使用，但其内涵和外延并没有改变。

国家环保部门自 1999 年同意海南建设"生态省"以来，按照生态省、市、县（区）、乡（镇）、村、自然村 6 个层级积极推进全国"生态建设示范区"创建工作，到 2013 年全国有 16 个省在开展生态省建设，1000 多个市、县（区）在开展生态市县建设。2013 年 6 月，中央批准原国家环境保护部将"生态建设示范区"更名为"生态文明建设示范区"。而海南省创建"全

国生态文明建设示范区"是在《国务院关于推进海南国际旅游岛建设发展的若干意见》中首次提出来的。如果说海南创建"全国生态文明建设示范区"就是建设"生态省"，那么国务院对海南提出创建"全国生态文明建设示范区"的要求就失去了"更上一层楼"的意义。事实上，国务院对海南提出创建"全国生态文明建设示范区"是有其比"生态省"建设更高期待的。海南为概念简练而使用"全国生态文明示范区"概念，无意中将它与原国家环保部"生态文明建设示范区"概念区分开来了。但问题是紧接着又出现了新情况。

在原国家环保部将"生态建设示范区"更名"生态文明建设示范区"之后不久，国家发改委、原国土资源部、财政部、水利部、原农业部、原国家林业局六部委根据《国务院关于加快发展节能环保产业的意见》中"在全国范围内选择有代表性的 100 个地区开展生态文明先行示范区建设，探索符合我国国情的生态文明建设模式"的要求，于 2013 年 12 月印发了《国家生态文明先行示范区建设方案（试行）》，2014 年 7 月又发出了《关于开展生态文明先行示范区（第一批）建设的通知》。《国家生态文明先行示范区建设方案（试行）》对先行示范区的总体要求是："把生态文明建设放在突出的战略地位，按照'五位一体'总布局要求，推动生态文明建设与经济、政治、文化、社会建设紧密结合、高度融合，以推动绿色、循环、低碳发展为基本途径，以体制机制创新激发内生动力，以培育弘扬生态文化提供有力支撑，结合自身定位推进新型工业化、新型城镇化和农业现代化，调整优化空间布局，全面促进资源节约，加大自然生态系统和环境保护力度，加快建立系统完整的生态文明制度体系，形成节约资源和保护环境的空间格局、产业结构、生产方式、生活方式，提高发展的质量和效益，促进生态文明建设水平明显提升。"[①] 这一要求全面着眼于"五位一体"的战略定位，明显高于

---

① 《国家生态文明先行示范区建设方案（试行）》，见 http://www.scio.gov.cn/xwfbh/xwbfbh/wgfbh/2015/33445/xgbd33453/Document/1448863/1448863.htm。

"五位一体"之下的由"生态建设示范区"演化而来的"生态文明建设示范区"。几乎同时，原国家海洋局于 2013 年公布了首批国家级"海洋生态文明建设示范区"，2015 年 6 月印发了《国家海洋局海洋生态文明建设实施方案（2015—2020 年）》。这反映了海洋生态文明建设的特殊要求。

现在，中央政府有三条线共八个部门在抓生态文明示范区建设。无论是"生态文明建设示范区""生态文明先行示范区"还是"海洋生态文明建设示范区"，海南发展以生态文明主导，就都要按照这三条线八个部门的部署去做，而不管中央部门对海南全省是否提出要求。海南省政府部门在使用"全国生态文明示范区"概念时不忘初心，作为"全国生态文明建设示范区"的简称即可，但内容和外延上要尽可能涵盖各类生态文明示范区建设要求。事实上，海南在聚精会神创建"全国生态文明建设示范区"的同时，对国家级"生态文明先行示范区"、国家级"海洋生态文明建设示范区"的建设也在积极推进，琼海市、万宁市、儋州市已经进入国家级"生态文明先行示范区"建设行列，三亚市、三沙市已经进入国家级"海洋生态文明建设示范区"建设行列。

"全国生态文明建设示范区"是国务院对海南国际旅游岛建设发展定位的战略目标之一，而且国务院文件对海南创建"全国生态文明建设示范区"在 2015 年、2020 年这两个时间节点上有着清晰的目标任务。在经过了"十二五"之后，对于 2016—2020 年的目标任务是否需要调整？对于"十三五"及之后海南是否需要确定一个比较长期的"全国生态文明建设示范区"发展战略规划？对此，海南省在制定《海南省总体规划（2015—2030）纲要》时，做出了生态文明主导海南发展和海南"全国生态文明建设示范区""三步走"的回答，只是对第三步战略目标没有提出系统化的量化指标。犹如邓小平在谈国家"三步走"发展战略时，对前两步谈得具体，对第三步只提出了"达到中等发达国家水平，基本实现现代化"，而没有了折算成"美元"的具体量化标准一样。

从《国务院关于推进海南国际旅游岛建设发展的若干意见》，到《海南省总体规划（2015—2030）纲要》，多个《规划》所形成的海南国家旅游岛"全国生态文明建设示范区"建设发展"三步走"战略，第一步（2010—2015年）是"过去完成时"，第二步（2016—2020年）是"正在进行时"，第三步是"将来进行时"，每一步的内容都极为丰富。为了用简明扼要的话把这"三步走"的发展战略说清楚，可以借鉴"巴厘路线图"概念，提出海南"全国生态文明建设示范区"建设发展路线图，以期把海南"全国生态文明建设示范区"建设发展"三步走"全程及分阶段的目标、任务、行动计划和量化指标作一简要归纳，从而使读者对海南"全国生态文明建设示范区"建设发展路线图形成直观的印象或景象。

"巴厘路线图"（Bali Roadmap）是指2007年联合国气候大会在印尼巴厘岛召开达成共识的内容，重点是《巴厘行动计划》，主要包括减缓、适应、技术和资金4个方面。其中，减缓主要指发达国家的减排承诺与发展中国家的减排行动。由于大会是在印尼巴厘岛召开，故取名"巴厘路线图"。如果说"巴厘路线图"是世界各国尤其是一些西方国家在联合国应对气候变化大会上就责任担当讨价还价进而妥协形成的产物，那么海南"全国生态文明建设示范区"发展路线图，则是在国家生态文明建设战略思想和宏观政策引导下，积极主动自我加压所提出的示范全国的生态文明建设发展的行动路线。虽然自中央政府同意海南建设国际旅游岛以来，海南不断出台规划文件，显得"热气腾腾"。但几年过去后，回顾并冷静地检视一下海南国际旅游岛"全国生态文明建设示范区"发展路线图，对未来发展有明确目标又不至于好高骛远，是大有裨益的。

二、"全国生态文明建设示范区""三步走"发展路线图形成的依据

研究海南"全国生态文明建设示范区"建设发展路线图必须以政府文

件为基本依据。从 2009 年末《国务院关于推进海南国际旅游岛建设发展的若干意见》出台，到 2015 年 9 月《海南省总体规划（2015—2030）纲要（内容摘要）》发布，海南"全国生态文明建设示范区"建设发展"三步走"路线图（2010—2030）的形成，主要还包括《海南国际旅游岛建设发展规划纲要（2010—2020）》《海南省国民经济和社会发展第十二个五年规划纲要》《海南省国民经济和社会发展第十三个五年规划纲要》在内的五份政府重要文件。

（一）《国务院关于推进海南国际旅游岛建设发展的若干意见》

《国务院关于推进海南国际旅游岛建设发展的若干意见》（以下简称国务院《意见》）是确立海南"全国生态文明建设示范区"建设发展"三步走"路线图中前两步（2010—2020）的权威性依据。

战略目标：国务院《意见》在确立海南国际旅游岛"全国生态文明建设示范区"战略定位时，将战略目标确立为"全国人民的四季花园"。这是国务院《意见》要求把海南国际旅游岛建设成为"开放之岛、绿色之岛、文明之岛、和谐之岛"这一总目标在生态文明建设方面的具体化。

战略任务：国务院《意见》在"加强生态文明建设，增强可持续发展能力"的战略任务安排中，明确提出四大任务："严格实行生态环境保护制度""加强生态建设""推进节能减排""强化环境污染防治"。

2015 年、2020 年分别达到的量化指标：到 2015 年，森林覆盖率提高到 60%，城镇污水处理率达到 80%，城镇生活垃圾无害化处理率达到 90%，综合生态环境质量保持全国领先水平，经济社会发展力争达到全国中上水平；到 2020 年，"经济社会发展达到国内先进水平，综合生态环境质量继续保持全国领先水平，可持续发展能力进一步增强"[1]。

---

[1] 《国务院关于推进海南国际旅游岛建设发展的若干意见》（国发 2009〔44〕号）。

（二）《海南国际旅游岛建设发展规划纲要（2010—2020）》

《海南国际旅游岛建设发展规划纲要（2010—2020）》（以下简称旅游岛《规划》）是海南贯彻落实国务院《意见》的行动纲领。在其"生态文明建设"一章中，安排了"生态建设和环境保护、污染防治、资源循环利用、低碳技术应用与推广"四项行动计划。在生态建设和环境保护行动计划中还部署了六项工程。

表4-1　海南国际旅游岛2010—2020年生态保护与建设六项工程内容一览表

一、天然林保护工程。实施热带天然林的封山护林和封山育林工程，使全省天然林覆盖率稳定在19%。
二、重点生态区域绿化工程。对沙化土地、水土流失地、西部荒漠化土地、25度以上的山坡地等重点生态区域实施造林绿化和还林。
三、沿海防护林建设和保护工程。加大科技攻关力度，深化对海防林体系建设的研究，对海防林尽快展开功能分区、树种选育、抚育间伐、生态效益、更新方式的研究，增加海防林营造、养护的科技含量，提升沿海防护林的质量和生态功能。
四、"三边"防护林工程。尽快建设兼具防护、景观、绿化和经济作物功能的水边林、路边林、城边林建设。
五、自然保护区和森林公园建设。在建设好已有各类自然保护区、森林公园的基础上，新建一批自然保护区、森林公园。实施湿地恢复示范工程，加大湿地自然保护区、湿地公园建设和管理。
六、生物多样性保护工程。建立生物多样性信息和监测网络，建设珍稀濒危物种和种质资源迁地保存与繁衍基地。加强国家重点保护动植物生境的保育与恢复。

资料来源：《海南国际旅游岛建设发展规划纲要（2010—2020）》。

在四项行动计划中提出的量化指标主要有：到2015年，在稳定森林覆盖率60%的基础上，逐步提高森林质量；农村卫生厕所普及率达到71%，农村饮用水全面达标；城镇污水处理率达到80%，城镇生活垃圾无害化处理率达到90%，医疗废物无害化处置率达到100%；"到2020年，全省清洁能源在一次能源消费中的比例达到50%以上，汽车尾气排放标准达到全国先进水平"[1]。

---

[1] 《海南国际旅游岛建设发展规划纲要（2010—2020）》，《海南日报》2010年6月21日。

笔者一直认为，虽然生态文明必须以生态环境的保持与改善为主要内容，但生态文明如果没有经济的支撑是文明不起来的。对于经济发展的量化指标，由于旅游岛《规划》按照国务院《意见》出台后短期内的经济高速增长而设置出了较高指标，以致与后来的经济发展"新常态"有些脱节。虽然旅游岛《规划》提出的主要量化经济指标在后来的其他规划中陆续得到修正。但为保持历史本来面目，特制作《海南国际旅游岛建设 2010—2020 年主要经济指标要求》。

表 4-2　海南国际旅游岛建设 2010—2020 年主要经济指标要求

指标名称	2009 年	2012 年		2015 年		2020 年	
		绝对值	年均增长	绝对值	年均增长	绝对值	年均增长
地区生产总值（亿元）	1646.6	2376	13%	3430	13%	6900	15%
人均生产总值（元）	19166	26930	12%	37835	12%	72850	14%
城镇居民人均可支配收入（元）	13751	19320	12%	27140	12%	48900	12.5%
农民平均纯收入（元）	4744	6665	12%	9620	12.5%	17720	13%
旅游人数（万人天次）	2250.33	3160	12%	4760	14.6%	7680	10%
旅游收入（亿元）	211.72	314	14%	540	20%	1240	18%
旅游业增加值比重	6.4%	7.5%		9%		12%	
第三产业增加值比重	45%	47%		50%		60%	
第三产业从业人数比重	34.6%	39%		45%		60%	

资料来源：《海南国际旅游岛建设发展规划纲要（2010—2020）》。

（三）《海南省国民经济和社会发展第十二个五年规划纲要》

《海南省国民经济和社会发展第十二个五年规划纲要》（以下简称海南"十二五"《规划》）是海南建设国际旅游岛以来的第一个五年规划，它丰富了海南"全国生态文明建设示范区"建设发展"三步走"路线图中第一步（2010—2015）的依据：

1. 丰富了目标内涵。海南省"十二五"《规划》在国务院《意见》基础上，提出了要"将海南打造成为中外游客的度假天堂和海南人民的幸福家园"的新目标，遗憾的是没能与"全国人民的四季花园"整合成一个统一的目标。

2. 部署了行动计划。海南省"十二五"《规划》围绕国务院《意见》提出的任务部署了"资源节约、环境保护、生态保护"三大行动。安排了环境保护和生态建设七大工程。

表4-3　海南省"十二五"环境保护和生态建设七大工程

一、水环境防治工程：饮用水水源地环境整治、重点流域水污染防治、大广坝水库环境综合治理、牛路岭水库环境综合整治工程。
二、大气污染防治工程：燃煤电厂、海南炼化二氧化硫减排工程。
三、生态建设工程：海防林不断建设和天然林保护、"三边"防护林、退耕还林、生物多样性保护、重点生态功能区和自然保护区建设工程。
四、城市环境保护工程：城市污水处理、城市垃圾处理、城镇生活垃圾填埋场渗滤液处理示范推广、危险废弃物和医疗废弃物处置、电子废弃物综合处置场建设工程。
五、农村环境保护工程：农村环境综合整治、乡镇生活污水人工湿地处理、畜牧养殖废弃物综合利用与污染防治、农村小康环保行动、生态乡镇"以奖代补"工程。
六、旅游区环境保护工程：重点旅游景区环境基础设施建设、生态岸边缓冲面源污染防治示范工程。
七、基础能力建设工程：省部合作海南国际旅游岛地质环境保障、环境监测站标准化建设、重点工业区环境基础设施及环境应急能力建设、核应急指挥中心及配套监测系统建设、重点旅游景区环境质量自动监测和实时发布工程。

资料来源：《海南省国民经济和社会发展第十二个五年规划纲要》。

3. 增加了约束性指标。海南省"十二五"《规划》根据中央政府统一要求，在指标体系上明确要求要完成国家下达给海南省的资源环境约束性指标。但海南省"十二五"《规划》在一些预测性指标特别是在经济增长和居民收入上还是延续了年均增长率13%的乐观预测；对产业结构也提出了"三次产业比重趋近20：30：50"这一比国务院《意见》要求更高的量化指标。海南省"十二五"《规划》证明，除三次产业结构优化超过预期之外，其他各项指标均存在差距。其中经济发展只有年均9.5%的增长率。过于乐观的预测给海南国际旅游岛建设发展带来的是负面评价。由于"十二五"是"过去完成时"，故对其文献内容的引用从略。在海南省"十二五"《规划》对外公布时，生态环境建设的部分指标尚留空白，这表明中央政府部门对部分指标当时还没有正式下达。这些空白在《海南省2014—2015年节能减排低碳发展行动方案》附件中得到填补，具体数据见本书第五章表5-1《"十二五"海南省主要污染物排放总量控制目标完成情况》。

（四）《海南省国民经济和社会发展第十三个五年规划纲要》

《海南省国民经济和社会发展第十三个五年规划纲要》（以下简称《海南省"十三五"规划》）根据海南国际旅游岛建设"十二五"实践，丰富了海南"全国生态文明建设示范区"建设发展路线图的第二步（2016—2020）内涵：

1.目标。《海南省"十三五"规划》把国务院《意见》《海南省"十二五"规划》中关于目标的表述集合起来，形成了"全省人民的幸福家园、中华民族的四季花园、中外游客的度假天堂"[①]新的目标表述。

2.任务。《海南省"十三五"规划》提出了比国务院《意见》更完整的"保持生态环境质量""全面促进资源节约循环高效利用""推进低碳发展""健全生态文明制度体系"四项要求。特别是在"推进低碳发展"任务上有了生态文明建设与经济建设相结合的蕴意。

3.行动计划。《海南省"十三五"规划》部署了"持续开展生态保护修复行动""大力开展能源和水资源、建设用地、碳排放总量和强度双控行动"，并安排了内容丰富的生态环保十大工程。

---

① 摘自《海南省国民经济和社会发展第十三个五年规划纲要》（海南省第五届人民代表大会第四次会议审议通过）。

表4-4 海南省"十三五"生态环保十大工程

序号	重点工程	具体项目
1	绿化宝岛工程	造林绿化40万亩，其中退化防护林改造10万亩，通道绿化2万亩，村镇绿化3万亩，名特优新经济林25万亩，中幼林抚育75万亩。
2	城市内河（湖）治理工程	按照省政府《城市内河（湖）整治三年行动方案》，全面消除64条（个）城镇内河（湖）劣V类水体，水质现状达到或优于地表水Ⅳ类标准的水体水质保持不下降。
3	自然景观保护及生态修复工程	中部山区国家重点生态功能区生态环境保护工程，中部生态核心区生态补偿工程，五大流域及城市内河生态系统保护工程，热带雨林生态系统保护工程。
4	饮用水源保护工程	松涛水库生态环境保护项目等重要水源地保护工程，农村饮用水建设工程。
5	环境污染综合防治工程	城乡生活污水处理工程，燃煤电厂超低排放改造，高污染机动车淘汰工程，人工湿地污水处理工程，城乡生活垃圾分类投放收集转运示范工程，垃圾焚烧发电厂扩容改建工程，土壤污染治理工程。
6	生物多样性保护工程	10个国家级自然保护区建设与保护工程，22个省级自然保护区提升工程，森林公园建设和保护工程，生态公益林建设和保护工程，游憩绿道系统建设工程。
7	城乡人居环境建设工程	城市综合体的生态化建设工程，建筑节能示范工程，城区雨洪防治工程，城区立体绿化工程，特色风情小镇建设工程，乡村生态人居建设工程，农村环境综合整治工程。
8	海洋生态环境治理和保护工程	海岸线生态修复工程，珊瑚礁、海草床、麒麟菜、潟湖等重要生态系统保护工程，海洋生物多样性保护工程。
9	湿地修复和保护工程	对海口东寨港红树林、海口洋山、东方黑脸琵鹭等17个城镇及周边重要湿地保护和治理，建设红树林湿地国家公园、南丽湖湿地国家公园、昌江海尾湿地公园、儋州盐丁古盐田红树林自然保护区、东方西湖湿地，东方大广坝湿地，还有乐东抱由、九所、佛罗湿地保护项目。
10	生态环境监测网络建设工程	"数字环保"建设，大气环境监测预警和调控系统建设，环境质量自动监测网络建设，土壤污染数据库建设，辐射环境管理信息系统建设，生态保护红线监测平台建设，北部湾环境空气质量预报预警体系建设，海南省生态环境监测网络建设，南海诸岛环境质量流动综合监测能力建设。

资料来源：《海南省国民经济和社会发展第十三个五年规划纲要》。

4.量化指标。对比海南省"十二五"期间实际完成的量化指标情况，海南省"十三五"规划提出了生态文明建设十项约束性和两项预期性量化指标。同时，在吸取"十二五"规划经验教训的基础上，经济方面提出全省地区生产总值年均增长7%，到2020年实现地区生产总值和城乡居民收入比2010年翻一番以上，三次产业比重趋近 20 ∶ 20 ∶ 60；民生福祉的增长与经济发展基本同步。

表 4-5　海南省 2010—2020 年生态文明建设主要量化指标

指标名称		单位	2010 年实际	"十二五"完成		"十三五"预期		属性
				2015 年	年均增长或累计	2020 年预期	年均增长或累计	
新增建设用地规模		万亩	8.1	[39.4]		[32.5]		约束性
单位地区生产总值用水量降低		%	216 吨			≧ [25]		约束性
单位 GDP 能耗降低		%	0.637 标煤 / 万元	完成国家下达目标		完成国家下达目标		约束性
非化石能源占一次能源消费比重		%	6.5	8.5		≧ 15		约束性
单位 GDP 二氧化碳排放降低		%	1.65 吨二氧化碳 / 万元	完成国家下达目标		完成国家下达目标		约束性
耕地保有量		万亩	—	1077		1077		约束性
森林增长	森林覆盖率	%	60.2	62		≧ 62		约束性
	森林蓄积量	亿立方米	—	1.5		≧ 1.5		约束性
空气质量	地级及以上城市细颗粒物（PM2.5）	微克 / 立方米	—	21		< 21		约束性
	地级及以上城市空气质量优良天数比例	%	100	98		> 98		约束性

指标名称		单位	2010 年实际	"十二五"完成		"十三五"预期		属性
				2015 年	年均增长或累计	2020 年预期	年均增长或累计	
地表水质量	达到或好于Ⅲ类水体比例	%	85.8	93		> 94		约束性
	劣Ⅴ类水体比例		1.8	0		0		约束性
主要污染物排放总量	化学需氧量	万吨	9.23	完成国家下达目标		完成国家下达目标		约束性
	氨氮	万吨	2.32					
	二氧化碳	万吨	2.84					
	氮氧化物	万吨	8.61					
城市生活垃圾无害化处理率		%	80	94		100		预期性
城镇污水集中处理率		%	70	80		> 85		预期性

资料来源：《海南省国民经济和社会发展第十三个五年规划纲要》，加"[ ]"的数据为五年累计。

《海南省"十三五"规划》对海南"全国生态文明建设示范区"建设发展"路线图"第二步的完善，突出在总结"十二五"经验基础上形成了"海南—全国—世界""生产—生活—生态"两组概念，开阔了"全国生态文明建设示范区"的视野。同时对海南 2010—2020 年"全国生态文明建设示范区"发展涉及的一些量化指标进行了修正和比较，对 2020 年海南经济与民生发展量化指标已经不再强求"国内先进水平"。

（五）《海南省总体规划（2015—2030）纲要》

《海南省总体规划（2015—2030）纲要》（以下简称《海南省总规》）大致给出了海南"全国生态文明建设示范区""第三步"（2021—2030）路线图依据。《海南省总规》以战略规划为引领，以空间规划为主体，以实施管控为支撑，主要对空间布局、生态建设和城镇化方面提出管控要求和预测，属于海南中长期发展规划。《海南省总规》也给出了海南"全国生态文明建设示范区""第二步"路线图的依据参考，为《海南省"十三五"规划》的制定提供了基本依据。《海南省总规》的"内容摘要"于 2015 年 9 月公布。本文所引用资料是 2016 年 10 月由省发改委职能处室提供的经过国家发改委批复后的《海南省总规》全文。

《海南省总规》为我们描绘的海南"全国生态文明建设示范区""第三步"路线图是：

1. 目标。《海南省总规》提出将生态与发展作为"出发点"和"归属点"，把"国际旅游岛发展成为中国特色社会主义的实践范例"具体到"全国生态文明示范区"建设，就是要建设"中国特色社会主义生态文明实践范例"，并提出了"建成全国绿色发展示范省"的要求。这与习近平总书记要求海南"争创中国特色社会主义实践范例，谱写美丽中国海南篇章"是完全一致的。而建设"全省人民的幸福家园、中华民族的四季花园、中外游客的度假天堂"的第二步目标，在《总规》中被分别放到了"生态文明示范区建设"的任务计划中去了，属于"中国特色社会主义生态文明建设实践范例"的内涵。

2. 任务。《海南省总规》中直接关于生态文明建设任务的表述只有"生态保护格局"，但《海南省总规》把生态和发展作为"出发点"和"归属点"，所以它的每一项任务都与"生态文明示范区"建设发展密不可分。笔者尝试从"生态文明建设示范区"角度，把海南省"总规"确定的到 2030 年所要完成的任务内在地看成是海南"全国生态文明建设示范区"的发展任务，于是形成"第三步"任务路线图，即生态文明主导的总体布局、体系化的生态保护格局、绿色产业化和产业绿色化、基础设施"五网"建设、绿色城镇化发展、生态文明制度建设六大任务。由于这六大任务是从《海南省总规》中的"总体布局""生态保护格局""产业发展""基础设施""新型城镇化""政策措施"中衍生出来的，为了使读者充分理解这一衍生的合理性，特制作《《海南省总体规划（2015—2030）纲要〉中生态文明建设任务内容表》。

表4-6　《海南省总体规划（2015—2030）纲要》中生态文明建设任务内容表

任务	内　容
总体布局	根据"一点两区三地"战略定位，按照"严守生态底线、优化经济布局、促进陆海统筹"的空间发展思路，统一筹划海南本岛和南海海域两大系统的环境保护、资源利用、设施保障、功能布局、经济发展，在构建全省生态安全格局，保护好绿水青山、碧海蓝天的基础上，调整优化全省开发建设空间。
生态保护格局	基于山形水系框架，以中部山区为核心，以重要湖库为节点，以自然山脊及河流为廊道，以生态岸段和海域为支撑，构建全域生态保育体系，总体形成"生态绿心＋生态廊道＋生态岸段＋生态海域"的生态空间结构。
产业发展	大力提升热带高效现代农业，加快发展新型工业和高技术产业，做大做强以旅游业为龙头的现代服务业，重点发展十二类产业："旅游产业，热带特色高效农业，互联网产业，医疗健康产业，现代金融服务业，会展业，现代物流业，油气产业，医药产业，低碳制造业，房地产业，高新技术、教育、文化体育产业"。
基础设施	"五网"建设：路网要推动全省"海陆空立体化交通系统"的一体化互联互通；光网要推进电信网、广播电视网、互联网"三网融合"；电网要构建以清洁煤电、核电为主力电源，以燃气和抽水蓄能为调峰电源，以可再生能源为补充的电源结构；气网要实现管道天然气覆盖全省市县城区；水网要构建起防洪抗旱减灾、水资源合理配置和高效利用、水资源与水生态环境保护三大体系。
新型城镇化	把全省作为一个大城市统一规划，优化全省城镇空间格局和功能定位，促进两极地区一体化发展，全省城镇和乡村的健康可持续发展。
政策措施	探索创新土地、投融资和财税政策；探索生态管控和补偿政策；探索建立规划管控、约束和落实机制。实现一张蓝图干到底。

资料来源：《海南省总体规划（2015—2030）纲要（内容摘要）》，《海南日报》2015年9月29日。

　　3.行动计划。《海南省总规》内容摘要没有涉及行动计划，但在海南省发改委职能处室为支持本课题研究而提供的上报中央政府并经国家发改委批准的《海南省总规》，《海南省总规》中包括了七大行动：绿化宝岛行动、低碳减排行动、环境质量改善行动、岸线资源保护行动、海洋生态环境保护行动、生物多样性保护行动计划、历史遗留矿山地质环境治理行动。《海南省总规》还以"十三五"为重点，对实施的具体行动制定了时间表。

表4-7 生态环保行动计划实施时间表（2016—2020）

行动名称	时间进度安排
绿化宝岛行动	每年考核绿化率等指标，到2020年森林覆盖率稳定在62%以上，森林蓄积量增加到1.5亿立方米以上。
低碳减排行动	减排指标达到目标预期。碳排放总得到有效控制，主要污染物排放总量严格控制在国家下达的计划目标之内。实现新能源汽车在公共交通、公务用车领域全省基本覆盖，营运车辆基本使用新能源汽车，控制化石能源汽车总量，积极鼓励使用新能源汽车。
环境质量改善行动	水环境质量等指标达到目标预期，大气、水体和近海海域等生态环境质量继续保持全国一流。开展城镇内河（湖）水污染治理三年行动，治理范围内城镇内河及流经城镇河段达到目标水质。
岸线资源保护行动	重点保护滨海防护林、红树林、珊瑚礁、天然湿地等自然生态空间，综合治理和修复海岸带受损或者功能退化区域，生态岸线保护达标。
海洋生态环境保护行动	完成阶段性修复任务，重点污染海域环境质量得到改善，局部海域海洋生态恶化趋势得到遏制，部分受损海洋生态系统得到初步修复。
生物多样性保护行动计划	完善生物多样性保护与可持续发展相关政策与法律体系；开展生物多样性调查、评估与监测；加强生物多样性的就地和迁地保护；加强外来入侵物种的预警和转基因生物安全管理。
历史遗留矿山地质环境治理行动	对全省废弃矿山和计划经济时代遗留问题的矿山进行地质环境治理。

资料来源：《海南省总体规划（2015—2030）纲要》。

4. 量化指标。《海南省总规》主要是对空间布局、生态建设和城镇化方面提出管控要求和预测。规划到2030年海南岛陆域空间中一级生态功能区面积11535平方公里，二级生态功能区面积15984平方公里，分别占全岛陆域面积的33.6%、46.4%；开发功能区面积3699平方公里，占全岛陆域面积的10.8%。对于经济与民生发展指标，围绕建成"中国特色社会主义实践范例"目标只提出原则性方向性要求，没有按照理想化的思维方式把海南省经济社会发展的各项指标都定位在全国先进行列。海南的最大特色在生态、旅游、捍卫海洋权益、提升生活品质。"生态环境质量继续保持全国领先水平，实现人与自然的和谐发展"是海南可以做到并足以自豪的地方。要求它在各方面都居全国前列，则不是一个实事求是的态度。《海南省总规》预测"2030 年海南省为 1268 万人，城镇化率 70% 左右，城镇人口约 887 万"；要求所有建制镇建成特色产业小镇，全部农村建成美丽乡村。对其他方面要求除了完成国家下达的约束性指标外，没提出更多的预测性量化指标，表明了海南在认识上的进步和心态上的成熟。

三、海南"全国生态文明建设示范区""三步走"发展路线图的框架内容

海南"全国生态文明示范区"发展路线图的确立要以政府文件为依据。本课题组综合如前所述的五个政府文件后认为，海南"全国生态文明建设示范区"的发展路线图（2010—2030）是一个"三步走"的路线图。第一步是"完成时"。第二步是"正在进行时"，政府文件对其规划得相对完整。本课题组归纳整理海南"全国生态文明建设示范区"第一、二步发展路线图，只要依据政府文件做一番归纳整理的文字工作即可。而对于第三步，由于是"将来进行时"，政府文件更多的是原则性、方向性、预测性描述，这也就给了本课题的后续研究以较大的探讨空间。

海南"全国生态文明建设示范区""三步走"发展路线图的基本框架，包括目标、任务、行动和量化指标等。其每前进一步所表现出来的不同，都是实践和认识或者仅仅是认识上的成果展示。

（一）"三步走"目标路线图的设定

第一步目标（2010—2015）：全国人民的四季花园；第二步目标（2016—2020）：海南国际旅游岛建设的"三大愿景"与"全国生态文明建设示范区"目标相一致，即全省人民的幸福家园、中华民族的四季花园、中外游客的度假天堂；第三步目标（2021—2030）：中国特色社会主义生态文明实践范例。

第一步目标采用的是国务院《意见》用词。

第二步目标采用的是《海南省"十三五"规划》用词。

第三步目标采用的是《海南省总规》用词，并进行了再加工。把"国际旅游岛发展成为中国特色社会主义的实践范例"这一对海南发展全局的要求，回归到"争创中国特色社会主义实践范例，谱写美丽中国海南篇章"这一习近平总书记对海南的期待上来。建成"中国特色社会主义生态文明实践范例"，以"全省人民的幸福家园、中华民族的四季花园、中外游客的度假天堂"为内涵，并增加了"建成全国绿色发展示范省"要求。这"三步走"的目标路线图，能比较完整、准确地反映出中央政府和习近平总书记对"谱写美丽中国海南篇章"的殷切期待，以及海南创建"全国生态文明建设示范区"的目标发展全过程。

在海南省的各种规划里面，对于 2020 年基本建成国际旅游岛是有明确要求的。基本建成国际旅游岛不等于建成"全国生态文明示范区"，这主要是随着生态文明建设要求特别是绿色发展的要求权重加大，海南仅靠良好的生态环境来赢得"全国生态文明建设示范区"，成为中国特色社会主义生态文明实践范例，已经远远不够。"三步走"目标路线图的设定，反映了生态文明建设和海南国际旅游岛建设的内在规律，即生态文明必须注入"绿色发展"内涵，即使在海南这样具有生态环境天然禀赋的地方，示范区建设也不能"急于求成"。

（二）"三步走"任务路线图的设定

第一步任务（2010—2015）：严格实行生态环境保护制度；加强生态建设；推进节能减排；强化环境污染防治。第二步任务（2016—2020）：保持生态环境质量；全面促进资源节约循环高效利用；努力推进低碳发展；健全生态文明制度体系；第三步任务（2021—2030）：规划生态文明主导总体布局；完善体系化的生态保护格局；推进绿色产业化和产业绿色化发展；推进基础设施"五网"建设；推进绿色城镇化发展；落实政策措施保障。

第一步的任务采用国务院《意见》话语。

第二步的任务采用《海南省"十三五"规划》话语。它是根据国家生态文明建设重点任务的调整，在国务院《意见》的基础上做出的新表述。

第三步的任务是根据《海南省总规》的内容拟定。由于原话语是从海南未来发展全局的角度阐述的，本课题组则从海南"生态文明建设示范区"发展的视角进行了文字上的修饰。虽然对任务的内容上没有改变也无权改变，但在表述上作了生态文明建设上的归纳，从而形成《〈海南省总体规划（2015—2030）纲要〉中生态文明建设任务内容一览表》。第三步的任务内容不复述。这里需要补充一点的是，《海南省总规》关乎 2015—2030 年，其部署的中长期任务是在海南"全国生态文明建设示范区""三步走"发展路线图的第一步末起步的，其 2016—2020 年的生态文明建设与《海南省"十三五"规划》内容是重合的。但《海南省"十三五"规划》在确立"全国生态文明示范区"第二步发展路线图时，在任务内容的表述上并没有完全与《总规》对接，这两者之间是否存在矛盾？笔者认为，《海南省总规》面对的是中长期任务而可以大致勾画轮廓，"十三五"规划解决的是当前任务且必须具体明确，它们是相容相通、互为补充的。这也间接地阐明了笔者对第二步任务为何采用《海南省"十三五"规划》话语而没有采用《总规》话语的根本原因。至于它们之间的衔接和相互照应，《海南省"十三五"规划》如果在文字上作一简要说明当然更好。这一遗憾也是由于经济社会的发展变化而难以避免的。

（三）"三步走"行动路线图的设定

第一步行动（2010—2015）：开展"资源节约""环境保护""生态保护"三大行动；实施"生态保护与建设工程"七大工程。第二步行动（2016—2020）：持续开展生态保护修复行动，大力开展能源和水资源、建设用地、

碳排放总量和强度"双控"行动;实施生态环保十大工程。第三步行动
(2020—2030):开展绿化宝岛行动、低碳减排行动、环境质量改善行动、
岸线资源保护行动、海洋生态环境保护行动、生物多样性保护行动、历史遗
留矿山地质环境治理行动;工程待定。第一步行动出自海南"十二五"《规
划》。其"环境保护和生态建设"七大工程是由旅游岛《规划》"生态保护与
建设"六大工程发展而来的。

第二步行动出自《海南"十三五"规划》。在实施生态环保的十大工程
中,包括了《海南省总规》的行动内容,如《总规》的"绿化宝岛行动"在
"十三五"《规划》中是"绿化宝岛工程"。这是《海南省"十三五"规划》
与《总规》的内在衔接。

第三步行动出自《海南省总规》。如果说此前的行动都是重点行动,解
决其当时最需要解决的问题,而第三步行动则是建成"全国生态文明示范
区"的全面行动,即既要解决好制约建成"中国特色社会主义生态文明建设
实践范例"的重点问题,更要解决好"全国生态文明示范区"在全省全面建
成的精细化、普遍性问题。

(四)量化指标路线图说明和"三步走"路线图汇总

海南国际旅游岛"全国生态文明建设示范区"第一、二步量化指标发
展路线图的设立,以国务院《意见》为总依据:到2015年,森林覆盖率
提高到60%,城镇污水处理率达到80%,城镇生活垃圾无害化处理率达到
90%,综合生态环境质量保持全国领先水平,经济社会发展力争达到全国中
上水平;到2020年,"经济社会发展达到国内先进水平,综合生态环境质量
继续保持全国领先水平,可持续发展能力进一步增强"。其中,第二步具体
的体系化的量化指标以《海南省"十三五"规划》为准,见表4-5:《海南
省2010—2020年生态文明建设主要量化指标》。对于第三步(2021—2030)
量化指标路线图,在《海南省总规》中有比较完整的"生态主体功能区"量

化指标，而其他各项量化指标则比较欠缺。这个问题目前不紧迫，故本课题组目前暂不做此研究。

为便于直观和把问题放在一起去思考，本课题组剔除过于繁杂的量化指标，将海南国际旅游岛"全国生态文明建设示范区""三步走"发展路线图做一简要汇总。

表4-8　海南"全国生态文明建设示范区""三步走"发展路线图汇总表

	第一步（2010—2015）	第二步（2016—2020）	第三步（2021—2030）
目标	全国人民的四季花园。	全省人民的幸福家园、中华民族的四季花园、中外游客的度假天堂。	中国特色社会主义生态文明建设实践范例。
任务	严格实行生态环境保护制度；加强生态建设；推进节能减排；强化环境污染防治。	保持生态环境质量；全面促进资源节约循环高效利用；努力推进低碳发展；健全生态文明制度体系。	规划生态文明主导的总体布局；完善体系化的生态保护格局；推进绿色产业化和产业绿色化发展；推进基础设施"五网"建设；推进绿色城镇化发展；落实政策措施保障。
行动	开展资源节约行动、环境保护行动、生态保护行动；实施"生态保护与建设工程"七大工程。	开展生态保护修复行动；开展能源和水资源、建设用地、碳排放总量和强度"双控"行动；实施"生态环保"十大工程。	开展绿化宝岛行动、低碳减排行动、环境质量改善行动、岸线资源保护行动、海洋生态环境保护行动、生物多样性保护行动、历史遗留矿山地质环境治理行动。

注：本课题组在政府文件基础上，对海南国际旅游岛"全国生态文明示范区"建设发展第三步中的目标，任务路线图文字上有改动。

第二节　海南"全国生态文明建设示范区""三步走"发展路线图的实现路径

海南"全国生态文明建设示范区""三步走"发展路线图，规划了海南生态文明建设的目标、任务、行动计划及相应的量化指标要求。在"三步走"发展路线图实现的过程中，路径选择是关键。其中，制度路径特别是生态红线的划定、党政领导干部生态环境损害责任追究制度的建立与实施，成为了处理解决发展与环境保护之间关系的尚方宝剑；科技路径确立了科学技术是第一生产力在生态文明建设中无可替代的地位。保护生态环境就是在保护生产力，发展生态环境就是在发展生产力，而决定生态环境生产力水平的是科学技术力量；文化路径是海南"全国生态文明示范区"建设发展"三步走"路线图实现的思想指导、舆论引领和社会生态伦理支撑，生态文化的力量是保持海南国际旅游岛生态文明建设自觉性、持续性、不可逆的内在动力；国内外合作的路径，是在经济全球化和生态危机全球化时代背景下的相互借鉴和支持，特别是通过经验和技术的共享，实现利益共同体的合作共赢。

一、制度路径

海南"全国生态文明建设示范区""三步走"发展路线图的实现，首先必须依法依规。自海南"生态省"建设以来，中央政府和海南省政府对生态文明建设，特别是针对生态文明示范区建设、自然保护区建设、生态功能区建设等出台了一系列的制度法规，推动海南"全国生态文明示范区"建设取得了实质性的持续发展进步。

生态文明建设最为重要的制度建设之一是生态红线的划定。在《海南省总规》发布后，2016 年 9 月 18 日《海南省人民政府关于划定海南省生态保护红线的通告》(琼府〔2016〕90 号)发布。《通告》内容与《海南省总规》一致，但要求更为具体，并附有《海南岛陆域生态保护红线功能分区及面积统计表》《海南岛近岸海域生态保护红线功能分区及面积统计表》等。

表 4-9 海南岛陆域生态保护红线功能分区及面积统计表

	功能区	功能亚区	面积（平方公里）
Ⅰ类红线区	Ⅰ1 海南岛生物多样性保护Ⅰ类红线区	Ⅰ1-1 自然保护区核心区和缓冲区	1642.39
		Ⅰ1-2 野生稻点状分布区	/
		Ⅰ1-3 野生兰点状分布区	/
		Ⅰ1-4 其他极重要生物多样性保护红线区	1080.51
	Ⅰ2 海南岛水源保护与水源涵养Ⅰ类红线区	Ⅰ2-1 饮用水源保护区一级、二级保护区	360.02
		Ⅰ2-2 极重要水源涵养红线区	359.91
	Ⅰ3 海南岛水土保持Ⅰ类红线区	Ⅰ3-1 极重要水土保持红线区	1985.40
	Ⅰ4 海南岛海岸带生态敏感Ⅰ类红线区	Ⅰ4-1 海岸带自然岸段防护区	115.56
		Ⅰ4-2 近岸海域排污口禁设区	/
Ⅱ类红线区	Ⅱ1 海南岛生物多样性保护Ⅱ类红线区	Ⅱ1-1 自然保护区实验区	665.11
		Ⅱ1-2 水产种质资源保护区	17.59
		Ⅱ1-3 其他重要生物多样性保护红线区	979.49
	Ⅱ2 海南岛水源保护与水源涵养Ⅱ类红线区	Ⅱ2-1 饮用水源准保护区	416.93
		Ⅱ2-2 重要水源涵养红线区	1075.49
	Ⅱ3 海南岛防洪调蓄Ⅱ类红线区	Ⅱ3-1 湖滨带保护红线区	417.09
		Ⅱ3-2 河滨带保护红线区	457.71
	Ⅱ4 海南岛水土保持Ⅱ类红线区	Ⅱ4-1 重要水土保持红线区	804.43
	Ⅱ5 海南岛旅游功能保护Ⅱ类红线区	Ⅱ5-1 风景名胜区	/
		Ⅱ5-2 地质公园	176.29
		Ⅱ5-3 森林公园	849.81
		Ⅱ5-4 湿地公园	28.24
	Ⅱ6 海南岛海岸带生态敏感Ⅱ类红线区	Ⅱ6-1 海岸带自然岸段生态缓冲区	48.86
	Ⅱ7 其他Ⅱ类红线区	Ⅱ7-1 昌江核电厂安全缓冲区	54.58

注：1. 各功能区在空间上重叠部分按最高级别仅计算一次面积；2. 野生稻、野生兰保护区为点状数据，暂未统计空间面积；3. 近岸海域排污口禁设区为线状数据，暂未统计空间面积；4. 部分风景名胜区、地质公园、森林公园、湿地公园待规划完善后自动划入Ⅱ类红线区。

资料来源：《海南省人民政府关于划定海南省生态保护红线的通告》(琼府〔2016〕90 号)。

表 4-10 海南岛近岸海域生态保护红线功能分区及面积统计表

类型	功能区	面积（公顷）	占海南岛近岸海域生态红线总面积比例（%）	占海南岛近岸海域总面积比例（%）
Ⅰ类红线区	Ⅰ1自然保护区核心区、缓冲区	34280.63	4.12	1.45
	Ⅰ2领海基点保护范围	53.37	0.01	0.002
Ⅱ类红线区	Ⅱ1自然保护区实验区	44344.46	5.33	1.87
	Ⅱ2海洋特别保护区	2169.03	0.26	0.09
	Ⅱ3省级海洋功能区划海洋保护区	46419.61	5.58	1.96
	Ⅱ4珊瑚礁主要分布区	13716.08	1.65	0.58
	Ⅱ5海草床主要分布区	5409.71	0.65	0.23
	Ⅱ6红树林主要分布区	2958.84	0.36	0.12
	Ⅱ7潟湖	25381.31	3.05	1.07
	Ⅱ8重要入海河口	2269.09	0.27	0.10
	Ⅱ9重要砂质岸线及邻近海域	26500.21	3.19	1.12
	Ⅱ10重要基岩岸线及邻近海域	536.47	0.06	0.02
	Ⅱ11海岸带控制区（向海侧）	133343.06	16.03	5.62
	Ⅱ12重要渔业水域	206.20	0.02	0.01
	Ⅱ13自然景观与历史文化遗迹	2281.50	0.27	0.10
	Ⅱ14增养殖区	75922.64	9.13	3.20
	Ⅱ15生态保留区	539854.98	64.91	22.75

注：不同类型的海洋生态红线区有部分重叠区域，也包含部分自然湿地。
资料来源：《海南省人民政府关于划定海南省生态保护红线的通告》（琼府〔2016〕90号）。

经过多年的生态文明制度建设，海南"全国生态文明示范区"建设各方面大的制度规划包括发展总规和生态红线都有了。但这字面上的制度规划要落到实处，还需要付出极大的实践努力并接受时间检验。这里的关键点在于领导干部特别是党政"一把手"这一"关键少数"是否重视的问题。2015

年8月，中央两办印发了《党政领导干部生态环境损害责任追究办法（试行）》。2016年5月，海南省两办出台了《海南省党政领导干部生态环境损害责任追究实施细则（试行）》。随后，笔者应《海南日报》之约写了一篇短文：《生态文明建设应发挥"终身追责"利器作用》，核心内容是"权责统一，党政同责""及时追责，永不免责""制度导向，勇于负责"。发表在2016年9月1日的《海南日报》。内容摘要见本书附三。

在依法治国理念下，如同一些法律存在着执行难的问题一样，海南"全国生态文明建设示范区"的制度规划，是否也存在着执行难的问题？为此，本课题组走访了海南岛全境国家级自然保护区和一些主要的省级自然保护区。在访谈中得知，国家级自然保护区和国家重点生态功能区内的省级自然保护区对生态红线制度执行得比较好，经费有保障，执法有力度，干部职工有自豪感。而不在国家重点生态功能区范围内的省级自然保护区的情况则有所不同。以位于万宁市的海南青皮林省级自然保护区为例，青皮林是分布在滨海和特殊环境内的热带雨林。海南省政府对该保护区公益林补偿核定为7507亩，但在经济发展的过程中，2015年仅存核心区4784亩、缓冲区496亩，其余成为了经营区，甚至还在手续不完备的情况下搞起了房地产开发。直到2017年《中共海南省委关于进一步加强生态文明建设谱写美丽中国海南篇章的决定》《海南省人大常委会关于进一步加强生态文明建设谱写美丽中国海南篇章的决议》通过并实施后，叫停保护区内房地产开发，这一逆生态环境保护的状况才得以根本扭转。

二、科技路径

海南的生态保护、环境治理、节能减排、绿色发展等，都必须依靠科技的力量，而且首先是国家的科技力量。据美国国家科学基金会2016年初发布的《美国科学与工程指标》显示，中国已成为世界第二研发大国。据吴凯翔在2016年的《中国的这些科技成就，令世界刮目相看》一文中介绍的十大科技成果中,"神威·太湖之光"超级计算机成为新的世界冠军、深海科考突破万米深渊、核聚变实验装置"人造太阳"、大型客机 C919 总装下线、高铁迈入 2 万公里新时代,等等。这表明中国已经完全有能力以科技力量托举起社会主义生态文明建设。

以全球最快超算系统"神威·太湖之光"为例:国家超级计算无锡中心的"神威·太湖之光"持续计算速度为每秒钟 9.3 亿次。它 1 分钟的计算能力相当于全球 72 亿人同时用计算器不间断计算 32 年。这个速度是中国"天河二号"的近 3 倍,而此前的"天河二号"已经夺得全球超算六连冠。依托中国"太湖之光"超级计算速度实现的大气模式模拟,就可以有效开展全球公里级气象预报。在这样强大的科技力量面前,海南的山山水水,都在国家卫星遥感技术中心的掌控之中。2016 年 11 月,国家发展改革委办公厅、住房城乡建设部办公厅发布了《关于征求对〈"十三五"全国城镇污水处理及再生利用设施建设规划(征求意见稿)〉意见的函》(国家发改办环资〔2016〕2412 号)。此前,原环境保护部还研究制定了《国家生态文明建设示范村镇指标(试行)》(环发〔2014〕12 号)。由此,可以看出以科技支撑国家扁平化管理在生态文明建设领域的全覆盖。

以科技路径实现海南"全国生态文明建设示范区"发展路线图,就海南本身而言,首先要明确以科技为支撑的建设标准及评价指标体系。一方面,海南"全国生态文明示范区"建设标准及评价指标体系要依据国标。现在,国家层面推进的"生态文明建设示范区""海洋生态文明建设示范区""生态文明先行示范区"建设,都有明确的标准及评价指标体系。海南全省在按照"生态文明建设示范区"国标建设的同时,三沙市、三亚市还要按照"海洋生态文明建设示范区"国标,琼海市、万宁市、儋州市还要按照"生态文明先行示范区"国标进行建设。这三个国标构成了海南"全国生态文明建设示范区"国标系列和评价指标总的体系。另一方面,海南的"全国生态文明建设示范区"也要关注学界对生态文明建设标准及评价指标体系的研究。学界对生态文明建设标准及评价指标体系的研究是对国内外生态文明建设经验的总结。由于对建设标准及评价指标体系的选项不同、权重不同，其评价结果可能大相径庭。所以，对不同学者提出的不同标准和评价指标体系，作为参考即可。在实际工作中，更要努力突出海南岛屿型生态文明特色。

二是要建立起规划红线管控平台的科技支撑机制。（1）在制定"多规"数据信息标准规范体系基础上，统一城乡规划、国土、林业、海洋、基础设施、产业园区等不同坐标系的空间规划矢量数据，建立全省统一的空间规划信息管理平台，实现各市直机关、各市县业务管理信息系统与平台的信息交换、信息共享和管理联动。（2）利用实时获取的高分辨率航空航天遥感影像，探测违规图斑，建立预警机制，利用规划大数据库和省、市县两级规划审批管理系统，全面服务于全省各类规划的编制、审批、实施、监督，为综合执法提供科学依据。（3）通过规划平台公开规划信息，充分利用人大监督、政府督办、纪委监察、群众举报等机制，监督规划的执行和落实，接受全社会监督，对违反规划和损害生态文明的行为进行严肃查处和问责。（4）建立军地协调发展机制和规划信息协调平台，优化配置军地空间资源，优先保障国防安全，兼顾地方发展，合理配置军队建设用地；科学规划地方基础设施、公共服务设施和军队后勤保障设施，促进军地设施共建共享。

三是要把科学技术进步与绿色发展结合起来。生态文明建设要坚持绿色发展才是硬道理。无论是农村还是城市，没有绿色、低碳和循环经济的发展，海南"全国生态文明建设示范区"是示范不起来的。在农村，海南岛西部由于哈密瓜试种成功后的推广种植，乐东等地荒漠化的砂砾地成了高产绿洲。海南岛中部，琼中种桑养蚕取得成功后，已经带动了白沙、儋州等市县种桑养蚕专业化发展。截至2018年底，儋州市通过依托大公司发展种桑养蚕扶贫项目、地瓜脱毒苗示范推广扶贫项目。种桑养蚕项目所在地有王五、雅星、海头、木棠4个镇，种植桑树5000亩，建设小蚕共育室3520平方米，建设大蚕房 30000 平方米，加上养蚕设备购置及水电配套设施建设，总投资 4449.91 万元，带动贫困户 271 户，人数 1219 人。地瓜脱毒苗示范推广扶贫项目所在地有海头、白马井、新州、光村、排浦、王五等 6 个镇，种植海头地瓜脱毒苗约 6000 亩，总投资 456.6 万元，带动贫困户 261 户，人数 1174 人。绿色农业推动了品牌农业发展。目前，海南省的南洋育种基地成为我国保障粮食安全的重要发展基地；各市县如白沙绿茶、五指山红茶、琼中绿橙、保亭红毛丹、澄迈富硒地瓜、文昌鸡、屯昌黑猪、定安粽子、乐东"方老三"哈密瓜等一大批海南农业品牌的推出与叫响，带动了绿色农业的进一步发展。在城市，以科技路径推进生态文明建设，涉及面非常广，如海绵城市、森林城市，宜居城市、卫生城市、文明城市、低碳城市建设等。具体有地下管网、节能建筑、绿色出行、低碳生活，等等，不胜枚举。

海南国际旅游岛建设要"走生态文明的路，补工业文明的课"，城市特别是各工业区的节能减排状况直接关系到国家下达的节能减排约束性指标的完成情况。社会各界的目光紧盯着工业区和排污大户在情理之中。海南岛有四个工业比较集中的区域：洋浦、东方、昌江和澄迈的老城。洋浦经济开发区在国际旅游岛建设之前进入的大企业有由印尼金光集团投资建设的 100 万吨木浆项目、由中国石化（SINOPEC）海南炼油化工有限公司投资建设的 800 万吨炼油项目，等等。印尼金光集团投资的海南金海浆纸业有限公司有两条目前世界上规模最大、技术最先进的单一制浆生产线，通过采用先进的生产工艺和高标准的环保措施，污染治理达到或优于国家一级排放标准。但它在海南还是一个颇具争议的企业。据该企业 2013 年海南省循环经济示范单位申报材料称，位于海南洋浦经济开发区 D12 区的海南金海浆纸业有限公司，秉承"立足中国，绿色承诺"理念，以"科学营林、环保制浆和绿色造纸"来实现经济效益、社会效益、环境效益同步发展，实现"林浆纸一体化"大循环和"节能减排、综合利用"小循环。在产值大幅攀升的同时，金海浆纸的水耗、能耗大幅降低。2010 —2012 年金海浆纸吨浆平均水耗仅为 24.33 吨；吨浆能耗分别为 33.56 万吨标煤、75.25 万吨标煤、77.36 万吨标煤，年减排二氧化硫产生量 898.9 吨、减排 CO_2 产生量 25997.2 吨、减少 COD 排放量 2178 吨、减少浆料排放 1048.96 吨、节电约 80.6 万千瓦时／年，年产生经济效益 1.88 亿元。除提高资源利用率外，金海浆纸还通过回收、综合再利用将现有资源做到了最大程度上的利用。在 2010 —2012 年综合利用废弃物中，粉煤灰共计利用 43.68 万吨，污泥共计利用 83.17 万吨，绿泥共计利用 15.84 万吨。其中金海浆纸业斥资建立的碱回收系统全面收集制浆过程中产生的臭气，以浓缩处理后的"黑液"作为碱回收炉的燃料，相当于每年节省约 70 万吨标准煤。

金海浆纸业的环保投入是巨大的，节能减排的效果也非常明显。到目前为止，金海浆纸业在污染治理上已经投入 30 亿元人民币，所有排放物经过处理后均达到或优于国家一级排放标准。2016 年 11 月，本课题调研组专程到洋浦经济开发区调研，在这个占海南工业产值约 1/3 的半岛，看到的仍然是蓝色的天、蓝色的海与白云，以及洋浦附近峨蔓镇的老盐田、红树林和由火山石形成"龙门激浪"、沿海岸线所矗立的风力发电机所形成的自然美和现代美。这也就不难理解可以与阿联酋迪拜开发相媲美的"中国有个海南岛"的房地产开发，位置就在离洋浦经济开发区不到 5 公里的范围内。下面是笔者当时随机在网上下载的洋浦经济开发区实时空气质量。

当然，人们会更关心洋浦的海水质量，担心金海浆纸业的污水排放问题。据 2015 年海南省海洋环境状况公报，2011—2015 年海南岛重点海域水质状况良好，洋浦海域水质状况 2015 年比 2014 年有较大幅度的改善。"洋浦湾海域春季，监测海域均为二类海水海域，超过第一类标准的要素是溶解氧。夏季、监测海域均为第一类海水海域。"[①]

---

① 《2015 年海南海洋环境状况公报》，海南省海洋与渔业厅，2016 年 7 月。

海南省洋浦空气质量实时发布系统
城市实时AQI 城市日均AQI 2016-11-15 08：00：00

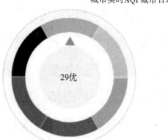

⚗ 首要污染物	—
✚ 对健康影响	空气质量令人满意，基本无空气污染
♥ 建议措施	各类人群可正常活动

图4-1　海南省洋浦空气质量实时发布

资料来源：洋浦经济开发区网站。见 http：//yangpu.hainan.gou.cn。

三、文化路径

生态文明建设融入文化建设的各个方面和全过程，是相互交融。生态文明建设融入文化建设要努力形成生态伦理、生态文化，文化建设也要为生态文明建设提供思想引领、社会心理和舆论支持。生态文化是生态文明的软实力。文化路径所要解决的是实现海南"全国生态文明建设示范区"发展路线图的内在原生动力问题。

以文化路径实现海南国际旅游岛"全国生态文明建设示范区"发展路线图，首要任务是解决指导思想问题。笔者在《生态文明建设的马克思主义视野》一文中认为，马克思初创生态文明理论，其生态世界观和方法论不是边缘的、局部的，而是处于核心的、基础性的地位，具有实践性、整体性和时代性的重要特征。生态文明建设内涵生态文明理论与实践的统一，目标是"努力走向社会主义生态文明新时代"，这是马克思主义中国化的重大理论创新和实践创新。①

党的十八大之后，以习近平同志为核心的党中央发展了社会主义生态文明建设理论。收录到《习近平谈治国理政》中的三篇文章和他关于生态文明建设的一系列讲话：强调"保护生态环境就是保护生产力，改善生态环境就是发展生产力""良好生态环境是最公平的公共产品，是最普惠的民生福祉"。正如笔者在《生态文明建设：民族地区实现跨越式发展的新契机》一文中所说：把生态文明从人与自然的关系扩展到人与社会的关系，成为体现社会主义本质、衡量社会主义社会"生产力"和"共同富裕"的客观尺度，"集中回答了生态文明建设是什么、做什么和所要达成的宏大目标"②。2015年可以说是中国生态文明建设制度年，中共中央、国务院《关于加快推进生态文明建设的意见》《生态文明体制改革总体方案》的出台，标志着习近平生态文明思想基本成型，强调要"树立尊重自然、顺应自然、保护自然"等六大理念和"坚持自然资源资产的公有性质"等六大原则，标志着社会主义生态文明建设理论基本成型。海南创建"全国生态文明建设示范区"必须自觉以习近平生态文明思想为指导，努力提高生态文明和生态文化建设的自觉性。

以文化路径实现海南国际旅游岛"全国生态文明建设示范区"发展路线图，根本目标是"以文化人"。而文化教育与实践是实现这一目标的基本方式。生态文明建设的文化教育即生态文化教育，包括指导思想、发展理念、法律法规、生态伦理教育，等等。要加强生态环境保护和生态文明建设宣传教育队伍建设，提升环境保护和生态文明建设宣传教育水平；挖掘本土优秀生态文化资源，创作出大众喜闻乐见的生态文化文艺精品；组织开展世界地球日、世界环境日、世界水日、国际生物多样性日和节能宣传周等主

---

① 王明初、孙民：《生态文明建设的马克思主义视野》，《马克思主义研究》2013年第1期。

② 王明初、韦震：《生态文明建设：民族地区实现跨越式发展的新契机》，《探索》2015年第6期。

题宣传活动，积极开展绿色企业、绿色社区、绿色学校、绿色家庭创建活动。活动方式可以轰轰烈烈，也可润物无声。轰轰烈烈可以让麻木不仁者惊醒，润物无声可以在不知不觉中将生态文明习惯养成。生态文化教育还要多从中华传统生态文化中吸取营养，科学对待民间"禁忌"；还要借鉴比如法国、德国的全民生态教育经验，通过全民的环境宣传教育形成环境保护的自觉性。

四、国内外合作路径

海南生态文明建设的国内外合作，主要在两个方面：一是生态文明建设的国内外科学技术合作；二是海上生态环境保护的国际联合执法。就生态文明建设的国内外科学技术合作而言，国内科学技术合作有两则消息比较鼓舞人心：一是"海南海洋渔业厅与国家海洋局加强海洋防灾减灾等合作"；二是海南成立了国有合资节能环保公司助推生态建设。

据报道，海南加强与国内外科研院所的合作已取得成效，如2016年8月，海南省海洋渔业厅与国家海洋局第一海洋研究所正式签署了合作框架协议。所长李铁钢说：将充分发挥科研机构在技术研究与资源开发、防灾减灾、海洋温差能应用、生态系统与环境保护研究、海洋科技创新领域的技术优势，以及良好的国际海洋科学技术交流与合作优势，为海南省海洋经济发展提供人才和技术支撑。2016年11月，海南省建设项目规划设计研究院与上海浦公检测技术股份公司合资成立海南浦公节能环保科技公司，以互联网、云计算和大数据为依托，将智慧、绿色、节能、低碳元素融入海南生态岛、低碳岛、智慧岛建设，将全面提升海南国际旅游岛建设技术支撑水平。

海南与国外在生态文明建设方面的科学技术、文化交流和环保项目合作，已经在海口举办了两届"中国（海南）国际节能环保技术设备博览会"。《海南省人民政府办公厅关于加快发展节能环保产业的实施意见》明确要求"将节能环保产业作为我省对外招商引资的重点领域，采取与国内外龙头企业合资、境外上市融资、引进国内外先进技术入股等多种形式，充分利用国内外的资本，技术、管理和人才等资源，提升我省节能环保产业水平，提高产业竞争力"①。

就海上生态环保联合执法而言，"南海执法合作符合我国通过和平、发展、合作、共赢方式，实现建设海洋强国的目标的总体战略；符合南海各方共同利益；有地缘政治、政策法规、经济联系等方面的有力支撑。我国应积极谋划在南海资源、环境、渔政、安全等领域开展执法合作，并吸收国外先进经验，完善我国海上立法与执法体制，维护我国海洋权益"②。具体到海上执法合作的可行性主要有两大有利条件。一是有较为完善的国际法基础。《联合国海洋法公约》第242条明确规定了各国应促进合作。同时，我国与东盟还有《东南亚友好合作条约》《南海各方行为宣言》，以及《中国—东盟海事磋商机制谅解备忘录》等，为海上执法合作奠定了法律基础。二是有较为迫切的国际合作要求。近年来海盗活动频繁，而南海争议区域远离大陆，具有范围广、海水深、台风频繁、海况恶劣等特点，且执法跨越争议海区，这些都对海上执法合作提出了要求。同时，2011年开始的湄公河流域联合执法，也为海上执法合作积累了较为丰富的合作执法经验。

第三节　海南"全国生态文明建设示范区"发展路线图在实施中的风险防范

宇宙不会永恒，有开始就注定有结束。但蓝色地球绝不能毁于人类自身之手。地球是人类赖以生存发展的载体，对其存在的各种生态风险必须谨慎对待。由于海南是一个岛屿型省份，其生态的脆弱性要求在创建"全

---

① 《海南省人民政府办公厅关于加快发展节能环保产业的实施意见》（琼府办〔2016〕169号）。

② 郭文睿、李承奕：《南海维权中的执法合作探析》，《行政管理改革》2016年第6期。

国生态文明建设示范区"的过程中更应注意风险防范。在古希腊哲学家柏拉图的著作《对话录》里描绘的位于大西洋的美丽海岛——亚特兰蒂斯（Atlantis），据称在公元前一万年被大洪水毁灭。在当今南太平洋最小的岛国卢瓦图，由于全球气候变暖，有专家预测在50年内将成为首个沉入海底的国家。海南当下的命运不至于这么糟糕，但生态风险无处不在、无时不有。为此，在"三步走"发展路线图的实践乃至永续发展中，对生态风险的防范也应无处不在、无时不有。

一、全球重大生态灾难对海南的警示

全球重大生态灾难，笔者将其分为自然、人为、自然和人类混合作用三类。

从自然的非人力所能抗拒的重大生态灾难类看，"海啸"是集大成者。全球的海啸发生区与地震带大致一致。发生在环太平洋地区的地震、海啸约占全球的80%。21世纪以来最大的一次海啸发生在2004年12月26日印尼的苏门答腊外海。里氏9.3级海底地震引发高达30米的海啸，突击了斯里兰卡、印度、泰国、印尼、马来西亚、孟加拉、马尔代夫、缅甸和非洲东岸等国家，约30万人死亡，50多万人无家可归。这一巨大损失虽然来自自然的力量，但也与印度洋没有建立起海啸预警系统有关。"海啸预警的物理基础在于地震波传播速度比海啸的传播速度快"。地震P波的传播速度为6—7千米/秒，是海啸传播速度的20—30倍。"倘若印度洋沿岸各国在2004年印度洋特大海啸之前，能与太平洋沿岸国家一样建立起海啸预警系统，那么这次苏门答腊—安达曼特大地震引起的印度洋特大海啸，绝不致造成如此巨大的人员伤亡和财产损失。"[①]

从人为的重大生态灾难类看，远的如切尔诺贝利核事故，近的如美国

---

① 《海啸预警的物理基础》，见 http://www.weather.com.cn/zt/tqzt/1623227.shtml。

墨西哥湾石油原油泄漏事件。1986 年 4 月 26 日凌晨，苏联乌克兰普里皮亚季邻近的切尔诺贝利核电厂第四号反应堆发生爆炸。这次灾难所释放出的辐射线剂量是"二战"时期在日本广岛爆炸的原子弹的 400 倍以上，被认为是人类历史上最严重的核事故。1986 年，苏联用一个石棺将四号反应炉封闭，能用 30 年。后来又花了 5 年时间建造了一个新的圆拱形石棺，完成后沿轨道平移过去将旧石棺一并盖住。新石棺能用 100 年。切尔诺贝利城因此被废弃。2010 年 4 月 20 日，英国石油公司在美国墨西哥湾租用的钻井平台发生爆炸，导致大量石油泄漏，酿成一场经济和环境惨剧。据《人类健康启示录（八）：墨西哥湾漏油事件》介绍，美国政府证实这是美国历史上"最严重的一次"漏油事故，致死 11 人，持续漏油 87 天，在受害最严重的路易斯安那州，超过 125 英里的海岸线被浮油侵袭。墨西哥湾原油泄漏事件内部调查报告在历时 4 个多月后出炉。英国石油公司将大部分的责任推给了油井所有者瑞士越洋钻探公司，以及负责油井加固的美国哈利伯顿公司。对自己的责任只一句话：没有正确解读油井的安全测试结果，没能"防患于未然"。被泼了脏水的瑞士越洋钻探公司随即发表声明，指责"英石油设计、施工过程中均作出一系列节省成本的决定，增大事故风险"[①]。

从自然和人类混合作用的自然灾害看，日本福岛核事故是一个典型案例。福岛核电站地处日本福岛工业区，是当时世界上最大的在役核电站，由第一核电站 6 台、第二核电站 4 台机组组成。2011 年 3 月 11 日，日本东北太平洋地区发生里氏 9.0 级地震，该地震导致福岛第一、第二核电站受到严重影响。2011 年 3 月 12 日，日本经济产业省原子能安全和保安院宣布第一核电厂发生放射性物质泄漏。2011 年 4 月 12 日，日本原子力安全保安院将福岛核事故等级定为 7 级，与切尔诺贝利核事故同级。2011 年 3 月 30 日，日本官方宣布永久关闭福岛第一核电厂 1、2、3、4 号机组，并在后期工作

---

① 吴铮：《英石油公布调查报告为己开脱称 8 处关键失误的主要责任方是合作伙伴》，《合肥日报》2010 年 9 月 10 日。

过程中制定并修改了福岛第一核电厂未来 40 年的中长期退役路线。据国际组织和东京电力公司调查，导致福岛核事故的主要原因：一是设计的缺陷和建设时对自然灾难引发的风险评估不足；二是核岛设备存在安全隐患；三是运营和审查机构失职；四是紧急情况下应急管理经验缺失。2012 年 2 月 19 日，"日本前首相菅直人接受采访时承认福岛第一核电站选址错误，没有充分考虑大海啸威胁，辐射泄漏是'人祸'"[1]。

全球重大生态灾难对海南的启示是多方面的。一是要提高防灾意识，充分考虑到海南岛和三沙独特的地理位置，并有海上油气开采、石油化工和核电等产业，上述震惊世界的灾害事件，存在海南都有可能相遇的外在条件，任何轻视、麻痹和侥幸心理，都可能酿成大祸。二是要重视科技应用，加强对自然灾害的预防、预报和预警。以现有的科学技术手段预防灾害发生；在发生不可抗拒的自然灾害之前，能够准确预测、及时预警。三是要做好防灾、减灾、救灾的应急预案，按照中央全面深化改革领导小组第二十八次会议审议通过的《关于推进防灾减灾救灾体制机制改革的意见》要求，牢固树立灾害风险管理和综合减灾理念，"努力实现从注重灾后救助向注重灾前预防转变，从应对单一灾种向综合减灾转变，从减少灾害损失向减轻灾害风险转变"[2]。

在海南，发生具全球性影响的重大生态灾难，可能且最好是千年不遇、万年不遇，但绝不能由此懈怠。而且自有气象记载以来，海南的台风灾害几乎年年有，只是规模不同、是否登陆而已。同时，我们在追求发展的过程中即使是生态文明建设，也还有一个种下去的是"龙种"，得到的可能是"跳蚤"的问题。国内近年来发生三北防护林杨树大面积死亡事件，虽然谈不上是重大生态灾难，但也说明在生态文明建设过程中也有可能会埋下新的生态风险隐患。原国家林业局局长张建龙在接受记者访谈时说到当时的紧迫性：

---

[1] 《一年后反思：日本福岛核事故发生的主要原因有哪些》，见 http://www.nea.gov.cn/2012-05/09/c_131576233.htm。

[2] 《中共中央国务院关于推进防灾减灾救灾体制机制改革的意见》2016 年 12 月 19 日。

"中央、社会这么重视，赶快把这个万里长城建起来。杨树长得快，再一个不用育苗。另外确实是没有想到，太单一的树种引来病虫害是毁灭性的，它这个光肩星天牛到现在没有好办法治。你要说领导干部急功近利，不能用现在的眼光来看，过去就这个认知水平，谈不到政绩工程。"[①] 最近几年，还有美国之"亚洲鲤鱼"故事——早年美国人为清理海藻而引进亚洲鲤鱼，如今已泛滥成灾。这说明，海南建设"全国生态文明示范区"，也必须小心翼翼，做好各种生态风险的防范，一旦发生生态灾难，要能够及时管控、科学有效处置。

二、海南"全国生态文明建设示范区"建设发展面临的主要生态风险

海南省是自然灾害频繁且较为严重的地区。海南省"全国生态文明建设示范区""三步走"发展路线图的实现必须注意风险防范。要基于海南省的地理位置、地质构造、历史伤痛、现实发展和未来走势诸因素，找出面临的主要生态风险，以未雨绸缪，防患于未然。海南省总的特征是"海""南"（热带）"岛"（海岛、岛屿、岛礁），为此，它面临的主要生态风险，除内陆省份所面临的陆地生态风险之外，还具有其海洋、热带、岛屿等独特性风险。

（一）海洋灾害

海洋灾害按其成因主要分为台风、海啸、海岸侵蚀、海平面上升、赤潮、海水入侵及土壤盐渍化等。在海南的诸多灾害中，危害最严重的是台风以及由台风引发的洪涝灾害。据中国气象局编辑、中国气象出版社出版的《台风年鉴（1957—2006）》显示，50 年间影响海南的台风有 149 例，其中在海南登陆的有 48 例（从海南东部登陆的 43 例，占登陆台风总数的

---

① 《三北防护林杨树大面积死亡听国家林业局局长怎么说》，见凤凰卫视 http://phtv.ifeng.com/a/20161010/44465845_0.shtml。

89.6%）。从台风登陆的年度分布看，1971 年有 4 次台风登陆海南岛，而 50 年中只有 17 个年份没有台风登陆海南岛。"十二五"期间，在海南登陆的台风有所增加，不仅台风年年有，且随着海南的"家业"增大，台风灾害所造成的经济和生态损失也越来越大。如 2014 年第 9 号超强台风"威马逊"达 17 级（联合台风警报中心评估威马逊的中心风力为 135 节，即时速 250 公里），于 2014 年 7 月 18 日 15 时 30 分在海南省东部文昌市翁田镇登陆，对全省特别是文昌、海口、琼海、澄迈、定安等地造成了巨大损失，基础设施损毁严重，农作物大量受损，许多树木被拦腰折断或连根拔起。

（二）地震灾害

海南全境不在地震带上，但海南岛的形成与火山活动关系密切。在离海口市城区 15 公里处海南岛中线高速旁边就是海口石山火山群国家地质公园，它与琼州海峡对面的雷州半岛火山群构成了中国雷琼火山群世界地质公园。据地质学家考证，该火山喷发于新生代早第三纪，最后一次喷发是第四纪全新世，距今约 1.3 万年。另据《海南省志·地震志》，1466—1990 年，海南境内共发生了 31 次 4.8 级以上地震，6 级以上地震有 20 次，破坏性地震大部分分布在琼北地区。最严重的地震为 1605 年海口市琼山区塔市的 7.5 级地震，造成陆陷成海，沉没 72 个村庄，从而形成了世界上罕见的大规模"海底村庄"景观。目前，海南的火山口已经沉寂万年，海南的地震频率和烈度都不高，我们看到从海口到洋浦沿海岸连绵不断的火山石，特别是儋州市峨蔓镇盐丁村千年古盐田就是在海边的火山石上琢磨而成，褐色的火山石与翠绿的红树林、蓝色的海洋相伴，蔚蓝色天空之下不时有几朵白云飘过。但在穿越时空我们仿佛看到了 1.3 万年前火山喷发时的震撼场面。

（三）极端天气

2012 年上半年，"海南省极端天气气候频繁出现，其中，平均气温较常

年同期偏高 0.6℃，平均降水量较常年同期偏多 40%，暴雨日数突破 1966
年以来历史极值。低温寡照、大雾、暴雨、强对流和热带气旋等灾害性天气
气候频繁出现，给全省生产和人们生活带来严重影响。"① 而到 2015 年 6 月，
"海南启动干旱Ⅳ级应急响应 12 市县望天'喊渴'"。历史上，明朝正德元
年（1506），海南万宁甚至还出现了降雪天气。据正德《琼台志》"正德丙寅
冬，万州雨雪"条下记有一首长篇歌，为明朝万州（今万宁市）人王世亨所
作。王世亨是弘治五年举人，曾任宣化（今南宁市邕宁区）知县。这首诗歌
真实地记述了当时下雪的情景："撒盐飞絮随风度，纷纷着树应无数。严威
寒透黑貂裘，霎时白遍东山路。"这场奇异的大雪，引起当地百姓纷纷惊叹：
"老人终日看不足，尽道天家雨珠玉。世间忽见为祥瑞，斯言非诞还非俗"。
王世亨不禁感叹："百年此事真稀奇。"②

（四）外来物种入侵

据肖荣波等对海南岛生态安全的评价，"根据海南岛水环境、大气环
境、城镇垃圾和生物入侵等安全性，计算几何平均值，得出海南岛生态环境
状况安全性系数大约为 0.628，安全性较低"③。其中，生物入侵现象在海南
省比较严重。据海南省 2006 年椰心叶甲防治工作方案数据：自 2002 年 6 月
海南省发生椰心叶甲，至 2006 年 1 月，除白沙黎族苗族自治县外，"全省
有 17 个市县发生疫情，染虫区面积 665 万亩（有棕榈科植物 1094 万株），
染虫植物株数 289.5 万株。其中重度 43.5 万株，占 15%；中度 51 万株，
占 17.6%；轻度 79.1 万株，占 27.3%；防治后消除被害状 115.9 万株，占
40.1%"。"其中海口受害植物株数为 99 万株，占全省染虫株数的 34%。由

---

① 《海南省今年上半年极端天气气候频繁》，见 http://www.weather.com.cn/hainan/zyqxxx/07/1672101.
shtml。
② 《"槟榔落尽山头枝"看海南先贤的咏雪诗》，见 http://www.hinews.cn/news/system/2016/02/22/030152051.
shtml。
③ 肖荣波等：《海南岛生态安全评价》，《自然资源学报》第 19 卷第 6 期。

于防治力度不够，农村地区灾害相对严重，有些椰树严重受害，叶片大量枯死。"①

（五）由生产责任事故引发的其他生态灾难

由于海南有海上油气开发、石油化工、核电、航天发射等现代工业和高新产业。其管理和操作上的任何一次失误，都可能导致难以想象的生态灾难；任何一次微小的偶发事件，都可能引起一些民众恐慌。如 2016 年 10 月 20 日 13 时许，一艘广东东莞的船舶在东方八所港危险化学品码头装载石脑油的过程中机舱发生爆炸，有船员伤亡。10 月 23 日 17 时许，该事故船舶再次发生闪爆，当地政府组织事故现场 3 公里范围内的 2 万余人撤离。但有不少在撤离范围外的市民也纷纷举家撤离，致交通拥堵。同时，中国南海是世界上最繁忙的海上国际黄金通道。据《中国国家地理》杂志《台湾：西太平洋的咽喉》一文介绍："经由马六甲海峡进入中国南海的石油运输量是途经苏伊士运河的 3 倍、巴拿马运河的 15 倍"，且"原油、液态天然气以及煤和铁矿砂占据了所运送物资的大部分"②。一旦发生运载原油、液态天然气的油轮海难事故，南沙群岛乃至整个南海海域的生态环境都会受到严重破坏。1978 年，美国石油公司"卡迪兹号"油轮在法国布列塔尼半岛（Brittany）的海岸处搁浅并断为两截。其溢漏的超过 160 万桶原油将当地海岸线几乎全部污染。1989 年，"埃克森·瓦尔迪兹号"超大型油轮在阿拉斯加州威廉王子海峡撞上岸礁，致使 1100 万加仑原油溢漏至该水域。这些漏油在事故发生二十年以后仍释放着毒素。

---

① 《海南省人民政府办公厅转发省林业局关于海南省 2006 年椰心叶甲防治工作方案的通知》（琼府办〔2006〕14 号）。

② 张茵：《台湾：西太平洋的咽喉》，《中国国家地理》2005 年第 4 期。

三、海南"全国生态文明建设示范区"建设发展中的生态风险防范措施

据 2015 年海南两会特别报道《张京红：海南健全突发重大自然灾害应急处置机制》，海南省政府极其重视自然灾害的应急组织设置，在应急管理方面的工作也取得了一定成效。但对照国际经验，在灾前预警、灾中抢险以及灾后恢复重建中仍存在一些问题。主要表现在：自然灾害应急处置专项法和应急预案体系不完善；应急管理体制尚未健全，各级政府部门之间缺乏协调性；自然灾害应急保障能力不足；自然灾害应对意识薄弱，应急处置宣传教育力度仍不够；灾后疾病防治与心理救助尚不到位；各种抗灾标准、工程设施的老化问题严重。针对这样一些问题，笔者认为，海南"全国生态文明建设示范区"建设发展路线图在实现的生态风险防范应主要从以下四个方面入手。

（一）生态风险防范的意识教育

自人类活动作用于自然以来，人类生存发展的生态风险是一直存在的。现代科技更是一把双刃剑，它在给人类带来福祉的同时，也使得人们对其后果的预测和监控变得越来越困难。任何技术都有其内在的缺陷，根据技术使用中的"墨菲法则"，凡是可能出岔子的就一定会出岔子，于是有学者认为：人类社会已经进入到了一个"风险社会"新阶段。

在风险社会里，专家因其专业性而比普通公众更能体认风险。为此，在参与科学决策或调研过程中，有义务将潜在的风险告知相关部门和公众。风险是未来取向的，"风险意识的核心不在于现在，而在于未来"[①]。风险意识是一种对未来的责任意识，我们不能等待其发生再对结果进行补救。重要的是首先提高防范意识、提高防范能力。

---

① ［德］乌尔里希·贝克：《风险社会》，何博闻译，译林出版社 2003 年版，第 34—35 页。

在海南"全国生态文明示范区"建设中，必须自觉把增强生态风险意识、防范意识、责任意识纳入生态文明建设的内容之中。生态风险防范人人有责，而专业人员和领导干部负有更重要的责任。中央强调生态环境损害对领导干部要"终身追责"，就是要求他们在加强生态文明建设中更加重视风险防范，动员全社会的力量去正确认识生态风险，自觉防范生态风险，积极应对生态风险，有效化解生态风险。此外，在加强生态风险防范意识教育中，也要强化科学意识和科学精神，如果缺乏"科学"二字，小事情也会惹出"大麻烦"，形成新的社会风险。

（二）生态风险防范的制度建设

王金南等认为："在国家层面考虑环境风险防控与管理，应重点围绕人体健康与生态安全，以全方位的视角统筹考虑环境风险防控与管理的主体、对象、过程以及区域等要素"，据此提出主体、对象、过程、区域"四维一体"的"国家环境风险防控与管理体系的概念"，"从政府、企业、公众的主体角度初步设计国家环境防控与风险管理制度的基本框架，主要包括政府环境风险管理制度、企业环境风险防控与应急管理制度、公众风险知情与自我防范制度3个部分"[1]。

海南省建设"全国生态文明示范区"应站在国家层面去思考风险防范问题，严格执行国家有关生态环境风险防控与管理的制度。同时也要结合自身需要，突出解决好海南的独特问题。如2003年的非典型性肺炎（SARS），国人谈之色变。广东是中国最早报告非典型肺炎病例的地区，也是感染者最多的地区。海南与广东是近邻，由于海南有效利用了海峡天然屏障，特别是对进出港人员实行严格科学管理，保证了海南全省无一例非典型性肺炎患者，使得海南"健康岛""生态岛"声名鹊起。再如，因严格执行台风预测

---

① 王金南等：《国家环境风险防控与管理体系框架构建》，《中国环境科学》2013年第1期。

预报预警制度，在 2014 年的台风灾害中，即使是威力最大的"威马逊"入侵海南，也保证了旅游客运零事故，而且大灾之后无大疫，没有发生继发性灾害。

海南省建设"全国生态文明示范区"，在建设生态文明和发展旅游业的同时，还在日常生活中严格执行动植物检疫制度、疫情报告和防治制度。1999 年，海南启动无规定动物疫病区建设；2009 年，无疫区建设率先通过国家验收。海南建设"无疫区"通过国家验收以来没有发生口蹄疫、高致病性禽流感、猪瘟、鸡新城疫（New Castle Disease）、高致病性猪蓝耳病（Porcine Reproductive and Respiratory Syndrome，PRRS）等重大动物疫病。进入 21 世纪以来，海南在疫情防治方面也颇见成效，以最为严重的"椰心叶甲"疫情为例。椰心叶甲是一种重大危险性外来有害生物，在原国家林业局公布的 19 种林业检疫性有害生物名单中位列第三，如果得不到有效防治，用不了几年椰子树将被毁光。为保证"至 2008 年有过半灾害从生物防治上得到根本控制，至 2011 年全省实现对椰心叶甲灾害的持续有效控制"，海南省人民政府办公厅转发省林业局《关于海南省 2006 年椰心叶甲防治工作方案的通知》，在利用寄生蜂防治上，列出了《2006 年椰心叶甲寄生蜂繁殖计划表》，要求从 7 月起天敌产量达到日产 100 万头。目前，椰心叶甲防治已经取得了胜利。

总之，海南生态风险防范的制度建设是比较靠前的。其中，1998 年出台《海南省防震减灾条例》；1999 年海南启动无规定动物疫病区建设；2008 年出台《海南省沿海防护林建设与保护规定》；2016 年出台《海南省生态保护红线管理规定》等，这些对海南的生态风险防范均具有里程碑式的意义。当然，生态风险防范的制度建设最终靠制度实施的效果来检验。由于海南省有"海""南""岛"的特性，使得生态灾害年年有，但一般的生态灾害不会毁掉整个海南的生态系统。出现重大生态风险时，各主管厅局必然处在第一线、省委省政府主要领导也必然亲自指挥，这是领导者责任和后来中共中央、国务院出台的关于损害生态环境"终身追责"制度使然。

（三）生态风险防范的基础设施建设

海南省生态风险防范的基础设施建设除了与内地省份基本一致的部分外，其应对热带海洋灾害的基础设施建设任务更为突出。截至 2009 年，海南省共有海洋观测站 9 个，海南岛沿岸 7 个，西沙永兴岛、南沙永暑礁各 1 个，且已有的观测站项目不齐全，潮位及波浪观测点严重不足，海啸浮标、X 波段雷达、海上油气平台观测还属空白。"相对于海南岛约 1822.8km 的海岸线以及省辖约 200 万 km² 的海域面积，观测点的数量远远不能满足海洋防灾减灾的需要。"① 因此，提高海洋预警公共服务能力，加强沿海海洋灾害防御基础设施建设，已是海南省创建"全国生态文明建设示范区"的迫切需要。

2016 年 9 月，为提高海洋预警公共服务能力，加强沿海海洋灾害防御基础设施建设，海南省海洋灾害预警应急体系建设——海洋观测站建设工程勘察设计成功地进行了第二次招标。2016 年 10 月，海南省生态环保厅出台了《海南省生态环境监测网络建设与改革方案》（2016 年 10 月 15 日）。依据存在的问题，《海南省生态环境监测网络建设与改革方案》在第三部分"建设任务"中安排了：（1）环境质量监测网络，包括环境空气质量监测、地表水环境质量监测、饮用水水源地水质监测、地下水水质监测、近岸海域环境质量监测、土壤环境质量监测、声环境质量监测、辐射环境质量监测；（2）生态系统监测，包括生态状况监测、生态保护红线区监测、热带生物多样性监测；（3）污染源监测，包括固定污染源监督性监测、移动污染源监测、重点污染源监管、重点排污单位自行监测；（4）监测信息共享和应用，包括构建全省统一的生态环境监测大数据平台、建立生态环境监测数据互联共享机制、增强生态环境监测大数据应用、统一发布生态环境监测信息；（5）生态

---

① 石海莹：《海南岛沿岸海洋灾害特征及防御对策》，《海洋开发与管理》2013 年第 12 期。

环境监测质量管理，包括健全质量管理制度、完善监测质量控制技术手段、强化监测质量监督监察、加强社会监测机构监管；（6）生态环境监测能力建设，包括环境质量自动站建设、辐射监测能力建设、污染源监管能力建设、生态系统监测能力建设、环境监测机构监测能力建设、信息化能力建设等。

《海南省生态环境监测网络建设与改革方案》的落实，有效解决了海南生态风险防范的基础设施建设不足的问题。到 2017 年，海南省已经实现了对重点港湾、主要养殖区、主要入海排污口周边海域、主要入海河流周边海域等区域的常年监测，"全省近岸海域海洋部门共布设监测站位 428 个，每年获取监测数据约 2.5 万个"①。

（四）生态风险防范的预演

从世界各国经验看，生态风险防范的平时演练针对性都很强。特别是要针对经常性灾难如火灾或一旦发生就代价极为惨痛的灾难，如核事故、地震等。对于火灾之类的日常性消防演练，世界各国都非常重视。海南的各企业、学校每年都会有消防官兵到现场示范并讲述消防知识。对于地震、核事故的演习，在地震灾害频繁发生的国家如日本，从小学生开始就有了经常性的演练；在有核能利用的国家，如俄罗斯、亚美尼亚、法国、日本、美国等，都有大规模的应急演习。

海南需要加强重大生态风险防范的主要方向在海洋灾害、核灾害和石化灾害。对于海洋灾害，由于海南从古至今一直在和海洋灾害做斗争，每一次海洋灾害都是一场实战，总结经验教训即可。而对于核灾害和石化灾害的风险防范演习则必须举行，以防患于未然。2016 年 10 月，东方八所港危险化学品码头装载石脑油的同一船舶 4 天内发生两次爆炸，安排 2 万多人撤离，加上因恐慌而逃离的民众，引起交通堵塞，笔者认为，东方市及其八所

---

① 《近年来我省多举措促海洋生态环境持续保持良好》，《海南日报》2017 年 8 月 25 日。

港缺乏应急处理经验是重要原因。东方石化城和洋浦开发区要引以为鉴，警钟长鸣，防微杜渐。

迄今为止，海南省规模最大、规格最高的一次生态风险防范演习是2015年4月的"海核–2015"联合演习。这次演练模拟昌江核电厂发生严重核事故后，海南省核应急组织按照应急预案和执行程序有序开展应急响应。在"海核–2015"联合演习过程中，从国家、省、儋州／昌江到核电厂共四级核应急指挥中心和12个核应急专业组指挥中心同时启动并展开响应行动。演习过程中对交通运输保障、舆情导向引导、放射性去污洗消、公众隐蔽撤离与安置、环境辐射监测、海上交通控制、气象观测、通信保障、应急物资保障、军队支援等内容均进行实战演练，时间持续3个小时。这可以称为海南生态风险防范预演的成功范例。

第五章　海南创建"全国生态文明建设示范区"的阶段性总结及政策建议

在海南生态省建设取得显著成就的基础上,《国务院关于推进海南国际旅游岛建设发展的若干意见》于 2009 年底发布。2013 年 4 月,习近平总书记视察海南时要求海南"以国际旅游岛建设为总抓手","争创中国特色社会主义实践范例,谱写美丽中国海南篇章"。其实质就是要把"争创中国特色社会主义实践范例"落脚在"全国生态文明建设示范区"上。"十二五"期间,海南省根据国家战略部署和习近平总书记要求,在生态文明建设方面"先行先试"取得了丰硕成果,积累了丰富经验,为 2020 年基本建成"全国生态文明建设示范区",2030 年全面建成"全国生态文明建设示范区"奠定了坚实基础。

第一节　海南创建"全国生态文明建设示范区"的主要成就

海南国际旅游岛与海南省在地域上是完全一致的。海南省"十二五"规划提出要在创建"全国生态文明建设示范区"上取得明显成效,即"单位地区生产总值能耗和主要污染物排放指标达到规定的要求，生态环境质量继续保持全国领先水平。坚持把建设资源节约型、环境友好型社会作为加快转变经济发展方式的重要着力点。深入贯彻节约资源和保护环境基本国策，节能减排，发展循环经济，坚持走绿色、低碳、可持续发展之路"①。截至 2015 年底，按照"十二五"规划要求，海南创建"全国生态文明建设示范区"达到预期目标；同时，2016 年海南"十三五"开局良好。因目前尚无统计数据支撑，所以本阶段性总结还不能按照笔者所设想的海南"全国生态文明建设示范区"评价指标体系去做。

一、"十二五""节能减排"约束性指标完成良好

国务院印发的《"十二五"控制温室气体排放工作方案》《"十二五"节能减排综合性工作方案》对海南安排的四项约束性指标分别是：耕地保有量——2010 年 1091 万亩，2015 年 1081 万亩，"十二五"期间负增长 1%；非化石能源占一次消费比重——2010 年 6.5%，2015 年 12%，"十二五"期间增长 5.5%；节能减排——化学需氧量、氨氮、二氧化硫、氮氧化物 4 项污染物排放量控制指标分别是：20.4 万吨、2.29 万吨、4.2 万吨、9.8 万吨，与 2010 年相比，化学需氧量、氨氮两项水污染物指标要求持平，二氧化硫、氮氧化物两项大气污染物指标分别上升 34.9%（全国削减 8 %）、22.3%（全国削减 11.1%）；森林增长——森林覆盖率 2010 年 60.2%，2015 年 60.2%，2015 年比 2010 年增长率为零；森林蓄积量 2010 年 1.24 亿立方米，2015 年 1.3 亿立方米，2015 年比 2010 年增长 0.06 亿立方米。

这四项约束性指标中，耕地保有量、非化石能源占一次消费比重和森林增长对海南而言都比较容易完成。主要原因在于海南可供开发置换的土地拥有量较多、核电投产和生态省建设以来有年均 1% 左右持续增长的森林覆盖率。

---

① 《海南省国民经济和社会发展第十二个五年规划纲要 》(2011 年 2 月 25 日海南省第四届人民代表大会第四次会议通过)。

这四项约束性指标中最艰巨的任务是节能减排。虽然国家给海南下达约束性指标时，把中国政府在国际场合所一贯坚持的"共同而有区别的责任"原则在国内政策层面给予了体现，但这并不意味着海南能轻松完成国家下达的约束性指标任务。原因在于国家下达生态环境建设约束性指标始于"十一五"，且以2005年为基数。当年海南人均GDP刚过万元关口，一个农业省只要上几个现代化工业项目，在GDP上去的同时单位生产总值二氧化碳和主要污染物排放就会急剧上升，这对海南现代化进程中的节能减排形成了严重制约。

"十二五"期间的2011—2013年，海南完成的节能降碳指标曾一度落后于国家规定的时间进度要求。据海南省统计局提供的经济普查前的经国家发改委审核过的统计数据：2011年海南省二氧化碳排放总量为3246.51万吨，万元GDP二氧化碳排放强度为1.4042吨，比2010年上升了2.38%，出现不降反升的情况。主要原因在于属高耗能行业的80万吨甲醇项目在东方市投产，大幅增加了当年海南全省能源消费总量；2012年海南省二氧化碳排放总量为3462.79万吨，万元GDP二氧化碳排放强度为1.3724吨，比2011年降低2.25%，但仍比2010年上升0.58%；2013年海南省二氧化碳排放总量为3651.90万吨，万元GDP二氧化碳排放强度为1.3175吨，比上年降低4.0%，比2010年降低3.94%，形势有好转。在国家发改委对各地"十二五"中期检查时，"十二五"前3年，海南省单位GDP二氧化碳排放强度指标的完成进度仅为35.8，指标完成进度远落后于时间进度，形成了在"十二五"期间完成"十二五"碳排放强度指标非常困难的局面。

按照《国务院办公厅关于印发2014—2015年节能减排低碳发展行动方案的通知》(国办发〔2014〕23号)要求，为确保全面完成海南"十二五"节能减排降碳目标，2014年10月，《海南省2014—2015年节能减排低碳发展行动方案》提出的工作目标要求是：2014年，海南全省单位GDP能耗同比下降2%，化学需氧量控制在19.83万吨、氨氮控制在2.34万吨、二氧化硫控制在 3.92 万吨、氮氧化物排放量控制在 10.1 万吨以内。2015 年，全省单位 GDP 能耗比 2010 年下降 10%，化学需氧量控制在 20.4 万吨、氨氮控制在 2.29 万吨、二氧化硫控制在 4.2 万吨、氮氧化物排放量控制在 9.8 万吨以内，单位 GDP 二氧化碳排放量比 2010 年下降 11%。2014—2015 年，全省能源消费总量增量控制在 220 万吨标准煤以内。

表 5-1　"十二五"海南省主要污染物排放总量控 w 制目标完成情况

（单位：万吨）

年度	化学需氧量（COD）			氨氮（NH3- N）			二氧化硫（SO₂）	氮氧化物（NOₓ）		
	小计	工业源+生活源	农业源	小计	工业源+生活源	农业源		小计	工业源+生活源	交通源
2010 年排放基数	20.4	9.2	11.2	2.29	1.37	0.92	3.1	8	5.22	2.78
"十二五"国家下达的减排目标值	20.4	9.2	11.2	2.29	1.37	0.92	4.2	9.8	/	/
2015 年实际排放量	18.79	8.87	9.92	2.1	1.26	0.84	3.2	8.9	6	2.9

资料来源："十二五"国家下达的减排目标值和 2010 年排放基数数据来源于《海南省 2014—2015 年节能减排低碳发展行动方案》附件；2015 年海南实际排放量数据来源于《2015 年海南省环境状况公报》。

由于国家约束性指标的刚性要求和省委省政府的高度重视，经过全省上下共同努力，到"十二五"结束时，海南省化学需氧量和氨氮两项水质指标年均比国家下达的计划任务下降 1 个百分点以上，二氧化硫和氮氧化物两项大气指标也逐年下降达标。"十二五"期间，全省 4 项污染物排放指标全部控制在国家下达的年度计划范围内，各年度减排指标任务圆满完成。特别是"十二五"收官之年，2015 年海南节能减排力度和效果是"十二五"时期最好的。据《2015 年海南省环境状况公报》："2015 年全省废水排放总量为 38568.19 万吨，比上年减少 2.0%……。废水污染物化学需氧量排放量 18.79 万吨，比上年减少 4.0%……；氨氮排放量 2.10 万吨，比上年减少 8.7%；"2015 年，全省工业废气排放总量为 2338.7 亿立方米，比上年减少 11.4%。全省二氧化硫排放量为 3.2 万吨，比上年减少 3.0%"[①]。较好地完成了"十二五"时期国务院下达的海南省的主要污染物排放总量控制目标。

二、"山清水秀""蓝天白云"的美丽品质得到保持

"十二五"期间，海南省开展了"绿化宝岛""矿山复绿""生态修复"三大行动工程，海南省国际旅游岛"山清水秀""蓝天白云"的美丽品质得到保持。据《2015 年海南省环境状况公报》和《2015 年海南省国民经济和社会发展统计公报》：海南省现有森林面积 3199 万亩，覆盖率为 62%，城市建成区绿化覆盖率为 38.5%，林木总蓄积量 1.51 亿立方米。有 28 处森林公园，总面积约 17.00 万公顷。其中国家级森林公园 9 处，面积约 11.80 万公顷（"海南兴隆侨乡国家森林公园"是 2013 年 10 月新增，面积 46666.67 公顷）；省级森林公园 17 处，面积约 5.10 万公顷。有自然保护区 49 个，自然保护区总面积 270.23 万公顷。其中国家级 10 个，面积 15.41 万公顷；省级 22 个，面积 253.40 万公顷。

表 5-2　海南省国家级自然保护区名录（截至 2015 年底）

序号	名称	所在市县	面积（公顷）	主要保护对象	类型	始建时间	主管部门
1	东寨港	海口	3337	红树林生态系统及珍稀水禽	海洋海岸	1980-01-03	林业
2	三亚珊瑚礁	三亚	8500	珊瑚礁及其生态系统	海洋海岸	1990-09-30	海洋

---

① 《2015 年海南省环境状况公报》，《海南日报》2016 年 6 月 5 日。

续表

序号	名称	所在市县	面积（公顷）	主要保护对象	类型	始建时间	主管部门
3	铜鼓岭	文昌	4400	珊瑚礁、热带季雨矮林及野生动物	海洋海岸	1983–01–01	环保
4	大洲岛	万宁	7000	金丝燕及其生境、海洋生态系统	野生动物	1987–08–01	海洋
5	大田	东方	1314	海南坡鹿及其生境	野生动物	1976–10–09	林业
6	霸王岭	昌江、白沙	29980	黑冠长臂猿及其生境	野生动物	1980–01–29	林业
7	尖峰岭	乐东、东方	20170	热带雨林和珍稀野生动植物	森林生态	1976–10–09	林业
8	吊罗山	陵水、保亭、琼中	18389	热带雨林	森林生态	1984–04–01	林业
9	五指山	琼中、五指山	13435.9	热带原始森林	森林生态	1985–11–01	林业
10	鹦哥岭	白沙、琼中、五指山、乐东、昌江	50464	热带雨林	森林生态	2014–12–13	林业

资料来源：原中华人民共和国环境保护部《全国自然保护区名录》(2013–09–26)；《国务院办公厅关于公布内蒙古毕拉河等21处新建国家级自然保护区名单的通知》(国办发〔2014〕61号)。

表5–3 海南省级自然保护区名录（截至2015年底）

序号	名称	所在市县	面积（公顷）	主要保护对象	类型	始建时间	主管部门
1	甘什岭	三亚	1715.46	无翼坡垒等珍稀植物	野生	1985–11–01	林业
2	琼海麒麟菜	琼海	2500	麒麟菜、江蓠、拟石花菜及其生境	野生植物	1983–04–28	海洋
3	会山	琼海	4462.4	热带季雨林生态系统	森林生态	1981–09–25	林业
4	儋州白蝶贝	儋州	29900	白蝶贝及海洋生态系统	野生动物	1983–04–28	海洋

序号	名称	所在市县	面积（公顷）	主要保护对象	类型	始建时间	主管部门
5	番加	儋州	3100	热带季雨林生态系统	森林生态	1981–09–25	林业
5	文昌麒麟菜	文昌	6500	麒麟菜、江蓠、拟石花菜、珊瑚及其生境	野生植物	1983–04–28	海洋
6	清澜	文昌	2948	红树林生态系统	海洋海岸	1981–09–25	海洋
7	茄新	万宁	7588	热带季雨林	森林生态	1981–09–25	林业
8	礼纪青皮林	万宁	991.93	青皮林	森林生态	1980–07–16	林业
9	六连岭	万宁	2745.47	热带季雨林	森林生态	1981–09–25	林业
10	南林	万宁	5775.26	热带季雨林	森林生态	1981–09–25	林业
11	尖岭	万宁	10898.73	热带季雨林	森林生态	1981–09–25	林业
12	上溪	万宁	11662.2	热带季雨林	森林生态	1981–09–25	林业
13	东方黑脸琵鹭	东方	1429	黑脸琵鹭及其生境	野生动物	2006–05–18	林业
14	猕猴岭	东方	12215.33	热带雨林、溶洞	森林生态	2004–07–23	林业
15	海南白蝶贝	临高	34300	白蝶贝及其生境、珊瑚礁生态系统	野生动物	1983–04–28	海洋
16	邦溪坡鹿	白沙	361.8	海南坡鹿及其生境	野生动物	1976–10–09	林业
17	保梅岭	昌江	3844.3	热带雨林	森林生态	2006–05–18	林业
18	佳西	乐东	8326.67	热带季雨林及海南粗榧、广东松、坡垒、青梅；蛇周雕、海南山鹧鸪、灰孔雀雉、山皇鸠	森林生态	1981–09–25	林业
19	南湾猕猴	陵水	1026	猕猴及其生境	野生动物	1976–10–09	林业

续表

序号	名称	所在市县	面积（公顷）	主要保护对象	类型	始建时间	主管部门
20	黎母山	琼中	11701	热带季雨林	森林生态	2004-07-23	林业
21	西南中沙群岛	三沙	2400000	海龟、玳瑁、虎斑贝、珊瑚礁、海鸟等	野生动物	1983-01-01	海洋
22	西沙东岛白鲣鸟	三沙	100	白鲣鸟及其生境	野生动物	1980-01-01	农业

资料来源：中华人民共和国环境保护部《全国自然保护区名录》（2013-09-26）。鹦哥岭省级自然保护区2013年12月晋升为国家级自然保护区。

目前海南全省有野生维管束植物4622种，占全国种类的15%，其中海南特有种491种系，48种被列为国家Ⅰ、Ⅱ级重点保护植物（第一批）。全省有陆栖脊椎动物660种，其中23种为海南特有，123种被列入国家一、二级重点保护野生动物，一级保护动物有海南坡鹿、海南黑冠长臂猿、云豹、巨蜥、海南山鹧鸪等18种。海南岛乃名副其实的植物"王国"，海南岛南部已经成为我国11个生物多样性关键地区之一和33个优先保护地区之一。据《海南日报》记者周晓梦《海南植物你知多少？两种"灭绝"植物在海南复活》一文介绍，历时24年，包含14卷图文，由海南大学杨小波教授等编撰的约1100万字的《海南植物图志》于2015年由科学出版社出版发行。在这本海南植物"字典"里，曾被《IUCN濒危物种红色名录》收录的两种灭绝植物"缘毛红豆""爪耳木"又出现在世人面前，它们分别在吊罗山和乐东被发现。《海南植物图志》提供了迄今为止海南最全的植物家谱图，这是以学术推动海南生态文明建设的一部力作。

"十二五"期间，海南实施节能技术改造和资源综合利用项目26个，完成国家下达的钢铁、造纸、水泥等落后产能淘汰率达100%，保持了海南的水环境和城镇环境空气质量总体优良。虽然2015年海南的空气质量比2010年略差一些，2010年全省环境空气质量优良天数比例为100%，2015

年优良天数比例为97.9%（其中有受省外雾霾扩散影响的原因）。但从全国来说，海南环境空气质量仍然位居前列。特别是冬天，长江以北大部分城市雾霾笼罩的时候，海南的空气质量优势更为明显。另据海口市生态环保局发布的《海口市环境状况公报》，"十二五"期间，海口空气质量连续五年居全国省会城市第一。2015年海口市环境空气质量优良率为98.3%，在原环保部公布的实施新空气质量标准的京津冀、长三角、珠三角区域及直辖市、省会城市和计划单列市等74个城市中，海口市环境空气质量排名也是第一。笔者根据《2010年海南省环境状况公报》《2015年海南省环境状况公报》内容制作了《海南省水环境和空气质量2015年与2010年的主要数据对照表》，表中所列举的9个项目中，可比较的项目7个，其中上升的有5项，湖库水质、城市（镇）环境空气质量这两项略有下降；不可比较的2项属新增项目，是基于监测内容的增加和技术手段的提升。

表5-4　海南省水环境和空气质量2015年与2010年的主要数据对照表

项目	2010年环境质量状况	2015年环境质量状况	评价
河流水质状况	全省河流水质总体优良，82.8%的监测河段水质达到或优于国家地表水Ⅲ类标准。	全省主要河流水质总体为优，监测的32条主要河流87个断面中，94.2%的监测断面水质达到或优于地表水Ⅲ类标准。	2015年比2010年上升
湖库水质状况	全省湖库水质总体优良，监测的18座大中型主要湖库中，松涛水库、大广坝水库、牛路岭水库等17个湖库水质达到或优于国家地表水Ⅲ类标准，占监测湖库总数的94.4%。	全省主要湖库水质总体良好，监测的松涛水库、大广坝水库、牛路岭水库等18座主要大中型湖库中，15座湖库水质达到或优于地表水Ⅲ类标准，占监测湖库总数的83.3%（湖山水库、石门水库和高坡岭水库水质仅符合Ⅳ类标准）。	2015年比2010年略有下降

项目	2010 年环境质量状况	2015 年环境质量状况	评价
饮用水源地水质状况	全省 18 个市县城市（镇）集中式生活饮用水地表水源地水质总体优良，监测的 24 个县城以上城市（镇）集中式饮用水地表水源地，绝大部分水源地水质达到或优于国家地表水Ⅲ类标准，符合国家集中式饮用水源地水质要求。	全省 18 个市县（不含三沙市）的城市（镇）集中式饮用水源地水质总体优良。监测的 29 个城市（镇）集中式饮用水源地年取水总量为 57974.22 万吨，取水量达标率为 100%，满足集中式饮用水源地水质要求。水质总体达标率 100%。	2015 年比 2010 年上升
近岸海域水质状况	全省近岸海域水质总体优良。海南岛近岸海域一、二类海水占 88.9%，西沙群岛近岸海域水质均为一类海水。	全省近岸海域水质总体为优。海南岛近岸海域 80 个监测点位中一、二类海水占 92.8%，西沙群岛近岸海域海水水质均为一类；97.1% 的功能区水质达到水环境功能区管理目标要求。	2015 年比 2010 年上升
地下水水质状况	全省地下水环境质量总体良好。主要盆地地下水水位呈基本稳定—下降状态。地下水水质总体良好，但局部地区存在点状"三氮"污染。	全省地下水环境质量总体良好。全省地下水水位变化主要表现为基本稳定—下降状态。地下水水质全省地下水水质总体良好。海口地区大部分地下水监测点位水质达到或优于地下水Ⅲ类标准。	2015 年比 2010 年略有上升
城市（镇）环境空气	全省环境空气质量优良，优良天数达到 100%。所有监测城市（镇）的空气质量均优于国家居住区要求的二级标准，仅海口市区、三亚市区、东方八所镇、昌江石碌镇受可吸入颗粒物影响，分别有 18.9%、3.3%、6.0%、66.5% 的监测日空气质量为二级。	全省环境空气质量总体优良，优良天数比例为 97.9%。全省 18 个市县（不含三沙市）除屯昌县有效监测天数不足，无法评价年度空气质量状况，其他 17 个市县空气质量均符合二级标准，空气质量优良天数比例范围为 95.5%—99.7%。	2015 年比 2010 年略有下降

项目	2010 年环境质量状况	2015 年环境质量状况	评价
大气颗粒物来源分析	无项目	海口市空气中细颗粒物（PM2.5）主要来源于机动车尾气、扬尘、工业生产、海盐粒子、燃煤和其他（油烟、生物质燃烧等），分担率分别为 27.0%、25.5%、13.7%、7.3%、0.8% 和 25.7%。三亚市空气中细颗粒物（PM2.5）主要来源于城市扬尘、机动车尾气、生物质源、工艺过程源和固定燃烧源，分担率分别为 74.1%、14.2%、5.4%、5.2% 和 1.1%。全省大气污染源排放中，机动车尾气和城市扬尘占比超过 50%，外来大气污染输入贡献比例均值为 41%。	2015 年比 2010 年技术手段上升
主要森林旅游区空气负离子浓度	霸王岭、尖峰岭、五指山、七仙岭、吊罗山、铜鼓岭等 6 个主要森林旅游区空气质量优良，空气负离子浓度，绝大多数超过 2100 个／立方厘米，大于世界卫生组织规定的清新空气的 1000—1500 个／立方厘米标准，对人体健康极有利。	霸王岭、尖峰岭、五指山、七仙岭、铜鼓岭、吊罗山、呀诺达、亚龙湾 8 个主要森林旅游区空气负离子年均浓度分别为 5049 个／立方厘米、4625 个／立方厘米、5933 个／立方厘米、5975 个／立方厘米、3759 个／立方厘米、5990 个／立方厘米、5735 个／立方厘米、5285 个／立方厘米，远超世界卫生组织清新空气 1000—1500 个／立方厘米标准，对人体健康极有利。	2015 年比 2010 年基本持平
大气降水	无项目	全省 18 个市县（不含三沙市）均开展城市（镇）大气降水监测。全省大气降水 pH 年均值为 6.15，酸雨率 4.1%，仅海口监测到酸雨。海口、三亚、东方、五指山等 4 个市县开展降水化学组分分析，降水中主要阳离子为钠离子和钙离子，分别占离子总当量 21.3% 和 12.0%；主要阴离子为氯离子和硫酸根，分别占离子总当量 30.9% 和 9.5%。与 2014 年相比，全省大气降水 pH 年均值基本保持稳定，酸雨率略有下降。	2015 年比 2010 年技术手段上升

资料来源：《2010 年海南省环境状况公报》《2015 年海南省环境状况公报》。

2016 年海南省的生态文明建设是在国家约束性指标没有及时下达的情况下进行的。"十三五"开局之年保持了海南 2015 年生态文明建设发展态势，在节能减排和生态环境质量上对照 2016 年 11 月 24 日《国务院关于印发"十三五"生态环境保护规划的通知》（国发〔2016〕65 号）所列 12 项约束性指标之后，当时的新任省委书记刘赐贵在中共海南省第七次党代会上很有底气地首次明确提出海南"生态文明建设领跑全国"。2016 年，"全省环境空气质量优良天数比例达 99.4%，提高 1.5 个百分点""'绿化宝岛大行动'完成造林 15.1 万亩""实现单位 GDP 能耗和工业增加值能耗双下降，全面完成国家下达的年度节能减排降碳目标"。[1] 进入 2017 年的第一天，海南成为全国唯一全境无霾的省份。

三、遍及城乡的生态文明示范创建活动成效显著

海南省的生态文明示范创建活动最早可追溯到 2000 年，海南以此为起点开展了全省范围持续至今的文明生态村创建活动。目前已经形成了文明生态村、小康环保示范村、美丽乡村、生态文明乡镇、卫生城市、文明城市等全国生态文明建设示范区系列创建活动。

海南国际旅游岛开始建设后，为全面落实创建"全国生态文明建设示范区"的战略目标任务，在《海南国际旅游岛建设发展规划纲要（2010—2020）》中单设"生态文明建设"一章，要求始终保持森林、大气和水体等生态环境质量指标在全国的领先地位，"努力把海南建设成为全国生态文明建设示范区和全国人民的四季花园"，并在"生态保护与建设工程"专栏提出六项任务。2014 年 6 月，中共海南省委六届五次全会专门部署了"创建生态文明示范区"行动。罗保铭强调，得天独厚的生态环境是海南科学发展的核心资源，也是全国人民的共同财富。全会要求通过全面深化环境保护体

---

① 刘赐贵：《政府工作报告——二○一七年二月二十日在海南省第五届人民代表大会第五次会议上》，《海南日报》2017 年 2 月 26 日。

制机制改革，建立完善资源资产产权和用途管制制度、资源有偿使用制度、生态补偿制度、生态保护红线管理制度，激发生态环境保护的动力和活力。

海南省积极推进生态文明示范创建系列活动，至 2015 年底累计建成 1 个环保模范城市（三亚市）、3 个国家级生态乡镇（琼中湾岭镇、琼海博鳌镇、三亚吉阳镇）、1 个国家级生态村（琼海文屯村）和 28 个省级生态文明乡镇、278 个省级小康环保示范村和 16448 个文明生态村。2016 年"全年创建文明生态村 822 个，全省总数达到 17270 个，占全省自然村的 80.7%。新建小康环保示范村 73 个，累计达到 351 个"①。2014 年万宁市、琼海市和 2015 年儋州市纳入"国家生态文明先行示范区"建设；2015 年三亚市和三沙市纳入"国家级海洋生态文明建设示范区"建设。2016 年，海口"双创"（创建"全国文明城市"和"国家卫生城市"）、三亚"双修"（城市修复、生态修补）、儋州"一创五建"（创建全国文明城市为统领，整体推进国家卫生城市、国家园林城市、全国双拥模范城、平安城市、创业创新城市建设）活动成效明显，特别是海口市的"双创"工作进入冲刺阶段，全省城乡的环境卫生也有了根本性的变化。在城镇污水处理方面，建设国际旅游岛之前，海南全省除了几座城市和县政府所在地之外，其他小镇几乎没有污水处理设施。到"十二五"末期全省 19 个市县有城镇污水处理设施 41 个，城镇污水集中处理率达到 80%，城市生活垃圾无害化处理率达到 94%，分别接近和超过《国务院关于加强城市基础设施建设的意见》（国发〔2013〕36 号）要求到 2015 年全国所有城市实现污水集中处理，"城市污水处理率达到 85%""设市城市生活垃圾无害化处理率达到 90% 左右"② 的目标。

海南生态文明建设走的是新形势下"农村包围城市"道路。遍及海南城乡的以"发展生态经济、建设生态环境、培育生态文化"为主要内容的各类文明生态村创建活动，集小钱办大事，极大地改变了农村面貌，夯实了生

---

① 《2016 年海南省国民经济和社会发展统计公报》（2017 年 2 月 10 日）。
② 《国务院关于加强城市基础设施建设的意见》（国发〔2013〕36 号）。

态文明建设的社会基础。据《2015 年海南省环境状况公报》，"十二五"以来，海南省计划推进 25 个特色风情小镇建设和 41 个省级美丽乡村试点建设，至 2015 年底，省级美丽乡村试点却建成了 181 个，接近原计划的 4.5 倍。现在海南农村，基本上告别了"脏乱差"。乡村生活垃圾，即使在经济发展最为落后的琼中、白沙，也实现了统一建设规模化垃圾处理场，辅之以覆盖全县的垃圾收集运输体系，形成了"村收集、乡（镇）运输、县处理"的生活垃圾处理模式。在乡（镇）运输环节一般采取公司承包方式。对农村生活污水，多数地方是通过建立人工湿地进行净化处理。特别是水源地，政府出资兴建的力度很大。2014 年，海南广播电视总台在省委宣传部、省文明办、省旅游委、省农业厅、省文体厅、省住建厅的指导下，主办了"寻找海南最美村镇"活动。笔者作为评委有幸到各参评单位考察鉴赏，感慨颇多。2015 年 1 月，海南广播电视总台举办了隆重的颁奖晚会，其"颁奖辞"大致反映出了海南最美村镇的面貌。

2014 海南十大最美小镇颁奖辞

琼海市博鳌镇：博文显学聚亚洲才俊，小雨纤柔风习习；鳌头独占汇三江入海，彩虹氤氲情依依。

琼海市潭门镇：鸟栖林中，看归帆舒而如云；鱼跃长空，观大洋蘧而如鳞。

海口市云龙镇：一根长枪，将军拔剑南天起；两径莲雾，琼崖舞袖淮山情。

白沙黎族自治县邦溪风情小镇：峰峦毓秀，山泉下尺飞如电；歌舞升平，哈黎销魂长桌情。

五指山市水满乡：苔枝缀玉，有翠禽小小篱边同宿；黎苗舞凤，似红萼盈盈同倚修竹。

万宁市兴隆华侨旅游经济区：昔南风来信家国万里，问我归期未；今物转星移阡陌春香，肴馔尚可馐。

澄迈县福山咖啡文化风情镇：寻清幽，黄花幽影月含羞；采凝香，玉纤香动小帘钩。

昌江黎族自治县七叉镇：花似海，木棉凝伫酥润凌波地；情如水，斗草溪根春梦笙歌里。

吊罗山森林旅游风情小镇：铜锣传声，苗王旧事流云有影；禽鸟折枝，野水孤舟老树无声。

海南省国营八一总场：景明洞幽，赏湖光山色，长岭几枝花似雪；风暖日迟，观旌旗红心，农庄千顷稼如云。

2014海南十大最美小镇颁奖辞在讴歌"田园"、记住"乡愁"中展示了一幅幅美轮美奂的山水画。在海口市云龙镇的颁奖辞中，还呈现出红色文化和绿色农业的结合。"将军"指领导琼崖革命"二十三年红旗不倒"的冯白驹将军；"淮山"指山药。云龙镇淮山以其粉性足、肉色白、质坚实、外形笔直饱满、香味独特，并含有丰富的蛋白质和硒等多种微量元素而享有盛名。2013年举办首届"海口云龙镇淮山文化节"以来，全镇的淮山种植面积达到6000多亩，淮山年产量1200多吨，年产值达到了8400多万元，为农民人均年增收4000元，属于绿色农业。

2014海南十大最美乡村颁奖辞

琼海市嘉积镇礼都文明生态村片区：礼义之都小桃枝，红粉腻绿娇如痴，芳草幽兰新果艳，隐映新妆凝胭脂。

海口市石山镇美社村：肇启盛唐百代兴，雕楼古堡叹伶仃，雷琼私语马鞍岭，光分鳌极话榔情。

白沙黎族自治县细水乡老周三村：暖絮乱红三月三，一水南渡淹牛山，草衣木食趋避世，竹亭有客醉窗间。

定安县岭口镇皇坡村：皇坡王气南建州，并树投怀远画楼，白鹭不知鸳鸯意，香魂一缕峰峦幽。

澄迈县金江镇美榔村：一声啼鸟树含羞，绿莎齐腰染沙洲，古道美椰堆翠岫，双塔传灯万古流。

琼中黎族苗族自治县红毛镇什寒村：天南幽境出什寒，平湖高峡意阑珊，琼浆欲饮羡美眷，林下仙草露溥溥。

儋州市木棠镇铁匠村：打铁出身何畏险，而今花梨绽新颜，儋歌一曲花亦语，蟾公不出函谷关。

万宁市长丰镇文通村：参差庭院小池塘，三径橘绿掩橙黄，黎锦欲趁神鸟翼，摇兜微惹澡兰香。

乐东黎族自治县佛罗镇丹村：渔村水驿隋堤树，新抽蒹葭聚微露，鱼舞白沙北望水，龙沐西湾向南渡。

文昌市东路镇葫芦村：采菊东篱何需秋，对饮荷塘白鹭洲，扁舟一叶博鱼笑，归去半醉倒骑牛。

比较"2014海南十大最美小镇"的颁奖辞以楹联的形式呈现，"2014海南十大最美乡村"的颁奖辞则以抒情诗的形式发布。由于最美乡村中古村落较多，所以颁奖辞中多有美丽的历史故事。如定安县岭口镇皇坡村的颁奖辞讲述的是元代怀王图帖睦尔流放海南时与青梅姑娘的爱情故事。图帖睦尔与当地峒主王官结下深厚友谊，在图帖睦尔回京登基成为皇帝"元文宗"后的第二年（天历二年，即1329年），"升定安县为南建州"，"以南建峒主知州事"[1]。图帖睦尔的居住地后来被当地人称为"皇坡村"。颁奖辞中"并树投怀远画楼"的"并树"，指的是该村两棵缠绵在一起的古榕树。据《琼州府志》记载：元文宗于至治间徙居琼州，时琼帅陈廉亨有侍女青梅，色艺甚美，文宗屡思得之，而竟不就。因赋诗云：自笑当年志气豪，手攀红杏寻金桃。滇南地僻无佳果，问著青梅价亦高。传说峒主王官得知图帖睦尔的心思后，出"三百银"成全了图帖睦尔，皇子图帖睦尔与青梅姑娘为见证爱情而种上两棵榕树，榕树长大后成了相互缠绕的鸳鸯体。

---

[1]　李勃：《海南岛历代建置沿革考》，海南出版社2005年版，第287页。

再如，澄迈县金江镇美榔村的颁奖辞讲述的是一个有着 800 多年历史由火山岩砌成的古村落的父爱故事。美榔村东南面有两座相距约 50 米的古塔——美榔姐妹塔，现为全国重点保护文物。据《正德琼台志》载，二塔为元代人陈道叙在长女出嫁、次女出家为尼后，为纪念两位爱女而建。美榔双塔旁边泉水叮咚，四周花草树木环绕，环境清幽怡静，游人身临其境，犹如步入一方净土。儋州市木棠镇铁匠村的颁奖辞讲述的是该村的变迁史。铁匠村在清朝时因"人人会打铁、户户有高炉"而得名，他们祖籍福建莆田，系陇西李氏后代，陇西在秦汉时期是著名的武将军人世家。20 世纪 80 年代，打铁产品被市场淘汰。铁匠村转行加工销售黄花梨手工艺品，从事花梨木手工艺品加工销售的作坊达 300 多家，2013 年销售最旺时全村总产值达 3.7 亿元，成功地实现了经济转型、脱贫致富。其颁奖辞中的"儋歌"指"儋州调声"，2006 年列入第一批国家级非物质文化遗产。

四、"绿色、循环、低碳"的新发展模式初步形成

"十二五"期间，海南省在生态环境质量继续保持全国领先水平的同时，经济发展较快较好。全省 GDP 增长、全省人均 GDP 增长情况与全国之比，改变了自生态省建设以来到建设国际旅游岛一路下滑的困境，恢复到 20 世纪 90 年代初的水准。特别是产业结构优化，财政预算收入有较大幅度增长，对海南国际旅游岛发展提供了必要的经济支撑。"十二五"期间海南地区生产总值的发展水平及在全国所占比重比"十一五"末期略有上升，见表 5-5。

表 5-5 海南省 2010—2015 年 GDP 增长状况表

年份	全国GDP 总量（亿元）	全国人均GDP（元）	海南GDP 总量（亿元）	海南人均 GDP（元）	海南 GDP总量占全国比重（%）	海南人均GDP 占全国比重（%）
2010	409803.0	30567	2064.50	23831	0.50	77.96
2011	484123.5	36018	2522.66	28898	0.52	80.23
2012	534123.0	39544	2855.54	32377	0.53	81.88
2013	588018.8	43320	3177.56	35666	0.54	82.33
2014	636138.7	46629	3500.72	38924	0.55	83.48
2015	676708.0	49351	3702.76	40818	0.55	82.71

资料来源：《中国统计年鉴》《海南省统计年鉴》《中华人民共和国 2015 年国民经济和社会发展统计
公报》《2015 年海南省国民经济和社会发展统计公报》。年鉴对各年度的国内生产总值在
2008 年经济普查后进行了修订；所有数据均按当年价格计算。

关于"十二五"期间海南省三次产业结构：据《中国统计年鉴 2015》
数据，2010 年海南地区生产总值 2064.50 亿元（首次突破 2000 亿元大关），
三次产业增加值排位首次由"三一二"结构转变为"三二一"结构。据
《2015 年海南省国民经济和社会发展统计公报》，2015 年海南地区生产总
值 3702.76 亿元。2015 年海南经济数据与海南国际旅游岛建设之初的 2010
年相比，主要特点是：（1）经济总量增加，海南地区生产总值 2015 年是
2010 年的 1.82 倍多；（2）发展速度减缓，海南地区生产总值 2010 年比上
年增长 15.8%，2015 年只比上年增长 7.8%，2015 年的增速仅为 2010 年的
一半，海南发展同全国一样步入"新常态"；（3）"三二一"三次产业结构
总体上没什么变化，但三次产业增加值占地区生产总值的比重 2015 年为
23.1：23.6：53.3，比 2010 年的 26.2：27.7：46.1 的结构进一步优化，
特别是第三产业比重增加了 7.2 个百分点，比 2015 年全国第三产业增加值
占国内生产总值比重 50.5% 高出 2.8 个百分点。

表 5-6　海南省 2015 年与 2010 年 GDP 增长和产业结构比较表

年份	海南省地区生产总值（亿元）	第一产业增加值（亿元）	第二产业增加值（亿元）	第三产业增加值（亿元）	三次产业结构比
2010	2064.50	539.83	571.00	953.67	26.2 ：27.7 ：46.1
2015	3702.76	855.82	875.13	1971.81	23.1 ：23.6 ：53.3

资料来源：《中国统计年鉴 2015》《2015 年海南省国民经济和社会发展统计公报》。

"十二五"期间海南"绿色、循环、低碳"发展方式初步形成的重要依据之一是经济发展较快且三次产业结构优化。还有一个在内涵上更为深刻的要素是"绿色产业化"和"产业绿色化"在三次产业发展中都得到了比较充分的体现。

从第一产业的发展看：生态农业发展迅速。海南岛南部海边——在日照强气温高的陵水、三亚、乐东等几个市县，吐鲁番的哈密瓜种在滩涂、盐碱地，昔日不毛之地如今瓜果飘香。特别是乐东黎族自治县丹村有一处 2000 亩哈密瓜大棚，属于"创新妇女哈密瓜种植专业合作社"。该合作社由 214 名妇女组成，自 2010 年以来社员年人均收入过 10 万元。海南岛中部山区——保亭、五指山、琼中、白沙四市县"林下经济"兴起，探索出了一条生态保护与经济发展双赢的绿色经济模式。海南岛中部山区属全国重点生态功能区，分布着全省六成多天然林。村民们利用林下空地和森林的荫蔽条件，种植灵芝、肉豆蔻、益智、牛大力等南药，发展蜜蜂、桑蚕、山鸡等不破坏天然林资源的养殖业；在荒坡地种植经济效益较高的珍贵树种——海南沉香、海南花梨、菠萝蜜；特别是白沙、五指山的茶叶种植，还发展出了白沙绿茶和五指山红茶等名牌产品。海南各城市周边——观光农业悄然兴起。如海口火山口的荔枝林、东寨港的红树林是市民们休闲观光与体验"农家乐""渔家乐"的好去处；文昌市葫芦村因种葫芦瓜而得名，一排排悬挂整齐的葫芦瓜与一颗颗千年古树比美，只会惹得游人"醉"。大多数城市周边的农村，或者说城乡接合部，其经济发展已经把农业经济与旅游经济紧密融合，难分彼此了。至于海南第一产业之中的林业，在人工林也不准随意砍伐的大政策之下，特别具有绿色GDP意义；海南的海洋渔业，虽然远海捕捞成本较高，且受菲律宾、越南等国的非法干扰，但更多的收获是在维护国家主权和海洋权益上所取得的成绩；近海养殖经济效益较高，但在绿色发展的大背景下，其发展规模也渐趋平稳。

从第二产业的发展看：海南的工业布局集中在海口和海南岛西部澄迈老城、洋浦、昌江、东方等沿海城镇，呈点状分布；通过重点发展油气化工、浆纸及纸制品、汽车和装备制造、矿产资源加工、新材料和新能源、制药、电子信息、食品和热带农产品加工八大支柱产业，工业经济得到快速发展的同时，单位工业增加值能耗降低，各项节能减排指标圆满完成。《2015年海南省国民经济和社会发展统计公报》显示："2015年全省单位工业增加值能耗2.4吨标准煤/万元，比上年下降0.56%；完成国家下达的'十二五'期间单位GDP能耗累计下降10%的目标任务。对海口电厂4、5号机组和东方电厂1号机组实施脱硝改造，对金海浆纸业3号锅炉实施脱硫脱硝改造，推进华盛水泥、华润水泥烟气脱硫项目建设。全面推行使用国五标准车用汽柴油，全年淘汰黄标车29977辆。全年全省化学需氧量、氨氮、二氧化硫、氮氧化物等四类主要污染物排放总量控制在国家规定的减排目标内。"[1]对于海南工业重点在发展油气化工，一些人不理解，认为发展油气化工与生态文明相悖。其实，生态文明建设离开了经济发展是不可持续的。而海南重点发展油气化工，恰恰是利用了南海油气资源优势，是用较少的环境代价获得最大经济收益的正确选择。海南省所管辖约2000万平方公里南海海域，石油地质储量在230亿—300亿吨之间，天然气蕴藏量约为15万亿立方米。这一巨大的资源优势加后发优势，不仅可以为中国未来一段时间提供新的能

---

① 《2015年海南省国民经济和社会发展统计公报》（2016年1月26日）。

源保障，同时也为海南国际旅游岛建设优化经济结构，不以工业主导但与全国工业文明发展同步，率先走向社会主义生态文明新时代奠定了天然的物质基础。

从第三产业的发展看：以旅游业为龙头的现代服务业发展完成预期目标。在海南第三产业的发展中，旅游业和房地产业的发展最快，对海南经济发展的贡献率最大。特别是旅游业上升到了服务业的龙头地位。海南省人大审议通过的《关于海南省 2015 年国民经济和社会发展计划执行情况与 2016 年国民经济和社会发展计划草案的报告》显示："2015 年海南接待国内外游客总人数 5335.7 万人次（旅游过夜人数 4492.09 万人次）、增长 11.4%，增速比全国高 1.4 个百分点，比预期高 1.4 个百分点；实现旅游总收入 572.5 亿元、增长 13.0%，增速比全国高 1.0 个百分点，完成预期目标。"一直饱受争议的房地产业，如王雄在《浅谈海南国际旅游岛背景下的房地产价格走势》中描述：国务院批准海南建设国际旅游岛之后，"海南房价同时也呈现前所未有的疯涨""仅在海南建设国际旅游岛获得国务院批准后的 5 天内，海南省商品房销售量就达到了 2008 年全年销售量的总和"。[①] 据海南搜房网数据监控中心数据，2010 年全年海南房地产销售价格为 8735 元/平方米，2010 年海南海口、三亚房价同比涨幅领跑全国，12 个月均稳居前 2 位。海南房地产价格不高但涨幅高，表明海南已经完全从过去房地产"一地鸡毛"的困境中解脱了出来。到"十二五"末，在全国房地产库存加大、隐患增多的情况下，海南房地产市场作为支撑海南发展的产业支柱之一，还表现得比较理性。虽然很多学者都认为房地产不应成为海南的支柱产业，但经济发展是不能违背规律的，海南房地产从支柱产业到非支柱产业的地位上的变化会有一个过程，这个变化过程的完成，就是"全面建成小康社会"和海南国际旅游岛建成之时。

---

① 王雄：《浅谈海南国际旅游岛背景下的房地产价格走势》，《现代经济信息》2010 年第 14 期。

第二节 海南创建"全国生态文明建设示范区"的基本经验

海南国际旅游岛"十二五"生态文明建设的基本经验，主要表现在：一是把"绿色崛起"作为海南经济社会发展的主题词。指导思想上始终坚持"在保护中发展，在发展中保护"；战略内涵上始终坚持"统一规划""产业振兴""生态立省""人民中心"；政策实施上始终坚持通过强化执行力促工作落实，"抓铁留痕"。二是以《海南生态省建设规划纲要》为基准推进生态功能区建设。在生态省建设中海南提出"中部生态护育区保护"[①]概念。在此基础上形成了《海南省主体功能区规划》《海南省总体规划纲要（2015—2030）》，其确定的生态功能区和生态红线与《海南生态省建设规划纲要（2005年修编）》的核心内容是一脉相承的。三是把生态文明建设与发展民生和生态扶贫结合起来。通过坚持绿色发展、绿色惠民，在海南经济发展还没有达到预期的情况下，海南居民的生活水平特别是重点生态功能区居民的生活质量得到了大幅度提升。四是以制度建设确保生态文明建设的连续性和严肃性，"一年接着一年干，一任接着一任干"。

一、坚定不移走"绿色崛起"之路

在海南生态省建设十年之后，国务院批复海南建设国际旅游岛之前两个月——2009年10月，笔者和陈为毅执笔，署名"海南省中国特色社会主义理论体系研究中心"的《建设国际旅游岛实现海南绿色崛起》，发表在《求是》杂志上。在这之后的2012年4月，中共海南省第六次党代会确定了《坚持科学发展实现绿色崛起为全面加快国际旅游岛建设而不懈奋斗》的大会主题。在全国第一个提出了"绿色崛起"这一经济社会发展的总战略和总

[①] 《海南生态省建设规划纲要》（1999年7月30日）。

目标，"绿色崛起"成为海南国际旅游岛经济社会发展的主题词。

继海南提出"绿色崛起"奋斗目标之后，2013 年，中共江西省委十三届七次全体（扩大）会议提出要奋力迈出"发展升级、小康提速、绿色崛起、实干兴赣"[①]的新步伐。这表明"绿色崛起"的追求不是一个孤立的现象，它所代表的是走向后工业时代的发展趋势和社会主义发展的价值取向。

海南坚定不移地走"绿色崛起"之路，在指导思想上始终坚持了"在保护中发展，在发展中保护"。这也是党中央国务院特别是党和国家领导人视察海南时所一再强调的。但在海南"十一五"所强调的"发展为先、发展为大、发展为重"，指导思想仍然是"在发展中保护，在保护中发展"。建设国际旅游岛之后，"在发展中保护，在保护中发展"在表述的顺序上改为"在保护中发展，在发展中保护"，对"发展"也特别强调是"科学发展"。2013 年 4 月，习近平总书记明确要求海南"以国际旅游岛建设为总抓手"，"争创中国特色社会主义实践范例，谱写美丽中国海南篇章"——更指出了海南"在保护中发展、在发展中保护"的目标和路径。"在保护中发展、在发展中保护"不是不要经济发展。不发展，保护没有本钱，会失去人民群众的支持。而不保护生态环境的发展是饮鸩止渴，所谓的发展也只能是"空中楼阁"。正确处理经济发展与环境保护的关系，就是要在两者之间找到平衡点，就是要把握好一个"度"。从当前来看，这个"度"的最低要求就是守住生态红线，走绿色发展道路；最高要求是实现"绿色崛起"，全面建成"全国生态文明建设示范区"，"谱写美丽中国海南篇章"。

海南坚定不移地走"绿色崛起"之路，在战略内涵上始终坚持了"统一规划"，坚持了"产业振兴"，坚持了"生态立省"，坚持了"人民中心"。对于绿色崛起的战略内涵和要求，海南省第六次党代会报告提了六个方面。根据"绿色发展"在海南的理论与实践及笔者观察，上述"四个始终坚持"

---

① 《发展升级、小康提速、绿色崛起、实干兴赣》，见 http://jiangxi.jxnews.com.cn/system/2013/07/23/012527711.shtml。

特色最为鲜明。海南以"全省整体"和"一盘棋"的视野，打破行政壁垒，统一了规划布局，形成了"一张蓝图绘到底"的绿色发展大格局；通过抓住国家扩大内需、消费升级、供给侧改革的有利时机，培育了一批支撑海南长远发展的龙头企业和产业集群，在 1000 万吨炼油、100 万吨纸浆、90 万吨造纸、140 万吨大颗粒尿素、140 万吨甲醇、15 万辆汽车产能的基础上大力发展太阳能光伏、特种玻璃、新型建材、软件信息、制药等新兴产业，提升了综合经济实力；注重发挥生态环境的综合效应和优越的区位条件、丰富的要素资源、国家赋予的经济特区和国际旅游岛的开放政策，主动对接"21世纪海上丝绸之路"和"海洋强国"战略，背靠 13 亿国人的消费大市场，形成了经济、政治、文化、社会、生态全面协调可持续发展的叠加效应；特别是海南的发展以人民为中心，在绿色发展中打造中外游客的度假天堂和海南人民的幸福家园，让全省和全国人民及时享受到国际旅游岛建设发展带来的实惠。海南居民的居住环境、交通条件、生活质量得到了明显提高，而其中许多实际性的提高是无法用 GDP 来衡量的。"要想身体好，常来海南岛""夏来长白山，冬去海南岛""夏来神农架，冬去海南岛"。中央频道播出的这一系列广告词，能从一个侧面反映出国人对海南岛绿色生活的认可。

海南坚定不移地走"绿色崛起"之路，在政策实施上始终坚持了通过强化执行力促工作落实"抓铁留痕"。早在筹备建设海南国际旅游岛时，中海油老总出身的省委书记卫留成，就多次在会上呼吁提高干部执行力，并买了《把信送给加西亚》一书送给干部们阅读。在 2009 年 3 月 10 日的 CCTV《小崔会客》栏目，崔永元与卫留成对话时，崔永元说："这是很简单的故事是吧，就是美西战争，美国、西班牙战争期间，一个叫罗文的上尉，总统交给他一个任务，要让他把信送到古巴，希望古巴的军队支持他们，联合跟西班牙作战，总统交给他的任务就是让他把信交给加西亚，他什么也没问就出发了，他居然就找到了加西亚把这个任务完成了，我觉得您的意思就是说，您说个大概，他们就知道下面该怎么干了，而不是老来问，也不是坐在办公室等，是这个意思吧。"卫留成说："当然这样更好了，你把事说明白能干成也好，也不错，我就怕你说明白了，甚至说了好几遍也没干成，这个就麻烦了。"[①] 在海南第六次党代会之后，继任省委书记罗保铭延续了这一要求。他说：习近平总书记教给我们三招：一是发扬"钉钉子"精神。对事关海南长远发展的大项目、难事、要事，拿出拼劲和韧劲，一抓到底。二是"马上就办"。对于急需解决而又能解决的事，以一天也不耽误的精神，高效高质组织落实。三是一张蓝图绘到底。保持工作连续性，功成不必在我，多干一些打基础、利长远、解民忧、惠民生的实事，一年接着一年干，一任接着一任干，咬定青山，善作善成。[②]

海南坚定不移地走"绿色崛起"之路，"十二五"期间海南 GDP 总量和人均 GDP 不仅摆脱了"十五""十一五"期间占全国比重不如建省办经济特区之初所占份额的窘境。而且，"评价经济增长不仅要看速度，更要看质量。'十二五'海南 GDP 年均增长 9.5%，高于全国平均水平 1.5 个百分点，并且这一速度是在严守生态底线、生态环境不断改善中取得的。2015 年，海南森林覆盖率达到 62%，比 2010 年提高 2 个百分点，比全国平均水平高出 37 个百分点；空气优良天数比例达到 97.9%，高于全国平均水平约 21.2 个百分点；2010—2015 年，海南单位 GDP 能耗降低 26.9%，降至每万元消耗 0.591 吨标准煤，为同期全国平均水平的 82.2%"[③]。

二、以《海南生态省建设规划纲要》为基准不断推进生态功能区建设

海南的主体功能区划分始于生态省建设。在《海南生态省建设规划纲要（2005 年修编）》的第四部分"生态环境保护与建设"中，将海南需要保

---

① 《卫留成：加强干部执行力》，CCTV《小崔会客》2009 年 3 月 10 日。
② 罗保铭：《身体力行"三严三实"》，《求是》2015 年第 12 期。
③ 迟福林：《以绿色崛起为主线的转型发展》，《海南日报》2016 年 11 月 30 日。

护的生态功能区分为四类：海洋生态圈保护、海岸生态圈保护、沿海台地生态圈保护、中部生态护育区保护。在"中部生态护育区保护"中，提出加强山区农业开发项目的环境管理，"杜绝各种毁林垦植，禁止在 25° 以上坡地、水土流失敏感地、水源涵养地、生物多样性保护廊道等生态敏感区进行垦植。对 25° 以下山坡地的垦植，要按等高线修筑梯田，采用林间间种的方式，并配套水土保持措施，防止水土流失"。同时，2005 年 5 月 27 日《海南省人民代表大会常务委员会关于批准〈海南生态省建设规划纲要（2005 年修编）〉的决定》中提出，"要集中工业布局，严格控制和防治工业污染。对影响可持续发展的重大问题，要加大监督和整治力度"。在国家出台全国主体功能区之前，大致勾勒出了海南主体功能区的轮廓。

《国务院关于印发全国主体功能区规划的通知》下发后，海南省于 2011 年开始了海南省主体功能区规划的起草工作。海南省主体功能区规划的起草与全国各省市区同步，但《海南省人民政府关于印发海南省主体功能区规划的通知》直到 2013 年 12 月才下发。该《通知》指出："《规划》是我省国土空间开发的战略性、基础性和约束性规划。编制实施《规划》，是担负起争创社会主义实践范例、谱写美丽中国海南篇章的战略使命，是实现科学发展、绿色崛起、度假天堂和幸福家园海南梦的重大举措"，而采取了一种谨慎的态度。

海南省主体功能区规划出台时间较晚，不等于没有规矩。海南以《海南生态省建设规划纲要（2005 年修编）》为基准推进主体功能区建设，在生态功能区建设方面一路前行、不断完善。特别是在《海南国际旅游岛建设发展规划纲要（2010—2020）》第三章"空间布局"中，规划了"东、南、西、北、中、海"六个组团。其中，中部组团包括五指山、琼中、屯昌、白沙四市县，强调要"处理好保护与开发的关系"。所谓"开发"也只是"在加强热带雨林和水源地保护的基础上，积极发展热带特色农业、林业经济、生态旅游、民族风情旅游、城镇服务业、民族工艺品制造等"。随后，在

《海南省国民经济和社会发展第十二个五年规划纲要》第四章的"区域协调发展"一节里，更明确提出"扶持中部生态功能区建设。在实施中部市县农民增收三年计划的基础上，编制和实施中部生态功能区建设规划"；"以生态建设和环境保护为首要任务，实施生态补偿政策，增强水源涵养、维护生物多样性的能力"；"使中部地区成为生态环境优美、特色产业发达、农民共同富裕的全国重要生态功能区"。

到 2013 年，《海南省主体功能区规划》依据《全国主体功能区规划》对海南的要求，在《海南生态省建设规划纲要（2005 年修编）》的基础上，将海南岛中部山区热带雨林生态功能区作为生物多样性维护型，涵盖五指山、保亭、琼中、白沙 4 个市县，列入国家重点生态功能区。把当时海南的东寨港、三亚珊瑚礁、铜鼓岭、大洲岛、大田、霸王岭、尖峰岭、吊罗山、五指山等 9 个国家级自然保护区，三亚热带海滨风景名胜区，尖峰岭、蓝洋温泉、吊罗山、海口火山、七仙岭、黎母山、霸王岭以及儋州的海上国家森林公园 8 个国家森林公园，列入禁止开发区域名录。

到 2015 年，沿着《海南生态省建设规划纲要》发展而来的《海南省发展总体规划（2015—2030）纲要》，作为"多规合一"的标志性成果，是一个生态文明主导的以"绿色崛起"为主题词的海南中长期发展纲要。坚持"生态立省"，要求"生态文明建设领跑全国"，这是一种无论海南省委省政府领导人如何换届变动，唯"谱写美丽中国海南篇章"不变所凝成的"脚踏实地、锲而不舍、抓铁留痕"的奋斗精神。

三、把生态文明建设与发展民生结合起来

"建设生态文明，关系人民福祉，关乎民族未来。"[①] 良好的生态环境是最公平的公共产品、最普惠的民生福祉，也是实现"共同富裕"的新途径。

---

① 《习近平谈治国理政》，外文出版社 2014 年版，第 208 页。

把生态文明建设与发展民生结合起来,首先要坚持绿色发展,做到绿色惠民。为老百姓提供干净水、清新空气、安全食品、优美环境,关系到最广大人民的根本利益和中华民族发展的长远利益。最鲜明的对比是当北京、天津乃至整个华北雾霾一片,飞机不能起降时,海南的生态环境则成了提升生活质量的最普惠的民生福祉。同时,海南经济社会的绿色发展和协调发展,使海南居民特别是居住在重点生态功能区居民的生活质量得到了大幅提升。以此前以"一穷二白"著称的琼中、白沙为例,扶贫过程中的农房改造,新农村建设中"富美乡村""美丽乡村"建设等,极大地改变了山区面貌。2016年1月6日,在琼中县委的工作报告中有这样一个结论:"十二五"期间,该县每年主要经济指标均高于全省平均水平,农民收入增幅连续五年居全省第一。人民网"海南视窗"2016年3月22日则报道了这样一则信息:《白沙"十二五"盘点:GDP年均增长9.5% 64亿惠民生》。按照海南全省每年财政支出70%以上用于改善民生的要求,白沙黎族自治县财政民生支出5年累计64亿元,是"十一五"时期的2.9倍。从全省情况看,海南发展民生的形式也是丰富多彩的。大规模基础性建设投资特别是路、光、电、气、水"五网"建设,极大地改善了全省交通、通信和生产生活条件。与居民和游客息息相关的通信网络几乎全岛覆盖,有路的地方就能保持通信畅通;日常出行,环岛高铁、环岛高速,加上国道、省道和四通八达的由水泥路面和柏油路面组成乡村公路网、自行车小道、行人绿道,在极大方便游客的同时,也方便了在田间地头劳作与开展商务活动的农民。

其二,中央转移财政支付和专项扶持,成为改善民生的重要经费来源。2015年,本课题组到海南岛中部热带雨林生态功能区实地调研时发现,各民族县市每个财政年度的财政收入在2亿元左右,而财政开支都在10亿元以上,这中间巨大的资金缺口怎么解决?我们在请教各民族地区县市财政局局长时,他们都说主要是靠中央财政转移支付和专项建设经费扶持。据《海南省2015年预算执行情况和2016年预算草案的报告》,2015年海南全省一般公共预算总收入 1535.3 亿元。其中，地方一般公共预算收入 627.7 亿元；债务收入 164.8 亿元；中央补助等转移性收入 742.8 亿元。2015 年中央补助等转移性收入约占海南全省一般公共预算总收入的 48%。

其三，加大生态补偿，发展生态经济，增强了重点生态功能区的自我"造血"功能。过去重点生态功能区属穷乡僻野，没有条件发展。现在由于交通通信等基础设施得到根本性改善，在沿海地区开发空间缩小的情况下，重点生态功能区成为了开发商追求的"香饽饽"。生态文明建设要求禁止开发重点生态功能区，而重点生态功能区内的老百姓需要追求公平和幸福。在矛盾纠葛面前，海南在全国率先建立起逐年增长的生态补偿投入机制，对重点生态功能区的经济补偿标准不断提高。目前，国家级公益林每亩每年补偿 24 元；省级生态公益林的补偿标准从 2011 年每亩 17 元提高到 2015 年每亩 23 元，补偿标准虽然略低于国家标准，但仍处于全国前列。此外，三亚、保亭、琼中、五指山等市县也陆续开展探索实施生态直接补偿政策，每年从市县财政预算中安排森林生态效益补偿资金，对重点生态公益林区试点乡村居民按每人每年 300 —396 元不等的标准进行直接补偿。同时针对"十二五"期间海南中部山区经济"老三样"——橡胶、甘蔗、水稻价格下滑致山区发展步入困局的特定情况，大力发展生态经济，使生态功能区在保护生态环境的同时，农民的实际收益并没有降低。以橡胶为例：海南岛是我国天然橡胶这一战略物资的主产地。天然橡胶价格受世界经济波动和东南亚橡胶产量的影响，从 21 世纪初干胶价格为 8000 元 / 吨，2010 年高涨至40000 元 / 吨，2012 年又跌至 10000 元 / 吨。2016 年全年干胶价格为 12500 元 / 吨，而当年生产成本民营为 14000 元 / 吨左右，农垦系统为 15000 元 / 吨左右。"过山车"式的价格的急剧变化，使胶农不知所措。针对这些直接影响农民收入的问题，各地政府积极采取措施，大力发展生态经济特别是林下经济，如琼中桑蚕"落户"，五指山山鸡"进城"，白沙绿茶享誉全国等。特别是南药种植，白沙青松乡以打造"南药之乡"为抓手，动员群众在林下间种南药益智，目前全乡种植面积达到 1.1 万亩，可收获面积 4000 亩，仅此一项就可以为全乡农民年增收 600 多万元。

最后，以必要的科技文化和资金支持推动生态文明建设与扶贫奔小康紧密结合，坚持"全面建成小康社会不落下一个海南百姓"[①]。"小康不小康，关键看老乡"是习近平总书记 2014 年博鳌会议期间在海南农村考察说的一句经典名言。小康的前提是脱贫。海南省通过扶贫与扶志、扶智相结合的精准扶贫，计划在 2020 年之前全面完成 5 个国定贫困县摘帽任务。2017 年 12 月白沙黎族自治县被列为海南省唯一的深度贫困县。2020 年 2 月，海南省政府召开新闻发布会，正式宣布白沙等市县退出贫困县序列。一是扶贫先扶智。"十二五"以来，发展山区、少数民族地区的生产不再是仅仅把猪仔、树苗、种子送到农家，而是通过送科技文化下乡，选派村第一书记、村民小组第一党小组长，发挥农村能人和乡贤的示范作用等形式，提高农民的科技文化素养，让其开阔眼界长志气。二是提供基本公共保障。在将城镇居民医保和新农合财政补助标准从每人每年 320 元提高到 380 元的同时，2015 年全省农村居民与城镇居民养老保险补助标准从 2014 年的 120 元、130 元统一提高到每人每月 145 元，实现了全省城乡同制度、同待遇。三是让下一代接受更好的教育。免除义务教育阶段学生杂费、课本费，向当时的贫困市县以及其他民族乡镇农村小学教师每月发放 300 元生活补助；在改善义务教育薄弱学校办学"硬件"的同时，从全国引进优秀校长和学科骨干教师以提升整体办学实力，实现均衡发展。四是落实各项强农惠民政策。仅 2015 年，就拨付农资综合补贴等 12 项惠农补贴资金 16.7 亿元、农业综合开发资金 6.6 亿元，支持黑山羊、桑蚕等优势特色产业发展资金 3.1 亿元，奖励农业品牌建设资金 1 亿元。还特别拨付了精准扶贫资金 3.2 亿元，支持贫困人口 8.6 万人脱贫；拨付了农民小额贷款贴息资金 1.1 亿元，撬动贷款 62.7 亿

---

① 刘赐贵:《凝心聚力 奋力拼搏 加快建设经济繁荣社会文明生态宜居人民幸福的美好新海南——在中国共产党海南省第七次代表大会上的报告》(2017 年 4 月 25 日)。

元。这使得山区老乡的生活有了奔头。2016 年 12 月初，笔者到万宁市调研时，其市委宣传部的主要领导还提出了扶贫工作要增加家风建设的问题，不能让政府的扶贫政策养成"等靠要"家风，培养出"穷二代"；而是要首先培养他们"劳动光荣""勤劳致富"的志气和技能。

四、以制度建设确保生态文明建设的严肃性和持续性

海南省是最早开展生态省建设、最早出台"生态省建设纲要"的省份，海南省也是最早在地方性法规中确定生态保护核心区划定方案和明确建立生态补偿机制的省份之一。海南国际旅游岛建设以来，海南对生态文明建设的规划更是全面而深刻的。在国家法制建设的推动下，2010 年 1 月至 2018 年 4 月，以海南省人大常委会、海南省人民政府、海南省人民省政府办公厅名义公布的关于生态文明建设的文件多达百余种。经搜索海南省人民政府网、海南省人大常委会《公告》《110 法律咨询法规库》等，现将可以检索到的以海南省人民政府、海南省人大常委会名义发布的关于生态文明建设的主要法规制度文件，截至 2018 年 4 月海南建省办经济特区 30 周年，汇总如下：

1.《海南省人民政府贯彻国务院关于推进海南国际旅游岛建设发展若干意见加快发展现代服务业的实施意见》(琼府〔2010〕1 号)；

2.《太阳能热水系统建筑应用管理办法》(2010 年 1 月 11 日五届海南省人民政府第 44 次常务会议审议通过)，海南省人民政府令第 227 号；

3.《海南省人民政府关于建立土地执法共同责任制度的通知》(琼府〔2010〕6 号)；

4.《海南省人民政府关于印发海南省确保实现"十一五"节能减排目标 2010 年工作方案的通知》(琼府〔2010〕45 号)；

5.《海南省人民代表大会常务委员会关于贯彻落实〈海南国际

旅游岛建设发展规划纲要〉的决议》(2010 年 7 月 31 日海南省第四届人民代表大会常务委员会第十六次会议通过);

6.《海南省人民政府关于修改〈海南省植物检疫实施办法〉等 38 件规章的决定》(2010 年 8 月 23 日第五届海南省人民政府第 52 次常务会议审议通过),海南省人民政府令第 230 号;

7.《海南省人民政府关于低碳发展的若干意见》(琼府〔2010〕82 号);

8.《海南经济特区农药管理若干规定(2010 修订)》(海南省第四届人民代表大会常务委员会第十六次会议于 2010 年 7 月 31 日修订通过),海南省人大常委会公告第 48 号;

9.《海南省人民政府关于禁止在海南琼中抽水蓄能电站工程占地和淹没区新增建设项目和迁入人口的通告》(琼府〔2011〕39 号);

10.《海南省人民政府关于全面加强村镇环境卫生整治工作的通知》(琼府〔2011〕49 号);

11.《海南省公共厕所管理办法》(2011 年 10 月 25 日第五届海南省人民政府第 69 次常务会议审议通过),海南省人民政府令第 234 号;

12.《海南省人民政府关于进一步加强城市生活垃圾处理工作的实施意见》(琼府〔2011〕72 号);

13.《海南省人民政府关于进一步加强乡镇国土环境资源管理所规范化标准化建设的意见》(琼府〔2011〕77 号);

14.《海南省人民政府关于进一步加强填海造地项目管理的意见》(琼府〔2011〕81 号);

《海南省红树林保护规定》(2011 年 7 月 22 日海南省第四届人民代表大会常务委员会第二十三次会议修订),海南省人大常委会公告第 78 号；

15.《海南省人民政府关于印发海南省"十二五"节能减排总体实施方案的通知》(琼府〔2012〕25 号)；

16.《海南省公益林保护建设规划 2010 —2020》(琼府〔2012〕43 号)；

17.《海南省人民政府关于进一步加强地质灾害防治工作的意见》(琼府〔2012〕47 号)；

18.《海南省人民政府关于 2011 年度节能工作考核情况的通报》(琼府〔2012〕49 号)；

19.《海南省人民政府关于海南省海洋环境保护规划（2011—2020 年）的批复》(琼府函〔2012〕108 号)；

20.《海南省无规定动物疫病区管理条例》(海南省第四届人民代表大会常务委员会第三十次会议于 2012 年 5 月 30 日修订通过)，海南省人大常委会公告第 97 号 ；

21.《海南省气象灾害防御条例》(海南省第四届人民代表大会常务委员会第三十二次会议于 2012 年 7 月 17 日通过)，海南省人大常委会公告第 101 号；

22.《海南省环境保护条例》(海南省第四届人民代表大会常务委员会第三十二次会议于 2012 年 7 月 17 日修订通过)，海南省人大常委会公告第 102 号；

23.《海南省矿产资源管理条例》(海南省第四届人民代表大会常务委员会第三十四次会议于 2012 年 9 月 25 日通过)，海南省人大常委会公告第 103 号；

24.《海南经济特区森林旅游资源保护和开发规定 》(海南省第四届人民代表大会常务委员会第三十五次会议于 2012 年 11 月 27 日通过)，海南省人大常委会公告第 106 号；

25.《海南省人民政府关于印发海南省国土海域岸线森林和水资源等重点领域突出问题专项治理工作方案的通知》(琼府〔2013〕13号);

26.《海南省人民政府关于印发海南省乡村环境卫生综合整治工作实施方案(2013—2015年)的通知》(琼府〔2013〕62号);

27.《海南省人民政府关于印发海南省主体功能区规划的通知》(琼府〔2013〕89号);

28.《海南经济特区海岸带保护与开发管理规定》(海南省第五届人民代表大会常务委员会第一次会议于2013年3月30日通过),海南省人大常委会公告第1号;

29.《海南省饮用水水源保护条例》(海南省第五届人民代表大会常务委员会第二次会议于2013年5月30日通过),海南省人大常委会公告第4号;

30.《海南省人民政府关于印发海南省大气污染防治行动计划实施细则的通知》(琼府〔2014〕7号);

31.《海南省气象台站探测环境保护规定》(2014年2月20日六届海南省人民政府第17次常务会议修订通过),海南省人民政府令第251号;

32.《海南省人民政府关于深化小型水库管理体制改革的指导意见》(琼府〔2014〕27号);

33.《海南省人民政府关于落实最严格耕地保护制度严守耕地保护红线的通知》(琼府〔2014〕42号);

34.《海南省人民代表大会常务委员会关于修改〈海南经济特区林地管理条例〉的决定》(海南省第五届人民代表大会常务委员会第八次会议于2014年5月30日通过),海南省人大常委会公告第25号;

35.《海南省人民代表大会常务委员会关于修改〈海南经济特区土地管理条例〉的决定》(海南省第五届人民代表大会常务委员会第十次会议于 2014 年 9 月 26 日通过)，海南省人大常委会公告第 32 号；

36.《海南省人民政府关于严格规范土地一级开发管理的通知》(琼府〔2015〕28 号)；

37.《海南省人民政府关于进一步加强新时期爱国卫生工作的实施意见》(琼府〔2015〕49 号)；

38.《海南省人民政府关于印发海南省海岸带保护与开发专项检查方案的通知》(琼府〔2015〕55 号)；

39.《海南省人民政府关于印发海南省城镇内河（湖）水污染治理三年行动方案的通知》(琼府〔2015〕74 号)；

40.《海南省人民政府关于推广使用国 V 标准车用汽柴油的通告》(琼府〔2015〕75 号)；

41.《海南省总体规划（2015—2030）纲要》(海南省人民政府 2015 年 9 月原则通过；《海南日报》刊发了内容摘要)；

42.《海南省人民政府关于加快转变农业发展方式做大做强热带特色高效农业的意见》(琼府〔2015〕109 号)；

43.《海南省人民政府关于印发海南省水污染防治行动计划实施方案的通知》(琼府〔2015〕111 号)；

44.《海南省人民政府关于禁止在南渡江迈湾水利枢纽工程建设征地范围内新增建设项目和迁入人口的通告》(琼府〔2016〕3 号)；

45.《海南省人民政府关于印发海南省推行环境污染第三方治理实施方案的通知》(琼府〔2016〕10 号)；

46.《海南省人民政府关于印发海南省美丽乡村建设五年行动

计划（2016-2020）的通知》（琼府〔2016〕18号）；

47.《海南省人民政府关于印发海南省大气污染防治实施方案（2016—2018年）的通知》（琼府〔2016〕23号）；

48.《海南省人民政府关于印发海南省区域主要污染物总量控制预警管理办法的通知》（琼府〔2016〕24号）；

49.《海南省人民政府关于大力推广应用新能源汽车促进生态省建设的实施意见》（琼府〔2016〕35号）；

50.《海南省人民政府关于禁止在北门江天角潭水利枢纽工程建设征地范围内新增建设项目和迁入人口的通告》（琼府〔2016〕38号）；

51.《海南省人民政府关于印发深入推进六大专项整治加强生态环境保护实施意见的通知》（琼府〔2016〕40号）；

52.《海南省人民政府关于印发海南省林业生态修复与湿地保护专项行动实施方案的通知》（琼府〔2016〕77号）；

53.《海南省人民政府关于印发海南经济特区海岸带保护与开发管理实施细则的通知》（琼府〔2016〕83号）；

54.《海南省人民政府关于划定海南省生态保护红线的通告》（琼府〔2016〕90号）；

55.《海南省人民政府关于"十二五"和2015年度节能目标责任评价考核结果及表彰的通报》（琼府〔2016〕119号）。

56.《海南省人民代表大会常务委员会关于修改〈海南省环境保护条例〉的决定》（海南省第五届人民代表大会常务委员会第三十一次会议于2017年7月21日通过），海南省人大常委会公告第94号；

57.《海南省人民代表大会常务委员会关于修改〈海南省城乡容貌和环境卫生管理条例〉的决定》（海南省第五届人民代表大会

常务委员会第三十二次会议于 2017 年 9 月 27 日通过），海南省人大常委会公告第 99 号；

58.《海南省人民代表大会常务委员会关于修改〈海南省南渡江生态环境保护规定〉的决定》(海南省第五届人民代表大会常务委员会第三十二次会议于 2017 年 9 月 27 日通过），海南省人大常委会公告第 101 号；

59.《海南省人民代表大会常务委员会关于修改〈海南省万泉河流域生态环境保护规定〉的决定》(海南省第五届人民代表大会常务委员会第三十二次会议于 2017 年 9 月 27 日通过），海南省人大常委会公告第 102 号；

60.《海南省人民代表大会常务委员会关于修改〈海南经济特区水条例〉的决定》(海南省第五届人民代表大会常务委员会第三十二次会议于 2017 年 9 月 27 日通过），海南省人大常委会公告第 103 号；

61.《海南省人民代表大会常务委员会关于修改〈海南省松涛水库生态环境保护规定〉的决定》(海南省第五届人民代表大会常务委员会第三十二次会议于 2017 年 9 月 27 日通过），海南省人大常委会公告第 104 号；

62.《海南省人民代表大会常务委员会关于海南省大气污染物和水污染物环境保护税适用税额的决定》(海南省第五届人民代表大会常务委员会第三十三次会议于 2017 年 11 月 30 日通过），海南省人大常委会公告第 108 号；

63.《海南省人民代表大会常务委员会关于修改〈海南省红树林保护规定〉等八件法规的决定》(海南省第五届人民代表大会常务委员会第三十三次会议于 2017 年 11 月 30 日通过），海南省人大常委会公告第 109 号；

64.《海南省水污染防治条例》(海南省第五届人民代表大会常务委员会第三十三次会议于 2017 年 11 月 30 日通过),海南省人大常委会公告第 107 号;

《海南省人民政府关于公布新核准的海南岛沿岸 14 个岸段警戒潮位值的通告》(琼府〔2017〕17 号);

65.《海南省人民政府关于同意海南清澜红树林省级自然保护区罗豆分区范围和功能区划调整的批复》(琼府函〔2017〕22 号);

66.《海南省人民政府关于印发海南省美丽乡村建设三年行动计划(2017–2019)的通知》(琼府〔2017〕23 号);

67.《海南省人民政府关于印发海南省土壤污染防治行动计划实施方案的通知》(琼府〔2017〕27 号);

68.《海南省人民政府关于印发海南省固定资产投资项目节能审查实施办法的通知》(琼府〔2017〕47 号);

69.《海南省人民政府关于印发海南省"十三五"节能减排综合工作实施方案的通知》(琼府〔2017〕51 号);

70.《海南省人民政府关于以发展共享农庄为抓手建设美丽乡村的指导意见》(琼府〔2017〕65 号);

71.《海南省人民政府关于 2016 年度能源消耗总量和强度"双控"目标责任评价考核结果的通报》(琼府〔2017〕87 号);

72.《海南省人民政府关于开展第二次全国污染源普查工作的通知》(琼府〔2017〕98 号);

73.《海南省人民政府关于健全生态保护补偿机制的实施意见》(琼府〔2017〕101 号);

74.《海南省人民政府关于印发海南省"十三五"控制温室气体排放工作方案的通知》(琼府〔2018〕17 号)。

上述法规文件中,《海南省人民代表大会常务委员会关于修改〈海南省红树林保护规定〉等八件法规的决定》包括了《海南省红树林保护规定》《海南省无规定动物疫病区管理条例》《海南省城镇园林绿化条例》《海南省实施〈中华人民共和国水土保持法〉办法》《海南省饮用水水源保护条例》《海南经济特区农药管理若干规定》《海南省节约能源条例》《海南省环境保护条例》。这八项法规根据该《决定》作了相应修改并重新公布，没有单独列入。

海南省人民政府对各市县关于生态文明建设内容的批件没有列入。以省委省政府办公厅、省发改委、省环保厅、省林业厅等单位名义下达的文件数量较多，如2015年7月13日，海南省人民政府办公厅关于印发《海南省非国家重点生态功能区转移支付市县生态转移支付办法的通知》（琼府办〔2015〕113号）；2016年5月11日，中共海南省委办公厅海南省人民政府办公厅关于印发《海南省党政领导干部生态环境损害责任追究实施细则（试行）》等，虽然制度内容非常重要，也一并简略，没有列入。

制度文本和制度执行是一个整体。为解决制度执行难的问题，海南每个年度都要对照制度对全省18个市县（不含三沙市）生态省建设工作任务的完成情况进行考核，形成各年度"海南省各市县生态省建设考核结果"并公示。同时创新了核心生态功能区市县党政的生态保护考核评价机制，配套出台的《贫困市县党政领导班子和领导干部经济社会发展实绩考核办法》取消了中部生态保护核心区4个重点市县GDP考核指标，增加了落实和完善生态补偿机制考核指标，完善了生态补偿机制。从2014年起，海南在三亚、五指山、东方、昌江、白沙和保亭等市县试点实施生态直补制度，让补偿资金直接到达农民账户，并提高了生态补偿标准，将生态公益林管护亩均补助标准从2013年的20元增加至2016年的25元。

具体到生态环境保护执法方面，2012—2015年，海南全省环保执法部门共立案查处环境违法案件974宗，共处罚款5618.92万元；全省检察机关查处发生在环境监管、规划调整、生态修复等环节的职务犯罪共计32件51人，共批捕破坏环境资源犯罪案件共计897件1103人。2015年，对减排和大气污染防治不力的 5 个市县政府和 3 家重点排污企业负责人进行集中约谈，对造成环境污染的企业依法进行了经济处罚，从而增强了市县领导和企业"谁污染，谁治理"的主体责任意识和守法意识。

正是持续有效的制度建设为海南的生态文明建设提供了统一思想认识、"一年接着一年干，一任接着一任干"的制度保证，才使得海南在生态文明建设问题上真正能做到犹如邓小平所说的："不因领导人的改变而改变，不因领导人的看法和注意力的改变而改变。"[1]王岐山在海南省委书记任上的时间最短（2002 年 11 月至 2003 年 4 月），但他对海南生态文明建设的观点是具有代表性和权威性的："海南拥有得天独厚的自然条件，我们各项工作的目标，就是要保护好、利用好、发挥好这些独特资源的优势，真正把海南建设成中华民族的四季花园和全国人民的度假村。保护海南的生态环境不被破坏，是我们实现可持续发展战略和经济社会发展长远目标最基本的前提。"[2]

五、从各市县实际出发创新发展范式

创建"全国生态文明建设示范区"对海南全省有总要求。犹如在新型城镇化建设中，海南提出全省按一个大城市来规划和建设，海南国际旅游岛建设发展到"十三五"，要求全省"一本规划，一张图纸，一个平台，一套机制干到底"。但要创建"全国生态文明建设示范区"，各市县实现统一要求的具体范式是鲜活多样的。

海南有十九个市县，各市县建设生态文明的条件都比较好。但由于所在区位不同、产业布局各异、经济社会发展程度不一，对于在生态文明示范区建设中，如何在坚持环境优先的前提下处理好与经济发展、城市建设等各方面的关系，各市县形成了自己的实践创新成果。海南国际旅游岛"全国生态文明建设示范区"建设发展典型范式主要包括：海南岛中部山区热带雨林

---

① 《邓小平文选》(第二卷)，人民出版社 1994 年版，第 146 页。
② 《省委书记王岐山在全省农村工作会议上讲话要点》，《今日海南》2003 年第 3 期。

生态功能区生态化发展范式；昌江"资源枯竭型城市"新型工业化发展范式；琼海市"三不一就"新型城镇化发展范式；三亚国际化滨海旅游城市"双城""双修"内涵式转型发展范式。对此，笔者特在后面单列一章，既作为海南生态文明示范区建设成果展示，也属经验介绍。

在典型范式的选择方面，由于海口市在城市生态文明建设上与三亚市有着许多共同点，因而没有作为典型范式推出。而海口市在"双创"取得重大阶段性成果的基础上，提出创建"滨江滨海花园城市"。2017 年 2 月海口市政府委托中国城市规划设计研究院以技术总承包的模式，按照"推进国际化滨江滨海花园城市建设，建立系统完整的生态文明城市体系，在'整体、系统、协同'推进生态文明建设方面形成全国示范的总目标"开展海口的城市更新规划设计工作。空气质量连续七年在全国 74 个重点城市中名列第一的海口市，正如《2017 年海口市政府工作报告》所期待的，通过"全面建设国际化滨江滨海花园城市"，将"奋力谱写出海南国际旅游岛建设主引擎新篇章"。

海口市"双创"可以看成是"全面建设国际化滨江滨海花园城市"的序曲，但海口市的"双创"和三亚市"双城""双修"已经提供了城市以人为本、绿色发展新范式。2016 年，海口市紧紧围绕打造"21 世纪海上丝绸之路"战略支点城市、大南海开发区域中心城市定位，秉持生态底线、陆海统筹、历史文化三大理念，发挥生态环境、经济特区、国际旅游岛三大优势，坚持以生态领规划、以"双创"抓管理，使市容市貌变得更加大气敞亮了。在 2016 年的中国城市竞争力报告中，海口、三亚再次入选中国宜居城市十强，彰显出海南城市环境的独特魅力与澎湃活力，让海南成为全国人民向往的地方，让生活于此、工作于此的海南人民引以为傲。

海口市"双创"、三亚市"双城""双修"是对城市治理的有益探索，其目的是维护好、发挥好海南的生态优势，进而营造舒适宜居的城市环境，打造海南全域旅游的一个样板。随着这一城市治理理念逐渐铺展开来，相信海南城市环境必定魅力倍增、活力倍显，"全省人民的幸福家园、中华民族的四季花园、中外游客的度假天堂"将名副其实。

海南创建"全国生态文明建设示范区",从各市县实际出发创新发展范式,极大地丰富了海南生态文明示范区建设内涵。值得拓展的是,在创造出形式多样的符合当地发展实际发展范式的同时,还应当培育出一批生态文明建设示范单位和先进典型,把生态文明建设真正做成"面子"焕然一新,"里子"脱胎换骨,城乡整洁有序,生活方便舒适的德政工程、民心工程,做成经得起历史检验的惠民工程。还要发动包括广大中外游客在内的人民群众监督好海南省各级政府、企业,防止在生态文明建设中弄虚作假,让人民群众的千百万双眼睛与这一政府的"天眼"紧紧盯住海南的山山水水、蓝天白云,不让其因生态退化、环境污染而蒙羞。

第三节　海南创建"全国生态文明建设示范区"的提升空间

海南生态文明建设在"十二五"期间取得了巨大成就,同时也留下很大的提升空间。主要是环境卫生有待提升,特别是农村环境基础设施建设滞后,还存在环境"脏、乱、差"的现象;生态环境的保护监管存在疏漏和不及时的问题,毁林案件给全省上下敲响了警钟;生态文明建设文件曾经"政出多门",引发了执行中的许多矛盾和纠纷,直到实施"多规合一"后才有效化解;经济发展不足以支撑生态文明建设,经济发展水平成为制约海南生态文明建设的最大瓶颈;生态文化发展相对滞后,要注意引导绿色消费,努力弥合消费文化差异。

一、环境卫生状况有待提升

海南省整体生态环境质量在国内持续保持领先水平,而局部环境卫生质量还存在隐忧。持续的文明生态村建设,极大地改变了海南农村面貌,但限于经济条件，"十二五"期间，农村环境基础设施建设尚不完善，环境"脏、乱、差"现象仍然存在。如海南农村历来有生猪放养的习惯，农业养殖成为生态环境的主要污染源之一。党的十八大之后，海南省在美丽乡村建设过程中对生猪养殖业进行了规范化，规模化改造。一是水源地禁养生猪，在可以养殖的区域通过村规民约和党员领导干部带头作用，倡导生猪一律圈养；二是通过政策扶持大力发展规范化规模养殖场，如罗牛山是国内第一家以养猪为主的上市企业，旗下新昌养猪量达十万头的现代化猪场是海南省第一家全封闭集约化、规模化物联网信息化管理养猪场，成为海南智能化生产、绿色养殖的标杆项目。目前，罗牛山在儋州市逐步实施100万头生猪产业一体化项目。该项目采用生态环保的干清粪刮粪系统，配套先进的污水处理系统、除臭系统及自动喂料系统，引进国外智能化养猪模式和技术，全自动化管理、生态环保、高效安全，将彻底告别环境"脏、乱、差"的旧貌。

城市环境卫生方面，像省会城市海口，过去大街干净整洁却很难找到公共厕所；小街小巷脏乱不堪，居民可以任意摆摊设点、经营"烧烤"。在大学文化区，如海南师范大学南校区附近有一个金花园菜市场，离学校仅一街之隔，20米远的距离，稍微下大一点雨就愁着"看海"；菜市场内不管晴天雨天都是一摊污泥。离海南师范大学南校区不足千米的培龙市场，"脏、乱、差"更为出名，早上菜摊摆满大街，从高登街拐弯至中山路占道至少半公里。自2015年海口市开展"双创"活动，即创建"国家卫生城市""全国文明城市"以来，情况有了根本性改变，这两家菜市场经过改建后也面貌一新。省委省政府注重城市形象建设，加上海口市"双创"活动对全省的深刻影响，现在全省各市县都无一例外地开展了创建卫生城镇活动，全省大小城镇里里外外也都跟着靓了起来。

在"十三五"开局之年，海南农村及农业面源以及城镇生活污水仍致近10%的主要河流湖库、30%的城市内河存在一定污染，部分港口、渔港码头附近海域水质长期较差。2016年前三个季度，海口、三亚、万宁、琼海、东方、昌江、乐东、陵水 8 个市县部分水质监测指标分别存在时间长短不等的水污染物超标问题。还有河道乱倒垃圾问题。据新华社 2016 年 5 月 27 日电：海南省琼海市境内万泉河部分河床被倾倒了大量建筑垃圾，把河床填高了十多米。这引起了省委省政府的高度重视，使问题得到了及时处理。笔者到实地调查时，发现琼海市已经建立起治理垃圾倾倒的长效监管机制，特别是在市民活动比较集中的地方设置大型电子屏，及时发布全市城乡、城乡接合部出现的环境卫生问题，精确到责任人、责任单位、责任市领导，通过 24 小时巡查、曝光、追责等高压手段，终于刹住了乱倒垃圾之风。

二、环保监管疏漏敲响警钟

生态环境保护工作任务艰巨，任重道远。党中央、国务院在生态文明体制改革和开展环保督察，特别是加大环境治理力度、实行网格化环境监管、完善生态环境监测网络等诸多方面作出了重要决策部署和制度安排。但海南省各市县生态环保机构的单独设置时间还不长，多数市县在 2015 年时还在临时性安排环保机构与国土局合署办公，个别县市环境监测仪器长期闲置。笔者在保亭进行社会调查时，县委领导说环境监测仪器是上级配发的，但县环保部门编制非常有限，人手不够，环境监测仪器也只有闲着。这一状况，直到生态环境监管监测实行垂直管理体制之后才得以根本改变。

在海南创建"全国生态文明建设示范区"的过程中，"十二五"期间还发生过一些重大毁林案件。《海南日报》2013 年 9 月 13 日刊登的《"打击破坏森林资源犯罪，保护海南生态环境"专项行动启动——6 大毁林案全披露》一文中，列举了当年发生的两起典型案例：三亚市的一起重大毁林案牵出 11 起"滥伐林木案"；东方市发生了多起重大毁林案，7 起渎职失职案件被查办。上述两起典型案件的共同点就是对生态环境保护监管不力和不及时。做"亡羊补牢"的事后惩处是完全必要的，但如果能及时巡查，及时发现处理，国家和当事人的利益就不会蒙受如此重大的损失。

此外，按照国家重点生态功能区转移支付办法有关规定，财政部会同环境保护部等部门每年对享受国家重点生态功能区转移支付的县（市、旗、区）进行生态环境监测与考核，并根据考核结果采取相应的奖惩措施。在《关于 2013 年国家重点生态功能区生态环境监测考核及奖惩情况的通报》中，海南省乐东黎族自治县因生态环境质量"变差"，而被取消享受国家重点生态功能区转移支付三年。我们在省环保厅和乐东县做调查时，了解到的大致原因是：一个被地方政府批准兴建的大约年增 200 万元税收的企业因建厂砍伐了林木，而这片砍伐的林木与经过批准砍伐更新的速生林连成了一片，因此遥感卫星监测发现乐东黎族自治县的森林里有了一块"秃斑"，于是每年约 9000 万元的国家重点生态功能区生态补偿转移支付按规定被取消。这一捡了"芝麻"丢了"西瓜"的典型案例给全省各市县都敲响了警钟。

三、规划文件政出多门互相"打架"

海南生态文明制度建设走在全国前列，不仅表现在贯彻执行中央"红头文件"不走样，而且还出台了一系列省政府文件。而海南省各有关厅局、各市县又围绕中央政府和省政府文件制定了一大批具体的生态文明建设规划和生态环境治理文件。这就导致了规划文件互相"打架"问题。

《海南日报》2012 年 3 月 22 日刊登的《今年海南将编 11 个规划涉 18 个市县与旅游区》一文，列举了海南省住建厅《实施"科学规划年"工作方案》确定在"科学规划年"活动期间完成的 11 个系列规划，包括省域规划；城市总体规划；全省 18 个市县近期建设规划；海棠湾、香水湾、木色湖、莺歌海、木兰湾等旅游区规划；洋浦经济开发区、东方工业园区、昌江循环工业园区、老城工业区规划；《海南国际旅游岛建设发展规划纲要（2010—2020）》确定的 22 个特色旅游风情小镇总规和控规，市县政府所在镇以外各乡镇、农场的总规和控规；已列入国家级历史文化名城、名镇、名村名录的城市和村镇保护规划；全省 2499 个行政村及所有自然村的规划，等等。

海南省做规划的部门当然不止省住建厅。笔者在 2015 年 6 月就曾参加海南省环境科学研究院承担的海南省生态环境保护厅委托项目《海南省生态文明建设规划纲要》（评审稿）的评审工作；2015 年下半年参加了琼中县生态环境保护局《琼中县生态文明建设规划》（评审稿）的评审工作；2016 年上半年还参加了海口市科技局组织的"十三五"系列规划（评审稿）的部分评审工作。总的感受是：原则通过，提出修改意见。但此后，就不了了之了。究其原因，是相关规划太多，上下左右很难统一，最后就只能按最权威的文件办，其他规划文件就被搁置了。

规划文件政出多门互相"打架"，问题最为突出的是国土规划、林业规划、农业规划、城镇规划在同一块土地相互重叠，使得一些发展项目，即使是扶贫项目也久久不能落地。笔者在琼海、白沙、保亭、五指山、澄迈等地调研时，发现当地老百姓也不满意。特别是把一些不宜耕种的土地规划成基本农田，把农民种植的经济林规划成公益林，且在没有给予经济补偿的政策安排之下就严禁采伐更新。这些问题直到实现省域"多规合一"之后，才逐步得到解决。

四、生态文明建设的经济支撑力不足

海南的生态文明建设属高水平生态文明建设。迄今为止，学术界发布的全国各省生态文明指数最新排行榜，均为 2014 年。据以杨开忠教授为首席专家的北京大学中国生态文明指数研究小组发布的《2014 年中国省市区生态文明水平报告》（见表 5-7），福建、海南和上海位列前三。据严耕教授带领的北京林业大学生态文明研究中心团队发布的《生态文明绿皮书：中国省域生态文明建设评价报告（ECI 2014）》，海南位居第一，而且是生态文明指数、绿色生态文明指数（Green Eco-Civilization Index）双第一。

表 5-7　2014 年全国各省生态文明指数排行榜前三名

排名	各省区生态文明指数（ECI2014）		各省区绿色生态文明指数（GECI2014）	
	地区	ECI2014	地区	GECI2014
1	海南	93.27	海南	80.54
2	北京	92.11	江西	78.68
3	浙江	91.57	西藏	77.00

资料来源：北京林业大学生态文明研究中心发布的《生态文明绿皮书：中国省域生态文明建设评价报告（ECI 2014）》。

海南生态文明在中国省域（除港澳台外）排名居首位或第二位，这从一个侧面表明海南的生态环境已不仅仅是天然的优势，而且还是海南生态省建设以来所取得的实践成果。海南生态文明排名居中国省域（除港澳台外）首位或第二位，但海南的经济发展自建设国际旅游岛以来排位始终没有摆脱居中水平。海南省的财政收入甚至比发达省份的一个县级市多不了多少。据 2015 年江苏省昆山市国民经济和社会发展统计公报，该市 2016 年实现地区生产总值 3080.01 亿元，按常住人口计算的人均地区生产总值达 18.66 万元。而海南 2015 年全省地区生产总值为 3702.8 亿元，全省人均地区生产总值为 40818 元。据 2015 年中国各地级市经济发展数据，全国有 18 个地级市的经济总量超过了 4000 亿大关，其中苏州超过 1 万亿大关，GDP 达到 14504 亿元。这凸显出海南经济的支撑力与海南生态文明建设的不匹配，致海南生态环境基础设施欠账较多。

五、生态文化建设相对滞后

建设生态文明，走绿色发展之路，要求我们在价值取向、思维方式、生活方式上实现全面深刻变革，形成生态文化。海南生态文明建设是走在全国前列的，但在生态文化建设上却相对滞后。表现在诸如"生态文明论坛"

这样的理论研讨会，2009年、2010年曾经分别在海南三亚、海口举行了有政府背景的"生态文明、全球化、人的发展"国际研讨会和"生态文明、低碳经济、自由贸易"论坛，但却未能持续发展下去。而生态文明贵阳会议也于2009年开始，在连续举办四年后的2013年，经外交部同意并经党中央和国务院领导批准，创办了"生态文明贵阳国际论坛"。这是我国目前唯一以生态文明为主题的国家级国际性论坛。谈到这里，笔者作为具体参与筹备海南2009、2010年生态文明会议的学者，是非常惋惜的。

至于海南岛本土的生态文化氛围，犹如自然食材、清水煮菜，多少带有朴素自然的味道。当代海南生态文化发展滞后于生态文明建设，主要是现代化进程加快，当地的生态文化发展和生活习惯跟不上时代发展的步伐所致。海南人爱乡爱国、知足常乐，心态平和的优点，不能遮蔽一些人现代文明意识较差，如喜欢野味、随地吐痰、随手乱扔垃圾等旧习。以前有人形容海南人是"啃一根甘蔗弄脏一条路，嚼一口槟榔染红一条街"。也有游客赞美大巴司机说，"海南的大巴司机真敬业，吐了一路血，还坚持把游客安全送到目的地。"他哪里知道海南人嚼生槟榔要和烧制的贝壳粉搭配产生化学反应后才有滋有味有效果，而产生化学反应的唾液呈鲜红色。海南自然环境好，休闲惯了的海南人又有老天爷帮忙，一阵风雨过后，天还是那么的蓝，地上也被清理干净。但这种朴素的生态文化与国际旅游岛建设、具有世界影响力的国际旅游消费中心的发展目标很不适应。虽然自海南国际旅游岛建设以来，海南岛民文明素质有了明显提高，但其现代文明、生态文化的养成不能速成，而必然要经历一个较长时期的"凤凰涅槃"的过程。

第四节 "谱写美丽中国海南篇章"的当前政策建议

"谱写美丽中国海南篇章"是习近平总书记对海南的期待。海南人民在朝着这一目标不懈努力，"十二五"期间生态文明建设成效显著。在总结经验和寻找差距中面向世界和未来，海南省在"十三五"经济社会发展规划对生态文明建设作出了重要部署，提出了一些切实可行的政策主张。2018 年 4 月，习近平总书记在庆祝海南建省办经济特区 30 周年大会上，又赋予海南建设"国家生态文明试验区"重任。在此期间，笔者就海南在深化生态文明体制改革、保护好生态核心区的群众利益、培育新的经济增长点、争取中央政府的政策扶持等方面做了一些探讨，提出了一些政策建议。

一、深化生态文明体制改革

生态文明建设是"功在当代、利在千秋"的大事，必须贯彻落实好中共中央、国务院《关于加快推进生态文明建设的意见》和《生态文明体制改革总体方案》要求，从海南省的实际出发，首先从体制机制上解决问题。

（一）完善生态文明建设的领导管理体制

海南是全国唯一的省级经济特区，在生态文明体制改革上应发挥先行先试的特区优势，创新生态文明建设的领导和管理体制机制。海南省有实行"扁平化"管理的地理、行政区划、交通和信息化的多方面优势条件，建议省政府在主体功能区划分的基础上，按照国家要求对各条河流实行"河长制"，并参照"河长制"对主体功能区实行"区长制"；以层级管理原则强化全省"一张图纸干到底"的体制保证，各市县政府作为防止有关乡镇、村组、企业、个人钻政策和法律空子的第一道防线，对辖区内的产业布局、城镇化建设等必须依据全省"一张图"的要求做精细化的具体规划，报请省政府批准后才能实施；市县党政一把手作为所辖区域生态环保建设的第一责任人，对省政府没有统一规划管理的一些事项应主动先行管理起来并随时上报，以完善体制机制。

对生态环境保护的监测监管特别是重点生态功能区和生态红线的监测监管，应打破行政区划界限或调整现行行政区划。目前海南中部山区国家重点生态功能区完全是按照行政区划来划分的，它包括了保亭、五指山、琼中、白沙四个市县，却没有涵盖横跨乐东黎族自治县和东方市境内的尖峰岭、昌江黎族自治县境内的霸王岭、陵水黎族自治县境内的吊罗山等三块热带原始雨林。虽然这三块热带原始雨林属国家自然保护区而受到严格保护，但因行政区划把海南岛中部山区紧密联系在一起的尖峰岭、霸王岭、吊罗山、五指山、鹦哥岭这几块热带原始雨林被人为地割裂开来，这不利于国家重点生态功能区建设。建议打破行政区划限制，充分利用这几个国家自然保护区同时设有省直管林业局的条件，给国家重点生态功能区扩容，设立海南省中部重点生态功能区管理委员会统一管理。

海南全境各主体功能区在创设"区长制"的基础上，可按照不同功能区的具体要求分片设立陆地和海洋环保监测、监管部门，作为省级生态环保部门的派出机构，以便对全省海域、水域、工业区、城区的空气、水体质量做统一的监控和发布。这样可以把有限的技术力量和设备集中起来使用，解决一些市县环境监测设备"睡大觉"、环境监测数据"拍脑袋"的问题。在此基础上，其监测监督的科学性和准确性也会得到相应提高。同时，对实行垂直管理的比较分散的全省各类自然保护区合并同类项，以减少数量、增加"块头"，如将万宁市现有的南林、上溪、尖岭、加新、六连岭5个省级自然保护区整合成一个省级自然保护区，申报国家级自然保护区。同时以"精简、高效、有序"的原则解决好自然保护区管理机构集行政、事业和企业职能于一身，导致政企不分、事企不分的问题。

完善生态文明建设的管理体制要充分运用社会的力量。还可以从社会名流中聘请生态文明督察员，实行义务而具权威的社会监督。笔者曾经在《争创生态文明建设实践范例》一文中建议："省政府聘请的生态文明督察，可以实行'三三'制，外国人、内地人、海南人（包括非海南籍在海南工作的海南人）各占1/3，这些人本身要有社会影响力、公信力并对海南友善。"生态文明督察员可以直接向省委书记、省长反映情况。同时在全省范围内设立生态环保报警值班电话，接警后能做到24小时全天候出警。省公安厅设生态环保警察室做快速反应，将巡警、海警、森林警察等不同警种纳入快速反应系统，以应对生态环境突发事件。虽然这些建议省委省政府未采纳，但目前海南上有中央生态环境保护督察制度，下有人民群众生态环境保护举报机制，已经实现了上下结合全覆盖的生态环境保护监督体系。

（二）实现以主体功能区规划为基础的省域"多规合一"

根据中共中央、国务院《生态文明体制改革总体方案》要求，在全国推进以县域为单位的"多规合一"试点。而海南省的主体是海南岛，多年来已经形成了全省按照一个大城市来规划、来建设的发展思路。这就限制了各市县的自我规划和发展。而实践证明，这种限制对保护生态环境是非常有利的，它极大地抑制了各市县特别是生态核心区市县经济发展的内在冲动和压力。海南要充分利用承担全国省级"多规合一"试点的契机，在细化国家主体功能区规划的过程中从海南的实际出发，通过科学整合，树立全省"一本规划、一张蓝图"的绝对权威。

海南省用省域"多规合一"约束和推动县域经济社会发展、城乡土地利用、生态环境保护等，必须建立全省统一的规划管理机构，建立统一开放的规划信息管理和信息交换平台，让下面办事做到"有求必应"。实施规划也是需要规划的，本课题组建议取消除地级市以外的所有市县的各种规划权。据调查，许多县和县级市的各部门的规划是不规范、不专业的，且有一些非正常交易存在。各县（市）要细化的省域规划主要是辖区内的"山水林田路城乡"，重点在规划好城市内部和农村居民点内部及其相互之间地上地下的基础设施、建筑物的大小高低和建筑密度等，以减少新农村建设向新型城镇化过渡中的资源浪费，具体建议由各县（市）提出，交由省统一招标进行。

海南省是海洋大省，在对200万平方公里的蓝色国土规划生态空间时，必须坚持"以海定陆"原则，建立陆海统筹的海洋生态环境保护和修复机制,强化以三亚市、三沙市为中心的海洋生态功能区建设。对南海资源开发要防患于未然,特别是对油气资源的开发,必须吸取中国渤海湾、美国墨西哥湾油气泄漏事件的经验教训,不能看到的都是经济发展好的一面,而忘记了任何事情都会利弊相随。在陆地,要处理好重点生态功能区、国家自然保护区建设与旅游业发展的关系,要推动以现有国家重点生态功能区为基础以热带雨林为主题的国家公园建设。至于是否建设南海国家海洋公园,可先行论证,不宜轻率下结论。

(三)通过完善生态补偿机制加大对中部山区财政转移支付力度

要从生态补偿的生态保护与保障民生的双重目标出发完善生态补偿机制。对重点开发区,省财政应通过专项扶持政策鼓励其企事业单位推广节能环保技术和发展循环经济,鼓励地方政府将所有在城镇工作人口特别是从限制开发区迁入的人口都纳入城镇住房保障和社会养老保障体系;对限制开发的重点生态功能区和农业主产区,要通过完善生态补偿机制加大对财政转移支付力度,特别是对中部山区国家重点生态功能区的财政转移支付,要足以支付提供生态产品的成本,而且要让保护生态的地方政府能从中直接受益,提高其改善民生和施政的能力。

完善生态补偿机制要突出中部山区这个重点,也要实现省域全方位覆盖。对全省划入生态公益林的人工林,既要给承担保护责任的地方政府进行财政补贴,更要给承担保护责任的个人和企业进行经济补偿,使保护生态者不遭受经济损失,同时还要完善相关产权制度,解决好人工林姓"公"还是姓"私"的问题。2016年,海南省启动五指山、白沙、琼中、乐东和屯昌等5市县7个村、109户、470人的易地搬迁工程。对从生态核心区整体搬迁的移民村庄,在产业发展、基础设施、教育卫生、文化融合等各方面,做好系统性的扶持和配套工作。生态移民是依赖于村民自觉的政府行为。对于那些由于生活经历和习惯而实在是"故土难离"的,建议用高等教育生态移民的方法，即通过资助其子孙受到高等教育，通过其子孙的知识眼界、成家就业和孝道将老人带出山林。

完善生态补偿机制，不能仅"两眼向上纵向要钱"，还必须建立起省内横向生态补偿机制。譬如白沙黎族自治县居住在松涛水库的农民，对儋州市和海口市就有些意见，认为他们在为保护水源地而付出，而下游的市县发展得都比白沙好，但却对他们保护水源地的付出没有任何回报。探索建立省内横向生态补偿机制，实践层面是 2015 年秋海南岛南部地区发生旱情，三亚市就到保亭黎族苗族自治县协商，初步拟定给 300 万元补偿请求上游水库放水支援。本课题组恰巧在此调研，闲谈中得知保亭的领导觉得补偿太少，希望增加补偿，但又一时拿不定标准。总体说来，海南岛内的河流、水库，特别是水源地的生态补偿问题尚无经验。为此，海南省可先按照国家"河长制"要求，参照福建省重点流域综合整治补偿办法，先在南渡江、昌化江、万泉河等流域和松涛水库进行县市之间横向生态补偿试点，然后再推广开来。

二、保护好生态核心区的群众利益

海南省中部山区作为落后的少数民族地区，同时也是生态核心区。过去因为偏僻落后，缺乏发展条件。现在发达地区受到生态承载力和发展空间限制，使得山区少数民族地区的生态环境价值凸显，加上目前交通、通信、水利、电力等基础设施日益完善，各种开发条件具备，但受制于国家的生态保护政策而很难开发，致后发优势与禁止开发的矛盾日益突出。为此，要处理好全局性、根本性利益与相关地区人民群众的切身利益之间的关系，在生态文明建设中要保护好生态核心区，也同时保护好生态核心区群众的利益。

（一）以"多规合一"深入化解生态核心区的各种利益矛盾

重点生态功能区建设必须强调依法办事，依法办事首先要守住生态红线。生态红线对当地政府而言，主要是控制住经济开发和城区扩建；对老百姓而言，则是承包的土地是否改变了性质。目前海南省中部山区存在规划"打架"、红线重叠问题，其中白沙黎族自治县的情况较为突出。据调查，该县城乡规划面积与国土规划面积相差约 1.32 万亩；公益林保护建设规划、国土规划中基本农田与公益林重叠 304.43 公顷，国土规划中的建设用地与公益林重叠 507.64 公顷。特别是 2012 年 8 月，《海南省公益林保护建设规划（2010—2020）》（琼府〔2012〕43 号）出台，扩大了生态公益林保护范围，将一些人工林划为生态公益林。白沙黎族自治县生态公益林面积从 74 万亩激增到 181.2 万亩。其中，由白沙黎族自治县管护的面积为 101 万亩，含人工公益林约 52 万亩。在人工公益林中，橡胶林面积 31.5 万亩，占 60.6%，多为农民、农场种植。其他主要是以桉树、马占相思为主的造纸林，大多属于福莱斯公司、金光公司。公益林的砍伐和更新审批门槛较高，费时费工，引起了规划执行中的诸多矛盾冲突。

如何解决矛盾？"多规合一"是一个正确选择。在"多规合一"中只能给同一块土地一个唯一的身份，这个身份可能与其原来的身份不一致。对那些变更了身份的土地、山林等，由政府买单，对规划涉及农场、农民利益的，只能"赎买"，不能剥夺。这就要求我们的政府部门在出台政策规划时，首先要考虑到应付出的成本，政府是否有能力来支付成本，而不能一厢情愿地"我打你通"，下行政命令。用"多规合一"处理历史遗留问题，其实只是清理昨天发生的事情，问题解决起来相对容易。但关键是要广泛听取意见，让各市县在"多规合一"和规划调整中有相应的建议权，以找准矛盾，对症下药。

生态核心区的规划红线，不宜以行政区划简单画线。如前，本课题组建议将乐东黎族自治县的尖峰岭、昌江黎族自治县的霸王岭等纳入海南省中部国家重点生态功能区。在这里，本课题组也建议相应扩大五指山市城区控制规模，以适应新型城镇化发展需要。因为五指山市城区通什镇原是海南黎族苗族自治州首府，目前城区建设也早已超出了城区建设用地控制规模。另一个建议是，将白沙黎族自治县邦溪镇从重点生态功能区中切割出去。邦溪镇地处白沙黎族自治县西部边沿，处于生态功能区与非生态功能区交界处，离西线高速公路和高速铁路、昌江县城都很近，且有一定工业基础。若允许其经济开发，在省财政还比较困难的情况下可增强白沙自身造血功能，实现海南中部山区重点生态功能区内四个市县的均衡发展。因为在四个市县中，五指山市经济发展相对较好，保亭黎族苗族自治县的七仙岭温泉旅游区的发展已经形成规模，琼中黎族苗族自治县在海南省产业发展规划中安排了琼中生态经济园区，而唯独白沙黎族自治县没有重点产业支撑。

（二）把生态环境保护与"脱贫攻坚"和"全面小康"目标相结合

截至 2017 年底，海南省有五指山市、保亭黎族苗族自治县、琼中黎族苗族自治县、白沙黎族自治县、临高县等五个国家级贫困县（市），仅临高县不在海南岛中部国家重点生态功能区内。海南岛中部重点生态功能区内五指山市财政状况略好，但包括五指山市在内各市县每年的财政收入与财政支出相比较均差十多亿元。据白沙黎族自治县和五指山市财政局的领导介绍，当时这些财政缺口都是靠中央和省财政转移支付解决的。应该说，中央和省财政对海南中部国家重点生态功能区内市县的政策扶贫力度是很大的，但老百姓更希望中央和省政府有更多的直接生态补偿。

海南省的直接生态补偿目前仅限于公益林。省财政在国家林公益林补助范围的基础上，统一按照每亩 24 元的补偿标准（2014 年是 23 元，比国家公益林生态补偿标准每亩 24 元低 1 元）和省级公益林规划的保护范围拨付给各市县。各市县政府把生态补偿款依本地情况给予规划保护范围内的农村户籍每人每年 300—500 元不等的直接生态补偿，其余部分主要用于森林资源的管护，包括聘请森林管护员（白沙黎族自治县聘请的管护员 2014 年每人月工资 1400 元，多由当地村干部兼职）。而在当地老百姓看来，这每人每年 300—500、五百元的直接生态补偿并没有真正实现。特别是据本课题组 2015 年调查，同在白沙黎族自治县被"严格管制各类开发活动"的各乡镇，享受每月 30 元直接生态补偿的村民，只有南开乡、青松乡、牙叉镇、细水乡、元门乡、阜龙乡等 6 个乡镇中的 15 个行政村，而白沙黎族自治县共有 11 个乡镇，82 个行政村（居委会）。这说明白沙黎族自治县的多数村民在"十二五"期间是没有享受过这项生态直补政策的。这一状况直到《海南省松涛水库生态环境保护规定（2017 修正）》实施，省人民政府设立松涛水库生态环境保护专项资金、建立松涛水库生态补偿机制后逐步得到解决。

在此期间，笔者在《海南生态文明建设要保护好中部山区的群众利益》等文中建议：（1）省财政对以行政区划为单位纳入重点生态功能区的各市县有农村户籍的全体村民，给予一定额度的普惠性直接生态补偿，然后根据公益林、水源地等不同区域，给生产、生活带来直接影响的农村户籍的村民以单项直接生态补偿。（2）引导帮助当地农户发展生态经济，给予刺激生态经济发展的相关扶植政策。在生态扶贫中不单给钱，更重要的是给项目、给文化、给技术、给关怀。（3）把一些扶贫项目直接转为生态补偿项目，同时对重点生态功能区市县人均收入做出硬性规定：在各市县公职人员工资待遇全省统一标准发放的基础上，将农村人均收入补贴到全省农村的平均水平，让做出生态贡献的农民不吃亏，以打赢"脱贫攻坚"战——"全面建成小康社会不落下一个海南百姓"。上述建议中除"将农村人均收入补贴到全省的平均水平"尚无政策依据外，其他均已逐步成为现实。

（三）尊重重点生态核心区的群众权益必须维护好干部和群众的尊严

首先，各类规划和文件的出台要充分尊重事实和群众权益。做规划时不能仅请几个专家或委托一个规划机构仅按照地形图和行政区划图一挥而就。因为群众的利益是实实在在的，古代虽有"三尺巷"的故事，而现实生活中的农民对每一寸土地、每一株树苗都是要争取的。出台生态建设文件时，要考虑到投入产出的可行性，给当地政府和老百姓打好算盘。如省林业部门下达白沙黎族自治县 2013 年绿化宝岛大行动工程资金 800 万元（琼财农〔2013〕1520 号），要求造林绿化 4.43 万亩并建设森林公园等。由于亩均造林资金不足 200 元，致使资金无法使用，项目难以实施，农民也无法从中获得劳动收益。在一定程度上引起了老百姓的不满。

其二，各类限制性政策的出台和实施，在强调"禁止"时要有更多的"民生"表述。给钱也要给得有尊严。如将保障金改为生态补偿，老百姓会感觉到更多的尊严。要把生活在生态核心区的百姓看成是生态文明建设的重要参与者和贡献者，而不是麻烦制造者，而常怀感恩之心。人们说："上帝关上了一扇门，必然会为你打开另一扇窗"。重点生态功能区的保护必然要影响到经济发展，省直部门一定要沉下去切实帮助重点生态功能区的群众解决具体的民生问题。生态红线划定如果确实存在瑕疵，应当实事求是地予以微调，对于出现的问题，要合情、合理、合法地去解决，而不能任由事情发酵，形成积怨。

其三，从制度上解决好去 GDP 考核的同时，要从文化上化解基层干部"终身追责"和"碌碌无为"的矛盾心态，即为了生态环境保护只有"碌碌无为"不搞开发，要想不"碌碌无为"就要冒"终身追责"后果而在生态环保上打折扣。要旗帜鲜明地支持不搞开发的"碌碌无为"，让"碌碌无为"者不为"五斗米折腰"并且大有作为。"碌碌无为"不是图安逸，重点生态功能区在立足生态环境保护的同时，也需要有绿色发展，需要有与绿色发展相匹配的绿色文化的兴起。要通过文化下乡、科技下乡丰富人们的精神世界和提高生产技能以推动绿色发展，让绿水青山首先滋润所在地人民群众的美丽家园和幸福心田。

三、培育新的区域经济增长极

坚持把全岛作为一个大城市来统筹规划建设，实现跨市县产业协调发展是海南省一直追求的发展目标。培育和创建新的区域经济增长极，建议在海南省 2016 年经济社会发展计划和"十三五"规划中确定的"海澄文"一体化综合经济圈、"大三亚"旅游经济圈的基础上，增加"西线绿色工业经济带""三沙海洋经济圈"这两个重要的区域经济增长极。2015 年 11 月，海南政采招投标有限公司受海南省发展和改革委员会委托，已经对《海南省"海澄文"一体化发展规划》和《三亚旅游经济圈发展规划》进行了公开招标。而对于培育新的区域经济增长极——"三沙海洋经济圈"，创建新的区域经济增长极——"西线绿色工业经济带"，本课题组提出如下理由。

（一）培育新的区域经济增长极——"三沙海洋经济圈"

目前，三沙市在重点发展海洋特色经济，主要是海洋渔业、海洋旅游业。从三沙市成立后的发展起点看，这样的选择是正确的。但从近年来的开发趋势看，我们决不能满足于此。特别是中央成立三沙市的战略意图，有宣誓主权的含义，更有三沙市蕴藏丰富的海洋渔业资源和石油资源，同时也是海上交通要道，单独设立地级三沙市有利于我国对该地区能源命脉的掌握。为此，我们认为，在未来 20 年内，海南省要对三沙市的发展寄予厚望，要把三沙油气战略资源开发列为推动海南超常规发展的工程。对于三沙开发，可概括为"一圈三基地"。"一圈"就是"三沙海洋经济圈"，"三基地"就是热带海洋渔业基地、热带海洋旅游观光基地、南海油气开发生产基地。"三基地"是"一圈"的核心内容。

热带海洋渔业基地的发展定位，一是海洋捕捞业，除了在我国传统渔场作业之外，还必须走向公海，走向大洋；二是海洋养殖业，特别是深海网箱养殖业，除供应餐桌外，更有发展前景的应当是热带观赏鱼类、珊瑚的活体供应；三是海上水产品加工业，通过发展大型的加工船，在海上运送过程中实现加工，移动供应全球大市场。

热带海洋旅游观光基地的发展定位，一是建设海空一体的三沙旅游精品线路，把看蓝天白云与看海岛礁盘、海底世界结合起来，体验渔家乐生活与体验古代海上丝路、海上考古结合起来；二是推出以生态环境保护为主题的各种特色游，如岛礁的保护与建设，鱼类和珊瑚的保护与人工种养；走访海域生态环境监测和保护工作站等；三是充分考虑到海上远距离观光的时间跨度，通过与南海周边国家的旅游合作，把海上游与上岸异国游、海洋观光游与国内外休闲游结合起来，丰富旅游观光内涵，提高旅游观光的舒适度和成就感。

南海油气开发生产基地的发展定位，首先是担当南海资源开发后勤基地角色。这是海南国际旅游岛建设发展的战略定位所确定的。现在的问题是，三沙市不能仅满足于南海资源开发到什么地方，后勤保障跟到什么地方，服务到什么地方，而是要积极主动参与到国家南海资源开发的前期探测和开发的全过程中去。虽然南海油气资源的开发更多是属于国家战略层面的大事，但海南作为国家发展大局赋予的"一带一路"倡议支点和南海资源开发后勤基地，必须未雨绸缪。可以这样设问，即将发生在三沙市境内的南海资源的大规模开发难道与三沙市发展战略没有任何关系？我们建议培育新的区域经济增长极——"三沙海洋经济圈"，正是基于国家发展战略需要来谋划自身发展。这种服务，绝不仅仅是提供菜篮子和淡水供应，它还包括金融支持、能源的输送、储存、加工，在这个不断延伸的产业链中，海南能干什么？三沙能干什么？既然海南是把全岛作为一个大城市来统筹规划建设，要实现跨市县产业协调发展，那么，围绕南海资源开发特别是油气开发，培育新的区域经济增长极——"三沙海洋经济圈"，就是题中之义。我们强调"培育"，就是要通过积极主动作为将可能变为现实。

（二）创建新的区域经济增长极——"西线绿色工业经济带"

"西线绿色工业经济带"作为经济带已经是一个客观存在。建议中的"西线绿色工业经济带"，有一段时间曾经叫过"西部工业走廊"。后来有专家认为"西部工业走廊"概念表明的是"线形"工业布局，不利于生态环境治理，还是"点状"分布、封闭式治理比较好。于是，"西部工业走廊"这一概念逐步淡出。在《海南省国民经济和社会发展第十三个五年规划纲要》里，强调建设"海澄文"一体化综合经济圈和"大三亚"旅游经济圈，辐射带动全省。而对西部的表述仅是"加快琼东、琼西两翼发展"。本课题组在过去"西部工业走廊"概念的基础上提出建设"西线绿色工业经济带"，是基于以下四点原因。

1.海南西部沿海地区，北起洋浦，途径昌江，南至东方，已经形成南北直线距离约一百公里的大工业企业群。其2015年工业总产值约954亿元（其中洋浦开发区699.75亿元、昌江县63.20亿元、东方市191.06亿元），其2015年工业总产值将近海口市2015年全市规模工业总产值501.86亿元的2倍。国际旅游岛建设要实现"绿色崛起"就不能不发展绿色工业。2007年12月，昌江工业园区被批准为全国循环经济示范试点（第二批）产业园区；"十二五"期间，洋浦经济开发区已经被列为国家循环化改造示范试点园区，东方市被列为全国创建新能源示范城市。在坚持绿色工业发展的道路上，西部工业的良好基础绝对不能放弃而必须予以加强和提升。

2.命名"西线绿色工业经济带"基于上述原因外，是因为该区域还有重要的清洁能源——昌江核电项目和石化工业发展的国际比较。昌江核电项目一期工程已经建成投产，二期工程正在建设之中。昌江核电项目作为海南省一号能源工程，其一期工程全面投产后每年为海南省提供占比约1/3的电力能源供应，为助力海南国际旅游岛绿色发展提供可靠的绿色能源保障。对于在东方和洋浦发展石油化工，有人担心环境污染问题，但据一些资料介绍，新加坡以其719平方公里的国土面积建有五大炼油厂，年加工能力达5000万吨。在海南岛西部东方市和洋浦开发区建南海化工城，应该比新加坡有更大的环境容量。

3. 突出"西线绿色工业经济带"在海南省"工业龙头"的地位，有利于加快产业聚集和节能减排。2008年以来，洋浦年工业产值约占海南全省年工业总产值的40%，而在环境保护方面的洋浦企业"三废"处理率达到100%，排放指标远优于国家标准。2015年，洋浦环境空气质量优良天数为349天，优良率达到95.7%，近岸海域海水水质长期优于二类标准；洋浦排放化学需氧量4531吨、氨氮348吨、二氧化硫5417吨、氮氧化物10202吨，分别为总量控制指标的60.4%、46.4%、42.6%、57%，远低于"十二五"总量控制指标。这是"大企业进入、大项目带动、高科技支撑"产业布局的战略作用在持续发酵，足以推动"西线绿色工业经济带"实现绿色发展。

4. 在"西线绿色工业经济带"中，洋浦和东方均有海港，特别是洋浦港建有30万吨级油品码头。在国家高铁计划实施海南高铁与全国并网之后，其陆上交通也将十分便捷。洋浦和东方离中东、南海石油产地近，且面向大海，东方市石油化工所需的天然气都是通过海上天然气管道直接从南海北部莺歌海海域东方1—1气田输送。这也可以看出，"西线绿色工业经济带"在南海资源开发中具有地理上的"近水楼台"优势，是配套南海油气开发的最佳战略选择。

四、持续争取中央政府的政策扶持

海南建省办经济特区以来，享受到国家给海南的许多优惠政策，而且许多优惠政策并没有用足、用活、用好。所以在海南，一提到争取国家优惠政策，好像就成了思想和行动懒惰的代名词。但我们还是要看到，在国家的大特区、国际旅游岛、海上丝路等政策推动下，通过全省人民的共同努力，海南的经济社会发展取得了巨大成就。一次到琼州海峡对岸的湛江市调研，湛江市一位民主党派的秘书长向我们发出这样的感慨：过去海口比湛江差多了，现在湛江跟海口没法比。这也从一个侧面反映出海南的发展是有目共睹的。海南的更大发展需要更多的政策扶持，但扶持政策的积极争取还得凭条件、讲公平。为争取中央政府的特殊政策扶持，海南各界提出了许多好的设想，如全国人大代表王雄建议将海口市等7个市县纳入国家重点生态功能区转移支付范围。在此基础上，本课题组提出三点有可行性的建议，希望海南省持续争取中央政府的特殊政策扶持。

（一）请求中央政府将海南所有市县纳入国家重点生态功能区转移支付范围

截至2016年12月，中央已将海南12个市县纳入国家重点生态功能区转移支付范围。海口市、文昌市、琼海市、澄迈县、定安县、屯昌县、临高县这7个未纳入的市县也是海南岛重要的饮用水水源保护区及水源涵养区，对全省生态平衡同样具有重要作用。虽然从2015年起海南对非国家重点生态功能区转移支付市县纳入生态补偿，并于当年安排1亿元财政经费补助7个市县以加强生态环境保护，但属"杯水车薪"。

海南生态环境有其特殊性。海南省拥有61.3万公顷热带天然林，生物种类及特有的类群之多均居全国前列，因而被列为我国陆地11个具有全球意义的生物多样性关键区之一。但海南陆地面积小，生态系统对环境变化反应相对敏感，易受到外界干扰发生退化。把海南建设成为全国生态文明示范区是国务院关于海南国际旅游岛建设发展的重要战略目标之一。但海南属欠发达地区，财力不足，在国家已经给了海南许多优惠政策的前提下，请求将国家重点生态功能区转移支付范围覆盖到海南各市县，实属不得已而为之。

以屯昌县为例：屯昌县位于琼北部平原和琼中部山区接合处，南与琼中黎族苗族自治县接壤，总面积1231.5平方公里，总人口约31万人，是全省唯一的丘陵地带市县，同时是海南的重要生态功能区域。按照《海南省主体功能区规划》规划布局，屯昌县有 1017 平方公里区域被列为限制开发区域，占全县总面积的 82.6%，其中有 17.06 平方公里区域被列为禁止开发区域，南渡江迈湾水利枢纽和红岭灌区工程（均是国务院确定的 172 项节水供水重大水利工程之一）建成后，屯昌县禁止开发区域面积还将大幅增加。据 2016 年海南省"两会"期间屯昌代表团《关于尽快将屯昌县纳入国家重点生态功能区转移支付范围的建议》数据，2014 年屯昌县农村常住居民人均可支配收入 9326 元，比同期全国平均农村常住居民人均可支配收入 10489 元少 1163 元；2014 年全县地方公共财政收入仅 2.65 亿元，地方公共财政支出为 181218 万元，财政自给率只有 14.6%。2014 年屯昌县获得上级预算补助收入 14.81 亿元，人均 5762 元，与享受国家重点生态功能区转移支付的琼中、五指山、保亭和白沙这四个中部市县对比，仅为这四个市县平均值 9534 元的 60.4%，特别是人均财力性转移补助收入仅有 2913 元，是上述四个市县平均值 6036 元的 48.3%。在综合考虑到上述客观因素后，将屯昌县纳入国家级重点生态功能区转移支付范围，是有着比较充分的理由的。

在未纳入国家级重点生态功能区转移支付范围的市县中，虽然屯昌县的问题比较特殊和突出，但即使是海南省经济社会发展的龙头老大——海口市，生态环境保护的任务也是非常艰巨的。据《海口市生态环境红线划分方案研究报告》初步拟定的海口市生态环境红线特别是生态、水、大气、近岸海域"四要素生态红线方案"，其中生态保护红线区主要是河流水面以及两岸绿地控制线、重要水库水面及陆域控制线、天然林、沿海防护林等生态功能极重要、生态环境极敏感的区域，总面积为 338.01 平方公里；水环境红线区主要包括海口市集中式生活饮用水源地一级、二级保护区，面积为 51.53 平方公里；大气环境空间红线区为居住、办公、教育的人口受体敏感区和 2 个国家级自然保护的生态环境受体敏感区，面积共 155.42 平方公里；海口市近岸海域生态红线区主要包括东寨港红树林海洋自然保护区和美兰海底村庄海洋特别保护区，面积为 38.37 平方公里。以上"四要素生态红线方案"总面积达 583.33 平方公里，接近海口市土地面积 2304.84 平方公里的1/4。本课题组建议把包括海口市在内的海南省所有市县纳入国家级重点生态功能区转移支付范围，就是在请求中央政府将海南建设全国生态文明示范区当作一个整体来看待。

（二）请求中央政府支持海南开展农村环境综合整治和有生态特色的新农村建设全覆盖

自 2000 年海南文明生态村创建活动开展以来，省委省政府创造性地将文明生态村建设作为社会主义新农村建设的综合载体来抓，取得了实实在在的成效，受到中宣部和中央文明办的充分肯定。但限于海南省的经济实力，与预期相比还存在一定的差距。因为没有专项建设经费，省政府每年度的国民经济和社会发展计划都不提及，只是每年度的国民经济和社会发展统计公报有数据统计。虽然 2014 年 7 月省文明办出台了《海南省文明生态村建设标准（试行）》，但有标准却不一定能实现。截至 2015 年 12 月 31 日，全省累计创建文明生态村 16448 个，占全省自然村总数的 70.56%，但由于文明生态村建设主要靠省委宣传部、文明办协调各厅局集中财力，在项目经费管理非常严格的今天，文明生态村建设在内容和形式上就成了"鸡肋"。于是出现了用中央政府部门的农村环境综合整治、小康环保示范村、特色风情小镇和美丽乡村建设多个单项建设取代文明生态村建设的趋势。《海南省人民政府办公厅关于印发 2016 年度海南省生态文明建设工作要点的通知》（琼府办〔2016〕101 号），对积极推进乡村生态文明示范创建，提出了"重点推进文明生态村、生态文明乡镇和小康环保示范村建设，全省创建 5 个省级生态文明乡镇和 36 个以上的省级小康环保示范村，新创建 822 个文明生态村"的要求，但还是没有涉及建设经费的事情。

在生态文明建设中，海南农村的问题核心是环境问题。农村环境问题突出表现在：（1）许多生态区遭受无序农业种植的破坏，动植物多样性不断减少。如万宁市境内的"小海"是海南省最大的潟湖，水域东西宽为3.5—7.5公里，南北长约10公里，面积约38平方公里，水深1—5米，现在几乎成了"死海"。能否把它看成是"沧海良田"的演变？笔者不敢妄议。（2）农村养殖几乎没有排污设备，养殖之处，红树林、海防林、湿地等生态环境都遭受不同程度的破坏。（3）热带农业由于农药化肥用量大、残留物多、持续时间长，再加上用法不科学，污染逐年加剧。（4）许多农村乡镇缺少垃圾收集处理设备，难以承受垃圾清运和处理的经济负担，致生活垃圾处理以及排污系统建设进展缓慢。（5）乡镇企业虽然数量很少，但企业规模小，科技水平低，生产过程中所产生的废气、废烟、污水有的没有经处理就直接排放。国家重点生态功能区内白沙黎族自治县原规划拿出邦溪镇搞工业，但我们2015年在调查中听该县财政局局长说，邦溪镇每年对该县的财政贡献也只有一个多亿，相比较生态文明建设可以说是"得不偿失"。

　　农村环境问题是制约海南创建"全国生态文明建设示范区"的瓶颈。至2015年，海南全省农村环境整治率不足8%，低于全国平均水平。在海南财力有限的情况下，有必要请求中央政府在资金上支持海南开展农村环境综合整治全覆盖。同时根据海南特殊省情，支持开展有浓郁生态特色的新农村建设。这种以环境综合整治、特色风情小镇和美丽乡村建设为主要内容的新农村建设，是以"文明生态村建设"概念来统领，还是用"社会主义新农村建设"或"美丽乡村建设"概念来统领？笔者认为，还是把建设了16年的"文明生态村建设"这面旗子高高举起来，且纳入政府的经济社会发展计划之中比较好，把环境综合整治、特色风情小镇和美丽乡村建设等单项经费统合成文明生态村建设经费，同时向中央政府请求支持海南的文明生态村建设，可以"花小钱、办大事"，做实海南生态文明示范区建设的社会基础。

　　请求中央政府支持的海南的文明生态村建设要与新型城镇化的发展相结合，要在深化文明生态村创建中形成新社区，使之在传承历史文化、建设生态文明、共享现代生活方面做出独特贡献。农村城镇化是大趋势，但不能搞大跃进，不能在基础设施上形成新的历史欠账，地下管网建设、垃圾和污水处理要一步到位且适度超前；要从制度上规范农民宅基地置换开发，在改善民居的同时发展乡村旅游，乡村旅游的发展要与国际旅游岛建设发展的整体规划相衔接。

（三）请求中央政府支持海南国家重点生态功能区以"区长制"起步"撤县设区"

海南在编制《海南新型城镇化发展规划》的过程中明确提出把全岛作为一个大城市来规划，并在实践中不断探索如何按照一个"大城市"来规划、建设和管理，在"十二五"收官"十三五"开局之际，无论是海南经济社会发展规划还是经济社会发展的现实与要求，都提出了这样一些问题，即我们离一个真正的全省一城的"大城市"目标还有多远？海南岛中部山区何时实现城镇化？

笔者建议，对海南岛中部参照"河长制"实行"区长制"或"国家公园体制"，统筹以生态环境保护为根本内容的国家重点生态功能区建设。中央政府设置"河长制"的主要目的在于河流治理，海南省设置"区长制"或"国家公园体制"的主要目的在于热带雨林保护。对海南岛中部国家重点生态功能区以"区长制"或"国家公园体制"起步筹划"撤县设区"，笔者设想：将海南岛中部山区热带雨林重点生态功能区内的四个市县撤县设区，组成新五指山市，城镇体系由市、镇、圩镇、民族特色村构成，市府所在地不变。因历史上五指山市（通什）是海南黎族苗族自治州首府，目前城市发展基础较好。以"区长制"或"国家公园体制"起步筹划"撤县设区"的主要理由是：（1）目前海南岛中部山区重点生态功能区4个市县的工作任务和目标一致的，但各县市为了自身发展而出现恶性竞争、彼此雷同的情况。在调研中，一些中部山区县市的主要领导就提议：省里应有一个专门管理中部山区各县市的机构——国家重点生态功能区管委会，最好是将中部山区 4 个县市合并为一个省辖市，由地级市管辖以统一协调国家重点生态功能区的保护和发展。（2）在国家重点生态功能区探索绿色城镇化道路，通过将村民聚集并逐步实现村民变市民，集中力量解决好中部山区全面建成小康社会、各民族共同繁荣、新型城镇化、生态文明建设中存在的物质和精神上的"散"与"穷"的共性问题。

对海南岛中部国家重点生态功能区"撤县设区"，要在现有人员编制总额内按照重点生态功能区特点设置市级机构并通过精简区级行政机构和人员，打破行政壁垒，在不增加行政成本的前提下提高行政效率。国家重点生态功能区"撤县设区"后，海南省的管理层级没有增加但省直管理幅度减少，新五指山市的管理幅度面积与内地一般地级市相当，人口总量、经济总量和发展规模基本上与一般县市相当。这有利于发挥社会主义集中力量办大事的优越性，使过去分散在 4 个县（市）的行政资源、经济资源和科技文化资源在较大区域内得到合理配置和流动，促进国家重点生态功能区内经济社会协调均衡发展。

第六章 海南国际旅游岛生态文明建设多样性发展范式

在海南国际旅游岛"全国生态文明建设示范区"的创建过程中，各市县根据自身优势和角色担当，创造了不同的发展范式。本章在地域和内容上兼顾了城乡发展、三次产业发展、主体功能区建设和不同类型生态文明示范区建设的不同要求，选择了具有代表性的海南岛中部山区热带雨林生态功能区的生态化发展、西部昌江黎族自治县"资源枯竭型城市"新型工业化发展、东部琼海市"三不一就"新型城镇化发展、南部三亚市"双城""双修"国际化海滨旅游城市内涵式转型发展作为典型范式，进行个案分析，深切感受到"顺应自然、范式随缘、因地制宜、绿色崛起"乃海南最大特色，以期对海南乃至全国的生态文明建设起借鉴作用。

第一节 海南岛中部山区热带雨林生态功能区生态化发展范式

在海南"全国生态文明示范区"建设发展中，海南岛中部山区热带雨林生态功能区建设是底色建设。海南岛中部山区热带雨林生态功能区是海南省唯一的国家重点生态功能区，包括五指山、保亭、琼中、白沙4个市县。这4个市县同时是少数民族地区，在2017年底之前也是国家级贫困县。海南的"绿色崛起"取决于海南岛中部山区。国际旅游岛建设以来，海南要求中部山区热带雨林生态功能区在坚守"生态红线"的同时，维护和发展山区群众利益，探索出了生态保护、生态经济、生态扶贫"三生共赢"的生态化发展范式。笔者期待此发展范式可以延伸至周边市县的部分区域，助力申报建设海南热带雨林国家公园。

一、海南岛中部山区热带雨林生态功能区生态化发展范式的选择

（一）海南岛中部山区必须守护好中国现存面积最大的热带雨林

热带雨林是地球上最为重要和特殊的生态系统，人们把它称之为地球上生物多样性基因库、大型"空气清净机"和"地球之肺"。海南岛中部山区热带雨林生态功能区发育并保存着我国最大面积的热带雨林，是海南岛主要河流的发源地与主要水源涵养区。

海南进行生态省建设以来一直强调生态保护，在1999年《海南生态省建设规划纲要》中提出要加强中部山区自然保护区建设"以保护热带雨林、珍稀濒危物种和水源涵养区"。当时人们熟知的几块原始热带雨林主要有五指山、尖峰岭、霸王岭、吊罗山等。2003年3月，来自海南、北京、广东、香港的二十余位植物学家、动物学家、森林生态学家组成的科学考察队，深入到白沙、乐东、五指山、琼中四市县交界处的鹦哥岭山脉腹地进行综合考察，发现了一片约250平方公里的原始热带雨林。由于山高谷深、无路可行，该原始热带雨林未受到人类活动的影响和破坏。之后，一批来自全国的27名青年大学毕业生（包括博士和硕士）陆续奔赴海南岛中部偏远山区参加筹建鹦哥岭自然保护区工作站的工作，其感人事迹被编入2014年全国硕士研究生招生政治试题。

2005 年，海南省对《海南生态省建设规划纲要》进行修编，同时批准实施《海南中部山区国家级生态功能保护区规划》。《海南中部山区国家级生态功能保护区规划》是海南省国土环境资源厅组织编制的，它明确规定中部山地生态区为"国家级生态功能保护区"，并将其分为生物多样性保护区、水源涵养保护区、生态产业与社会经济活动区三大类型区，范围包括五指山市、琼中的全部辖区以及陵水、三亚、乐东、昌江、白沙、保亭、东方 7 个市县的部分乡镇，总面积约 1 万平方公里，占全省土地面积的 31.99%。

经济欠发达的海岛型省份依靠自身力量建设一个规模如此之大的"国家级生态功能保护区"，谈何容易！于是出现这样一幕——绿色和平森林保护项目主任易兰在《消失中的热带雨林——2001—2010 海南热带天然林变化研究调查报告》中说："在过去十年间，海南的天然林每两天就有相当于一个天安门广场大小的面积在消失。"报告"基于实地调查及遥感数据分析，国际环保组织绿色和平发现：海南中部山区的热带雨林在过去十年的时间内消失了 7.2 万公顷，占整个中部山区原有天然林总面积的近 1/4。而主要原因则在于违法违规种植浆纸人工林等行为，及其他人为商业活动。"[①] 可见，守护好这片中国现存的面积最大的热带雨林，必须依靠国家力量。2010 年，《国务院关于印发全国主体功能区规划的通知》（国发〔2010〕46 号）将海南岛中部山区热带雨林确定为国家重点生态功能区。其范围包括五指山市、保亭黎族苗族自治县、琼中黎族苗族自治县、白沙黎族自治县，总面积 7119 平方公里，人口 74.6 万人。比海南省最初规划所涉及的县市在行政区划、面积上都有所缩小，是浓缩的"精华"。但对未纳入国家重点生态功能区的相关市县也纳入到重点生态功能区财政转移支付范围。自此，在国家层面上要求海南岛中部山区必须守护好中国现存面积最大的热带雨林，有了制度和经费上的保障。

---

① 《海南中部山区热带雨淋现状》，http://www.carbontree.com.cn/NewsShow.asp?Bid=6509。

（二）维护和发展好海南岛中部山区热带雨林生态功能区人民的利益

根据原环境保护部、国家发改委、财政部《关于加强国家重点生态功能区环境保护和管理的意见》（环发〔2013〕16号）总体要求：国家重点生态功能区是指承担水源涵养、水土保持、防风固沙和生物多样性维护等重要生态功能；主要任务：严格控制开发强度；加强产业发展引导；全面划定生态红线；加强生态功能评估；强化生态环境监管；健全生态补偿机制。这总体要求和主要任务聚焦到一点，就是把生态环境保护作为根本任务。

海南岛中部山区热带雨林生态功能区内的市县同时是少数民族地区，2017年底之前也还是国家级贫困县，在担当生态环境保护这一根本任务时，同时还承担着促进各民族共同发展繁荣的重大历史任务。

本课题组在海南岛中部山区与各县市的领导交谈时，感觉到他们对于严守"生态红线"、加大保护力度的认识是高度一致的。但他们也谈到了过去中部山区穷，是因为交通不便，企业不愿进入；现在沿海地区投资已基本饱和、中部山区在"要想富，先修路"之后，生态价值凸显，山区土地也是寸土寸金。现在的穷，乃"生态红线"阻隔。他们认为，严守"生态红线"但不能守穷。如何以生态优势让老百姓脱贫致富，这是全面建设小康社会给海南岛中部山区热带雨林生态功能区出的一道必答题。2015年，笔者在深入海南岛中部山区热带雨林生态功能区调查研究的基础上，写了《海南生态文明建设规划要保护好中部山区的群众利益》的调研报告，先后被两位副省长批示。该文稍做改动后发表在海南省委机关刊物《今日海南》2015年11期，认为首先在思想观念上必须明确三点：一是要把生活在生态核心区的百姓看成是生态文明的守护神，而不是生态文明的破坏者。他们祖祖辈辈生于斯、养于斯，是工业文明的发展把他们推到了保护生态环境的最前沿，而不是他们的一些所谓的"不文明"引发了生态环境问题。二是要在生态文明规划中既强调"禁止"类语言，同时还应有更多的"民生"类表述。使人民群众更多地看到最佳民居、美丽乡村和生态经济发展，让生态文明建设真正成为人民群众的幸福生活赞歌。三是要按照市场原则处理生态文明建设中的矛盾，切实解决"三农"问题。要突出解决好规划的科学性、精细化问题，凡涉及农村、农业、农民（包括农场）切身利益的，都要出台相关配套政策，按照市场原则予以合理补偿。

（三）"三生共赢"——海南国家重点生态功能区生态化发展的范式选择

国家重点生态功能区必须把保护生态环境作为自己的根本任务。但在2014 年以前，海南省对各县市的 GDP 考评和主要领导干部的政绩考核，并没有做特定的区分。正如《人民日报》在《海南中部生态核心区取消 GDP 考核农民增收却变快》一文中所报道的："在当地农民的切实感受中，琼中的发展早就开始了。2010 年、2011 年、2012 年琼中农民人均纯收入分别为3341 元、4383 元、5546 元，同比增长分别为 23.3%、31.2%、26.5%，增长幅度连续 3 年居海南首位。但作为当时地国家扶贫工作重点县，却总是免不了这样的尴尬：全省经济指数排名时名次倒数。"[1]

比 GDP，比的是发展速度；不比 GDP，比的是发展思路。在比 GDP 时，海南岛中部县市抓住国际旅游岛建设初期房地产发展"机遇"也确实"火了一把"。这也是琼中人均纯收入高速增长的主要原因。目前，白沙在全省有名的几个乡村中，如邦溪镇的芭蕉村、元门乡罗帅村，都是因房地产项目开发而一举脱贫的。2016 年 8 月，笔者在芭蕉村的会议室里看到一大群中青年妇女在学习织黎锦，老师下课了，她们还在专心致志地练习，印象特别深刻。2015 年 12 月，笔者作为海南"最美乡村"评委在鹦哥岭脚下的元

---

[1]　丁订：《不拼 GDP，科学谋发展》，《人民日报》2015 年 4 月 27 日。

门乡罗帅村乡村旅游宾馆留宿，晚饭后到小溪边散步，看到一位黎族小青年正在烧篝火，并准备了自己白天劳作弄来的几斤小鱼仔。在攀谈中，他很高兴地给我烤了一串小鱼，谈到他们村应用"政府＋企业＋农户＋银行"模式发展生态旅游，穷山村变身"桃花源"，生活比过去好多了，但还是有些留恋儿时的岁月，当晚就约了几位儿时的伙伴在此烤篝火怀旧。说话间，他的几个伙伴都来了，海南电视台年轻的记者碰巧也来了，于是记者们叫商店老板搬来几箱啤酒，把怀旧的篝火变成了迎新的晚会。

海南岛中部山区热带雨林生态功能区建设必须正确处理好保护与发展的关系，经济社会发展不能以牺牲生态环境为代价，这一原则不会因各地的特殊性而发生变化。对国家重点生态功能区而言，要求也只能是越来越严格。2016年11月原环保部公布《全国生态保护"十三五"规划纲要》，提出到2020年基本建立生态保护红线制度。而在此之前的2016年7月，海南省人大常委会通过了《海南省生态保护红线管理规定》。生态保护红线的实质是生态环境安全的底线、高压线。海南岛中部山区热带雨林生态功能区作为海南目前唯一的国家重点生态功能区，其根本任务和目标的达成，力量源泉首先来自当地群众。社会需要理想，群众更在意现实。在保护生态的同时人民生活有改善，能够安居乐业，他们就是建设"全国生态文明建设示范区"的模范；如果在强调生态保护时不关注民众生活，包括物质生活和精神生活的改善和提高，老百姓也会有自己的想法。

2008年中央设立重点生态功能区财政转移支付以来，"截至2015年底，中央财政已累计下达我省国家重点生态功能区转移支付资金47.66亿元，有力地支持了我省生态立省、绿色崛起战略，为我省生态环境质量一直保持全国领先水平发挥了重要作用"。2016年，中央财政下达海南省国家重点生态功能区转移支付资金19.7亿元，比上年增加7.27亿元，其力度远超过去。时任海南省省长刘赐贵为此强调："要合理有效分配使用国家重点生态功能区转移支付资金，保护好生态，发展好经济；要进一步激励生态功能区人民群众保护好生态环境，推动绿色发展。"① 这里所强调的实质就是构建生态、生产、生活"三生共赢"的生态化发展范式。

从一般意义上讲，"三生共赢"是"生态优先"原则下的生态、生产、生活的良性互动。从海南岛中部山区热带雨林生态功能区生态化发展范式看，则超越了"生态优先"原则下的生态、生产、生活的良性互动，而且生态、生产、生活的良性互动都围绕"生态化"而展开。

二、海南岛中部山区热带雨林生态功能区生态化发展范式的基本框架

"三生共赢"生态化发展的含义首先在于生态保护。生态保护不仅仅是政府职责，也是国家重点生态功能区内民众的职责。民众职责自觉性的来源除了朴素的"天人合一"的生活信仰之外，更重要的是要有与保护生态环境相关的经济、政治、文化、社会活动，有更直接的生态补偿和聘用森林守护员等利益关联，还需加强群众义务教育和环境保护的法制教育等。

其二在生态经济。国家重点生态功能区内人民的幸福生活首先要靠自己的劳动去创造，而不是"等、靠、要"。"重点生态功能区的建设应将经济发展和生态环境保护相结合，切实提高区内人民的生活水平。在坚持适度开发、适度发展的原则下，调整重点生态功能区内的产业结构，引导发展特色资源产业，促进自然资源的合理利用与开发，最大限度地减轻人类活动对生态环境的影响，达到保护生态功能的目的。"② 由于海南对国家重点生态功能区建设制定了比国家政策更为严厉的产业准入负面清单，其经济形态主要包括生态农业和生态旅游在内的生态经济。生态农业发展诸如橡胶、有机瓜果、茶叶、南药、桑蚕、黑猪、黄牛、山羊、山鸡等种植、养殖业；生态旅

---

① 《刘赐贵主持召开省政府专题会议　研究国家重点生态功能区转移支付资金分配等事项》，《海南日报》2016 年 11 月 12 日。

② 原环境保护部：《国家重点生态功能区保护和建设规划编制技术导则》(2010 年 4 月 9 日)。

游发展诸如生态观光旅游、温泉休闲旅游、农家乐田园旅游等。

其三在生态扶贫。截至 2017 年底，海南国家重点生态功能区内四个县市均是国家级贫困县。当时全国执行 2300 元国家扶贫标准的省份有 17 个，以中西部省份为主；标准高于 2300 元的省份有 14 个，以东部省份为主。海南省虽然在经济发展水平上属于西部地区，但制定的贫困线标准仍略高于国家扶贫标准线，为 2650 元。截至 2015 年底，全省农村建档立卡贫困户需要扶贫人数为 47.7 万，约占总人口的 5.3%，贫困人口主要集中在 5 个国家级贫困县，在国家重点生态功能区之外的贫困县只有海南岛东北部的临高县。当时海南岛中部山区的贫困问题，在今天看来不是因为环境恶劣，而是由于生态环境太好。解决国家重点生态功能区内这部分人的贫困问题，必须走经济发展和生态扶贫的道路。经济发展不以牺牲环境为代价，还要有利于生态环境的保护，这就是生态经济。生态扶贫属国家财政转移支付政策性扶贫，主要有生态直补和生态移民两种形式。对于国家重点生态功能区内的核心区，要确保原始雨林的原始性和水源地源头的纯洁性，需要转移居民的生产生活空间。而转移居民生产生活空间的最佳方式就是生态移民扶贫。

从当时我们调查的情况看，海南在创建"全国生态文明建设示范区"的过程中，受益于国家财政转移支付政策和产业发展导向，使国家重点生态功能区内各县市在基本"不差钱"的条件下比较从容地把保护生态环境与发展生态经济、生态扶贫有机结合了起来。而且重点生态功能区内市县在解决贫困问题上比周边一些不太发达的市县有更多的资助手段。如白沙农房改造和扶贫济困的政府资助力度明显比相邻的地级市儋州市大。在利益的比较中，国家重点生态功能区内各县市政府与民众在处理保护与发展问题上就比较容易达成共识，从而有利于形成"三生共赢"的独特的生态化发展范式。

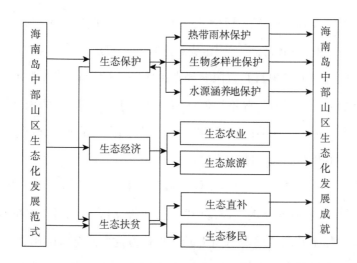

图 6-1　海南国家重点生态功能区生态化发展范式基本框架示意图

三、海南岛中部山区热带雨林生态功能区生态化发展的主要成就

（一）"负面清单"守护住了逐渐消失的热带雨林

2010 年，为保护好海南的生态核心区，守护好逐渐消失的热带雨林，《海南国际旅游岛建设发展规划纲要（2010—2020）》在"功能组团"一节中对中部组团做出规划：中部组团"包括五指山、琼中、屯昌、白沙 4 市县，面积 7184 平方公里，占海南岛面积 21.07％。处理好保护与开发的关系，在加强热带雨林和水源地保护的基础上，积极发展热带特色农业、林业经济、生态旅游、民族风情旅游、城镇服务业、民族工艺品制造等。重点建设国家森林公园和黎族苗族文化旅游项目"，收紧了产业准入通道。

2016 年，海南省发改委印发了严于国家《产业结构调整指导目录》的《海南岛中部山区热带雨林生态功能区 4 市县产业准入负面清单》。这份负面清单根据海南重点生态功能区主体功能定位、资源禀赋对国家重点生态功能区内 4 个市县负面清单所做的相应调整，"其中限制类涉及其中的 19 个大

类，禁止类涉及其中的 32 个大类"。负面清单"明确农业不得在 25 度以上
陡坡地垦种，木材和竹材采运限定森林采伐量，房地产开发经营严格限制新
上商品房住宅房地产项目并仅限布局在镇墟"；同时明确"橡胶制品业、屠
宰及肉类加工、采矿业"等不得新增布点或新上项目等。"海南在海南岛中
部山区热带雨林生态功能区建设制定如此严厉的产业准入负面清单，其实质
就是抑制经济开发的内在冲动。"①

国家重点生态功能区的生态保护政策守护住了逐渐消失的热带雨林。
据最新统计，到 2015 年底，海南国家重点生态功能区内各市县的森林覆盖
率比建设国际旅游岛之前都有所上升，森林覆盖率比全省高出 20 来个百分
点。其中，五指山市"十二五"期间造林 3.34 万亩，森林覆盖率由 2011 年
的 83% 提高到 2015 年的 86.44%，森林蓄积量由 2011 年 969.5 万立方米增
加至 2015 年 1000 万立方米，位居全省前列。

表 6-1 海南岛中部山区热带雨林生态功能区森林覆盖率及其比较（%）

	五指山	保亭	琼中	白沙	海南省
2009 年	81	81.5	/	/	59.2
2015 年	86.44	82.0	83.74	81%	62.0

资料来源：2009 年数据摘自 2009 年海南省国民经济和社会发展统计公报及相关市县统计公报；2015
年数据摘自海南省及相关市县"十三五"规划。2009 年统计公报中没有琼中和白沙森林
覆盖率数据，2010—2013 年两县数据又前后存在矛盾，故空缺。

（二）生态经济发展增强了自我"造血"功能和生态保护意识

中国科学院生态环境研究中心系统生态重点实验室欧阳志云等在《海
南岛生态系统生态调节功能及其生态经济价值研究》一文中以海南岛为
例，"将海南生态系统类型划分为 13 类，分析、评价了海南岛各类生态系
统在水源涵养、水土保持、营养物质循环、固碳、防风固沙等方面的生态

---

① 王晓樱：《海南：负面清单守护逐渐消失的热带雨林》，《光明日报》2016 年 11 月 2 日。

调节功能及其生态经济价值，以及生态系统提供产品的价值。研究表明，2002 年海南岛生态系统所提供的生态调节功能的价值为 203588×108 元—215339×108 元，而生态系统产品价值仅为 25406×108 元，生态调节功能价值是其产品价值的 8 倍多"[①]。海南岛中部山区热带雨林全国重点生态功能区对维持全岛生态平衡与可持续发展起着十分重要的作用，其生态调节功能的价值和生态系统产品价值均应高于全省均价。在这之后，海南大学环境与植物保护学院、中国热带农业科学院刘建波等在《海南中部山区森林生态系统服务功能价值评估》中也做过类似的深入研究。

诸如此类的研究，对提高人们的生态环保意识和推动生态补偿机制的建立提供了重要参考。但他们都没有涉及由于良好的生态环境，其生态的载体——土地也在不断升值。从眼前局部利益而言，土地开发是海南岛中部山区经济发展的捷径。但"生态红线"断了过度的土地开发、房地产和工业发展之路。在生态农业、旅游服务业上做大做强，是海南岛中部山区热带雨林全国重点生态功能区发展经济的唯一选择。于是，自创建"全国生态文明建设示范区"以来，海南岛中部山区热带雨林生态功能区立足生态资源优势，在产业发展中坚持生态定位，把生态建设放在更加突出的位置，推进产业结构生态化，探索出一条通过调整农业产业结构，在稳步发展橡胶、槟榔、桑蚕和南药等产业的同时，积极推广生态生产技术，促进特色农业规模化、集约化、标准化发展的生态农业经济发展新路；同时通过依托浓厚的黎苗文化底蕴、人文景观和自然风光，发展生态休闲旅游，形成了自然与人文并存的生态文化旅游品牌，七仙岭、五指山、什寒村、什运村、百花岭、罗帅村以及传统民族工艺品黎锦等旅游品牌保持了较高知名度、美誉度，生态旅游经济成为海南中部山区新的经济增长点。

生态经济发展增强了海南岛中部山区自我"造血"功能，同时还增强

[①]　欧阳志云等：《海南岛生态系统生态调节功能及其生态经济价值研究》，《应用生态学报》2004 年第 8 期。

了当地政府和民众的生态保护意识。如琼中，养蚕业是其新开发的特色产业之一，有效带动了当地农民脱贫致富，当地政府一直想建一个丝绸印染厂，但在实施《负面清单》的过程中发现建印染厂与当地产业发展规划不符且存在污染环境的风险后，就主动去掉了这个项目；在生态工业园建设中，他们按照3R（Reduce、Reuse、Recycle）原则实行资源减量化、再循环与回收利用、废物资源化，提高资源的利用效率，对制糖、制胶业等传统工业进行了技术改造，把污染物消化在了产业链内。据海南生态省建设联席会议办公室《关于2016年度海南生态省建设工作考核结果的公示》，在对海南省18个市、县（不含三沙市）生态省建设工作任务完成情况进行考核形成的"2016年度海南省各市县生态省建设考核结果"中，海南岛中部山区国家重点生态功能区内的4个市县中，五指山、琼中为优秀，保亭、白沙为良好。

表6-2　2016年度海南省各市县生态省建设考核结果

市县名称	考核成绩	考核等次	备注
海口	92.5	优秀	
三亚	91.7	优秀	
万宁	90.1	优秀	
五指山	90.1	优秀	
乐东	90.0	优秀	
琼中	90.0	优秀	考核结果分为四个等次：（1）考核总分为90分（含）以上为"优秀"；（2）考核总分为89—75分（含）为"良好"；（3）考核总分为74—60分（含）为"合格"；（4）考核总分为59分（含）以下为"不合格"。
文昌	89.0	良好	
保亭	88.9	良好	
东方	88.9	良好	
澄迈	88.9	良好	
昌江	88.8	良好	
屯昌	88.8	良好	
陵水	88.7	良好	
琼海	88.6	良好	
儋州	87.8	良好	
白沙	86.3	良好	
定安	85.8	良好	
临高	84.9	良好	

（三）生态扶贫开通了生态保护——改善民生"直通车"

生态扶贫作为当时海南解决中部山区贫困问题的重要手段，具体举措一是生态直补，二是生态移民扶贫。

生态直补作为对"生态红线"内居民的普惠性政策，对于把生态保护与提高经济生活挂钩，提升当地居民的生态意识和生态责任意识是非常行之有效的。虽然生态直补除去聘请护林员的工资之外，分配到具体农户，人年均不足 500 元，但年年都有所增长。如 2016 年，中央共下达海南国家重点生态功能区转移支付资金 19.07 亿元，比上年增加 7.27 亿元，增长 61.6%。

生态移民扶贫则是对居住在生态核心区，路途遥远而又不易修路或修路成本昂贵的村落所采取的一种精准扶贫的方式。对于生态移民扶贫，笔者和王增智博士受海南省社科联委托，在《海南日报》2016 年 12 月 14 日理论版"权威论坛"上发表了《生态移民扶贫在海南的实践创新》一文，提出"生态移民扶贫是海南精准扶贫的重要实现形式"，"生态移民扶贫的推进，要将易地搬迁与发展特色产业、生态保护有机结合起来"，实现"生态保护与改善民生的双赢"。《生态移民扶贫在海南的实践创新》（内容摘要）见本书附四。

此文发表后不久，地处鹦哥岭生态核心区腹地，需要生态扶贫的白沙黎族自治县南开乡道银村、坡告村村民，在 2017 年新年到来之际成功走出大山，搬入新居银坡村。据白沙的李副县长介绍，银村、坡告村整体生态移民扶贫方案是省委副书记李军亲自审定的，是对生态核心区生态移民整体搬迁做出的一个成本巨大的决策：将银村、坡告村各取一字，建设新的"银坡村"，村民们不仅住进了新房，生态扶贫移民工程还为村民们人均分配了 10 亩政府出资、从国营青年农场购买来的已开割的橡胶林，并提供了完善配套的禽畜圈养区，制定了 3 年生态农业规划。

（四）"三生共赢"的生态化发展能与全省同步跨入"全面小康"

海南国际旅游岛建设以来，海南岛中部山区热带雨林生态功能区通过创新"三生共赢"生态化发展模式，经济社会发展取得了前所未有的全面进步。特别是在基础设施建设方面，海南中线高速海口至琼中段建成通车，从琼中到海口的车程已从3个小时缩短至1个多小时；琼中至三亚高速路琼中至乐东段正在修建之中；从万宁经琼中到洋浦的横线G9813高速公路已经开工兴建。公路实现"村村通"，有公路的地方通信网络全覆盖，而网商的发展也成了促进农产品外销新的经济增长点。基础设施的改善使得穷乡僻野的绿水青山真正成了"金山银山"，"三生共赢"的生态化发展模式完全能够能使海南岛中部山区与全省同步跨入"全面小康"。考虑到五指山市原有基础较好，保亭黎族苗族自治县旅游业开发较早且已形成规模，故以有"一穷二白"之称的琼中、白沙两县为例。

琼中黎族苗族自治县"2015年，全县生产总值完成39亿元，是2010年的1.64倍，年均增长10.4%"；"人均地区生产总值达到22146元，是2010年的2.09倍，年均增长15.86%；地方财政一般预算收入完成3.7亿元，是2010年的3.59倍，年均增长29.1%"；"固定资产投资完成38.4亿元，是2010年的5.41倍，'十二五'累计完成131.4亿元，是'十一五'期间五年累计投资的8.66倍，年均增长40.2%"；"2015年，城镇常住居民人均可支配收入22827元，是2010年的1.92倍，年均增长13.9%；农村常住居民人均可支配收入8810元，是2010年的2.63倍，年均增长21.3%"，"增幅连续5年排名全省第一"[①]。

白沙黎族自治县"全县地区生产总值由2010年的23.24亿元增加到2015年的39.9亿元，是2010年的1.6倍，年均增长9.5%；固定资产投资

---

① 《琼中黎族苗族自治县国民经济和社会发展第十三个五年规划纲要》（琼中黎族苗族自治县"十三五"规划领导小组2016年1月）。

2015 年达到 21.9 亿元，年均增长 28.7%；地方一般公共预算收入由 2010 年的 0.86 亿元增加到 2015 年的 2.82 亿元，年均增长 26.8%"；"城镇居民人均可支配收入由 2010 年的 12983 元增加到 2015 年的 22416 元，农村居民人均可支配收入由 3656 元增加到 2015 年的 8732 元，年均增长分别为 12.2% 和 18.1%"[①]，农村居民收入增幅高出城镇居民 5.9 个百分点。

表 6-3　海南岛中部山区居民人均可支配收入及"十二五"年均增速

地区	五指山		保亭		琼中		白沙		海南省	
居民	城镇	农民	城镇	农民	城镇	农民	城镇	农民	城镇	农民
2015 年人均可支配收入（元）	21366	8636	23021	8735	22827	8810	22416	8732	26356	10858
年均增速（%）	13.7	17.7	12.1	20.4	13.9	21.3	12.2	18.1	11.6	14.3

资料来源：海南省"十三五"规划和各市县"十三五"规划。

海南岛中部山区的这些数据都是比较保守的。即使这样，比照海南省"十三五"规划提供的数据："2015 年，全省地区生产总值 3702.82 亿元，人均生产总值 40818 元，年均增长 9.5% 和 8.4%；固定资产投资 3355.4 亿元，年均增长 22.8%；地方一般公共预算收入 627.7 亿元，年均增长 18.3%"。"2015 年，城镇居民人均可支配收入 26356 元，年均增长 11.6%；农村居民人均可支配收入 10858 元，年均增长 14.3%。实施中部农民增收计划，中部地区农民收入与全省平均水平相比缩小 9 个百分点。"[②] 表明海南岛中部山区热带雨林生态功能区"三生共赢"的生态化发展范式在国家政策支持下，保持现有发展态势，从人均可支配收入来看，完全能在"十三五"末与全省差

①《白沙黎族自治县国民经济和社会发展第十三个五年规划纲要》（白沙黎族自治县"十三五"规划领导小组 2016 年 3 月）。

②《海南省国民经济和社会发展第十三个五年规划纲要》（2016 年 2 月海南省第五届人民代表大会第四次会议审议通过）。

距缩小，跨入"全面小康社会"。

第二节　昌江"资源枯竭型城市"新型工业化发展范式

昌江黎族自治县是全国第三批"资源枯竭型"城市。昌江黎族自治县位于海南岛西北部，有铁、石灰石、铜、钴、金、石英砂等 20 多种矿产资源，有"海南聚宝盆"之称。其中，石碌铁矿曾经是"亚洲第一富铁矿"，其"富"的平均品位为 51.2%，最高品位可达 68%。昌江作为海南传统工业重镇是"因矿而生"。在改革开放前，它是海南唯一称得上具有现代工业的地方。进入新世纪后，随着铁矿资源的日渐枯竭，海南省和昌江黎族自治县主动应对，从尝试建立国家"循环经济工业园区"开始，在挫折中探索出了一条创建"海南新型工业和新能源基地"的新型工业化发展道路。

一、昌江"资源枯竭型城市"新型工业化发展范式的选择

（一）昌江黎族自治县是海南唯一的"资源枯竭型城市"

昌江石碌铁矿开采有上百年历史。"石碌"的起源，可以追溯到清乾隆四十七年（1782）此处大山地表发现了铜矿，呈孔雀石类型，故名"石绿岭"后改称"石碌岭"。昌江石碌铁矿的工业化开采，始于日军侵华期间。从 1942 年 4 月到 1944 年 10 月的两年半时间内，"石碌铁矿采矿量 695274 吨，被掠夺到日本的矿石竟达 694945 吨。"[①] 改革开放以来至海南建设国际旅游岛，昌江工业"一业独大"，工业产值占全县 GDP 比重达 65% 以上，财政贡献达 50% 以上，三次产业比重被人们形容为"纺锤型"。

---

① 钟捷东主编：《铁证如山：日军侵琼 1939—1945 暴行实记》，海南出版社 2015 年版，第 123 页。

2009 年，昌江石碌铁矿石成品矿产量为 334.96 万吨。然而，随着铁矿资源保有储量逐年减少，露天铁矿已趋于枯竭。2011 年，昌江黎族自治县被国务院确定为全国第三批资源枯竭型城市。全国资源枯竭型城市（县、区）一共 69 个，昌江是海南唯一的资源枯竭型城市，其闻名于世的石碌铁矿露天采矿场计划于 2017 年闭坑。

昌江黎族自治县被国务院确定为"资源枯竭型城市"，是特指昌江露天铁矿资源的枯竭。昌江的地下铁矿以及其他资源其实还是非常丰富的，特别是有念好旅游"山海经"所需的非常丰富的森林和海洋资源。山有霸王岭。昌江霸王岭是国家自然保护区、国家级森林公园，其空气负离子日均浓度可达 5000 个 / 立方厘米。海有棋子湾。昌江棋子湾面朝北部湾，是长 20 多公里的 S 形海湾，海面平静清澈见底，海沙细软且洁白如银，海岸奇峰林立、色彩各异。

昌江黎族自治县的其他资源还有诸如土地资源，包括石灰岩和金矿在内的其他矿产资源。据昌江黎族自治县人民政府编制的《昌江黎族自治县土地利用总体规划（2006—2020 年）调整完善方案》，"确定 2020 年全县耕地保有量为 36620.00 公顷，截至 2014 年，全县新增建设占用耕地面积为 437.15 公顷，通过土地整治新增耕地 1512.65 公顷，至 2014 年全县耕地保有量为 37597.91 公顷，超省下达指标 977.91 公顷。省下达昌江县基本农田保护面积 29023.00 公顷，《规划》实际划定基本农田 29367.46 公顷，规划实施至 2014 年，全县基本农田保护面积均为 29367.46 公顷，比省下达基本农田保护指标多 344.46 公顷。"① 据《中国国土资源报》报道：海南省昌江黎族自治县"有铁矿、石灰石、铜、钴、金、石英砂等 20 多种矿产资源，素有

---

① 《昌江黎族自治县土地利用总体规划（2006—2020 年）调整完善方案》，昌江黎族自治县人民政府，2016 年 12 月。

'海南聚宝盆'之称。"① 石碌露天铁矿虽然已经闭矿，但石碌铁矿资源深部开采工程等产业项目已经竣工。

海南岛的矿产资源开采主要集中在昌江，但与此同时，昌江生态环境保护也可谓良好。据《2015年昌江县经济和社会发展统计公报》：通过对可吸入颗粒物（PM_{10}）、二氧化硫、二氧化氮、细微颗粒（$PM_{2.5}$）、臭氧、一氧化碳等项目监测，城区环境空气中主要污染物"除部分监测日出现臭氧浓度超标外，其余监测日均符合《环境空气质量标准》（GB 3095–1996）中的一级标准"；旅游景区环境空气中主要污染物"除部分监测日出现臭氧浓度超标外，其余监测日均符合《环境空气质量标准》（GB 3095–1996）中的一级标准"；循环经济工业园区环境空气中主要污染物"除部分监测日出现可吸入颗粒物（PM_{10}）浓度超标外，其余监测日均符合《环境空气质量标准》（GB 3095–1996）中的一级标准"。"石碌河水质总体处于良好状态，满足地表水环境质量Ⅲ类标准，石碌水库水质符合地表水环境质量标准Ⅱ类标准。石碌镇县城区域环境噪声年均值达到声环境质量标准一类标准。"② 这也为昌江转型发展创造了条件。

（二）昌江"资源枯竭型城市"转型发展的艰难探索

从自身优势出发，昌江"资源枯竭型城市"转型发展是三次产业并举。特别是为重振当年海南工业重镇雄风，进入21世纪以来，昌江在大力发展绿色农业的同时，开始了发展低碳循环经济的新探索，提出要"开启低碳循环工业全新时代"，"推动山海互动旅游赶超跨越"③。而且在实践中，昌江在发展循环经济方面也一直走在全省前列。

---

① 尹建军、冯秀玲：《昌江黎族自治县国土局四个100%是这样实现的》，《中国国土资源报》2013年5月2日。

② 昌江黎族自治县统计局：《2015年昌江县经济和社会发展统计公报》（2016年4月12日）。

③ 陈家贞：《昌江黎族自治县委书记林东：加快转型升级 实现绿色崛起》，《海南日报》2016年3月24日。

20 世纪 90 年代，当时的昌江正准备建设海南钢铁厂。为了围绕钢铁厂延伸产业链，并实现节能减排，海南省政府于 2004 年 8 月批准成立了"昌江循环经济工业园区"；2007 年 12 月，"昌江循环经济工业园区"被批准为国家级循环经济示范试点产业园区。园区产业主要有铁矿采掘和选矿业、水泥产业、钴铜冶炼、橡胶加工、生态环保建材及新能源。但是，海南钢铁厂项目未能上马。

昌江循环经济工业园区"循环经济"发展模式是对"大量生产、大量消费、大量废弃"的传统经济模式的变革。昌江循环经济工业园区的循环对象主要是固废物，表现为对矿产资源开采过程中固废物的循环利用。2008 年 4 月，在《海南省昌江循环经济工业区建设国家循环经济试点实施方案》中，海南昌江循环经济工业区管委会、国家发改委产业经济与技术经济研究所还共同编制了精美的《昌江循环经济工业园区基本循环框架和线路图》。

经过五年试点建设，2013 年，根据国家发改委等七部委局《关于组织开展国家循环经济示范试点单位验收工作的通知》(发改环资〔2013〕1471号) 的要求，昌江循环经济工业园区对照 2009 年 2 月国家发改委批复同意的《海南省昌江循环经济工业区建设国家循环经济试点实施方案》，截至2012 年底，园区企业共有 26 家，主要产业包括铁矿石采掘和选矿、水泥生产、钴铜冶炼、橡胶加工、生态环保建材、新能源、绿色农产品加工。其中规模以上工业企业包括海南矿业股份有限公司、华润水泥（昌江）有限公司、昌江华盛天涯水泥有限公司、鸿启实业叉河水泥公司等 7 家，工业总产值达 76.6 亿元。2012 年，园区铁矿石原矿产量 564.2 万吨，成品矿产量387.8 万吨，占全省产量的 95% 左右；园区水泥熟料产能 1300 万吨，占全省水泥熟料产能 98% 以上，水泥产能 310 万吨。

昌江循环经济工业园区的发展是有成效的，但离最初的设想存在一定差距："2010 年园区 GDP 的目标值为 103.2 亿元，实际值为 23 亿元；2012年园区 GDP 的目标值为 200 亿元，实际值为 40 亿元。"究其原因，主要是当时的发展模式与国家产业政策不符，尤其是"海南国际旅游岛建设上升为国家战略后，对海南生态环境和资源能源提出了更高要求，资源与环境约束力进一步加大，对工业转型升级和布局的要求更高，以致园区规划中的钢铁项目、钛白粉项目、多晶硅项目、轻质钙项目、重质钙项目、氧化球团项目等未能实施建设，使园区 GDP 无法完成预计的目标值，直接影响园区各项指标的完成"。①

这次国家循环经济示范试点单位验收，海南省唯一的国家循环经济示范试点单位未获通过，后来也没有被列入海南省重点工业园区。根本原因仍然在于经济总量太少。同时，海南钢铁厂这个循环经济发展的大前提没有了，昌江循环经济工业园区的社会大循环就发展不下去了。对照原定目标，昌江循环经济工业园区的建设成效并不理想。但从发展循环经济带动工业转型的角度看，昌江循环经济工业园区的发展作为对传统经济模式的变革，在节能减排上主动作为，还是取得了一些示范性成果。2013 年，海南省的昌江与文昌一道成为国土资源部表彰的"国土资源节约集约模范市县"。

（三）"采矿业、生态建材、新能源"三业并举——昌江新型工业化发展范式的选择

"资源枯竭型城市"探索发展循环经济，昌江循环经济工业园区的规划很"丰满"，但现实很"骨感"。规划中循环经济社会大循环因海南钢铁厂这个上游没有了，下游就断流了；已经循环了多年的华盛水泥绿泥代替钙质原料项目，最初从洋浦经济开发区金海纸浆厂输入绿泥代替钙质原料，变废为宝，年消耗绿泥 3 万吨，由于后来金海纸浆厂要求有偿提供而终止了合作。目前，循环经济工业园区企业内部循环的仅存硕果主要有：（1）红旗尾矿库回收项目：采用先进磁选机和强磁—离心重选联合流程取代传统的磁—浮流

---

① 海南昌江循环经济工业园区管理委员会：《国家循环经济试点单位自查报告》（2013 年 10 月）。

程，每年可处理 60 万吨尾矿，提高了铁金属回收率；（2）水泥生产企业低温余热发电项目：目前园区低温余热发电总装机容量 56 兆瓦，其中华盛水泥 27 兆瓦，华润水泥 20 兆瓦，鸿启叉河水泥 9 兆瓦；（3）水泥生产企业废弃资源综合利用项目：华盛公司利用选矿厂的废弃物铁尾矿石，年消耗铁尾矿石约 18 万吨，年利用粉煤灰、石粉渣、脱硫石膏等工业废渣约 200 万吨。

昌江循环经济工业园区发展遭受挫折，但昌江的发展没有止步。在海南省委省政府的支持下，他们在工业转型上另辟蹊径：在"依托昌江循环经济工业园区，加快建设矿产资源循环利用基地"，建设"新型生态建材生产基地"的同时，实施了"加快推进昌江核电等清洁能源项目建设，打造海南新能源基地"的发展战略。① 目前，铁矿石采掘地下矿井与地面传送带已经建成，在露天铁矿闭坑后，能保障现有采矿规模和工人就业。只是由于开采成本提高，经济效益不如从前。但石碌铁矿作为海南历史上最为重要的工矿企业雄风犹存，与水泥和水泥制造等资源型生态建材工业，核电、农地光伏发电等新能源工业一起，成为了拉动昌江经济发展、实现工业转型的"三驾马车"。

二、昌江"资源枯竭型城市"新型工业化发展范式的基本框架

工业转型发展不是不要传统工业，而是在坚持走传统工业绿色化发展之路的基础上发展新兴工业。昌江的传统工业主要是铁矿采矿业。虽然昌江露天铁矿已经枯竭，但据海南省资源环境调查院、海南矿业股份有限公司、海南省地质调查院、中国科学院广州地球化学研究所"海南省昌江县石碌铁矿接替资源的勘查"成果，至 2011 年成果公布时，已经累计探获铁矿石 20644.57 万吨、钴矿金属量 3075 吨、铜矿金属量 17163 吨。项目净增铁矿石 6674.72 万吨（大型）、钴矿金属量 2719 吨（中型）、铜矿金属量 16652

---

① 《昌江黎族自治县国民经济和社会发展第十三个五年规划纲要（2016－2020 年）》（2016 年 2 月 26 日昌江黎族自治县第十四届人民代表大会第七次会议通过）。

吨（小型）、镍金属量 722 吨、银金属量 14 吨、硫元素量 21.20 万吨。并在成矿预测和找矿方向上提出了 5 处重点找矿靶区，2 处找矿预测区，3 处找矿远景区。其勘查成果可延长矿山服务年限 28 年。

昌江新型工业化的发展，在发掘传统工业潜力的基础上以发展生态建材和新能源为主攻方向。在生态建材工业发展方面，加强生态建材基地建设，目前主要代表性企业有昌江循环经济工业园区内的华润水泥（昌江）有限公司（国营）、昌江华盛天涯水泥有限公司（民营），它们是海南建材行业的龙头老大；此外还有 2011 年 11 月注册的瑞图明盛环保建材（昌江）有限公司（中外合资）。这些企业已经部分形成了循环经济，如尾矿砂综合利用、水泥窑余热利用。

在新能源工业发展方面主要是余热发电、光伏发电和核电。余热发电属生态建材工业内的循环经济，光伏发电是租用农地利用海南日照充足优势搭建 2—3 米高的铁架，上置光伏电板，下面的土地转包给农业公司种植农作物，在发展新能源的同时实现了工农业融合发展。目前，昌江规模较大的示范性光伏电站有两家，分别占地约 500 亩、600 亩。我们到中电国际 20 兆瓦光伏农业发电站考察时，该发电站的负责同志告诉我们，他们公司准备在昌江建万亩光伏农业发电站，目前还没有找到可租用的合适的农用地。此外，海南风力资源属于中等水平，可以开发风电。2013 年，国电龙源集团广东分公司与昌江黎族自治县政府签订了风力发电项目。这一项目装机规模 5 万—10 万千瓦，总投资 5 亿—10 亿元人民币，分二期建设。但据海南省发改委的同志介绍，由于海南土地资源的有限性，不宜大规模发展风电。

昌江新能源工业发展的重头戏在核电。海南核电项目位于海南岛西海岸的昌江县海尾镇塘兴村内。国家对于核电站的选址安全有着十分严格的要求，比如说要能有效防备地震、海啸、台风等可能发生的自然灾害。经过多年复杂的调查和筛选，专家组才确定核电站选址在昌江最为合适。昌江核电项目由中国核工业集团公司、中国华能集团公司按 51% 和 49% 比例出资建设，规划建设 4 台 65 万千瓦压水堆核电机组，采用由中核集团公司自主开发的具有我国自主知识产权的 CNP600 标准两环路压水堆核电机组。2015年 11 月经国家核安全局确认，中核集团海南核电有限公司正式对外宣布：1号机组首次并网成功。海南国际旅游岛开启了绿色核电时代。昌江新型工业化"三驾马车"转型发展范式基本成型。

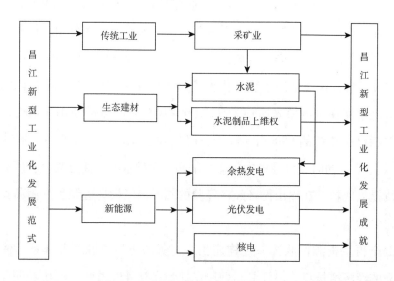

图 6-2　昌江"资源枯竭型城市"新型工业化发展范式基本框架示意图

三、昌江"资源枯竭型城市"新型工业化发展的主要成就

昌江新型工业化发展，从循环经济工业园区建设起步。虽然它没有通过 2013 年国家循环经济示范试点单位验收，但作为海南的老工业基地，昌江的发展模式经过产业调整后，在绿色、低碳、循环发展方面为全省转型发展起到了示范作用。

（一）生态建材产业为全省循环经济发展起到了示范作用

积极拓展尾矿高附加综合利用，完善资源型循环经济产业链。重点在于支持尾矿制备加气混凝土砌块、混凝土空心砌块、新型墙体材料等大量掺杂尾矿综合利用项目，加强建材行业协同处理尾矿的能力，以尾矿为纽带增强资源型产业循环经济关联；加强钴、铜冶炼过程中的烟气回收，针对副产硫酸实施混凝土外加剂"补链"项目，增强金属冶炼与建材行业之间循环经济关联，构建相对完善的"采矿—冶炼—建材"资源型循环经济产业体系。

全面推广清洁生产技术，提升企业循环经济发展水平。昌江采矿业和水泥行业在海南省工业体系中占据重要地位。采矿业和水泥制造行业属于典型的资源消耗高、高污染物排放行业，在上述行业全面推广清洁生产先进技术是昌江循环经济工业园区循环化改造的重要内容。如"昌江县境内的海南华盛天涯水泥在国内率先实现了日产 5000 吨生产线全部使用无烟煤，水泥熟料热耗已由传统的 6500 千焦／千克降低到了 3100 千焦／千克，有效节能50% 以上。"[①] 同时，该县境内华盛、华润等大型水泥厂通过为全省所有水泥生产线提供熟料，在输出循环经济经验的同时，极大地遏制了海南岛其他市县的粉尘污染。

健全再生资源回收体系，构建相对完善的再生资源产业体系，使之成为了新的经济增长点。昌江县目前尾矿储量已达 450 万吨，尾矿长期存放不但侵占土地，而且导致了严重的环境污染，造成了资源的浪费。利用尾矿砂、火山灰制备加气混凝土砌块，实现了排放和利用的良性循环。随着海南国际旅游岛建设的开展，土建工程逐步增加，新型墙体材料、环保型渗水彩色路面砖、水利工程应用的水工砌块、道路建设使用的护坡、道路材料、加气混凝土制品等的需求量也逐步增大。由此，"瑞图明盛环保建材（昌江）有限公司昌江县尾矿砂综合利用（环保建材）项目"起到了补链作用。该项目技术及设备为自主研发，在国内处于领先水平，年利用园区内海矿的尾矿砂 197.91 万吨，火山灰 76.07 万吨，利用尾矿节约资源，防止了环境污染。

---

① 《优化布局 把好源头——海南省昌江县矿产资源节约集约开发利用纪实》，《中国国土资源报》2011 年 7 月 8 日。

2015 年，瑞图生态建材项目混凝土砌块 8 条生产线投产；2016 年，瑞图明盛环保建材（昌江）有限公司昌江县尾矿砂综合利用（环保建材）项目（一期尾矿砂混凝土砌块生产线）一期、二期工程竣工，环境保护情况通过海南省生态环境保护厅验收。

（二）新能源产业为海南绿色发展贡献了三分之一电力

在昌江核电并网发电前，海南的电源结构以煤电为主。海南核电并网发电后彻底打破海南原有的电源格局，形成核电、煤电、水电、气电、风电、光伏等多能源齐头并进、多元互补的电源新格局。

昌江核电首台机组于 2015 年 12 月投入商业运行。2016 年 8 月，昌江核电双机组并网发电，海南新增装机容量 130 万千瓦，每年可供应 90 亿—100 亿度电，占海南电量供应的 1/3 左右。至此，"海南电网统调装机达到 6533 兆瓦，全省清洁能源装机由去年同期的 1410 兆瓦提升至 2773 兆瓦，清洁能源占比由去年同期的 29.3% 提升至 42.5%。全省火电装机 3760 兆瓦，占比为 57.6%。清洁能源中，核电装机 1300 兆瓦，占比 19.9%；水电装机 881 兆瓦，占比 13.5%；风电装机 311 兆瓦，占比 4.8%；光伏装机 219 兆瓦，占比 3.4%；垃圾及沼气装机 62 兆瓦，占比 1%"[1]。

目前，昌江核电正在积极推进二期工程建设。待二期工程并网发电，海南的清洁能源占比将居于全国前列。

（三）新型工业化发展有望使昌江成为海南西部"首富"

昌江黎族自治县"十三五"规划关于此后五年昌江经济社会发展的主要目标"综合经济实力进一步增强"中，提出"到 2020 年，全县地区生产总值达到 133 亿元，年均增长 8%……；地方公共财政预算收入达到 12 亿

---

[1] 《昌江核电一期全面建成投产—对公众开放丰富全域旅游》，《海口日报》2016 年 8 月 13 日。

元，年均增长 7%"。这与在同一规划中回顾"十二五"成就时，预计 2015
年"地区生产总值为 90.48 亿元，年均增长 11.2%"；"地方公共财政预算收
入 2013 年突破 10 亿元，2015 年完成 8.73 亿元，年均增长 9.5%"相比较，
应该说是一个"四平八稳"的规划，或者说是一个考虑到了"资源枯竭型城
市"情况但并没有完全考虑到新型工业化特别是昌江核电贡献的规划。

据国家发改委 2013 年发布的《关于完善核电上网电价机制有关问题的
通知》，核定 2013 年 1 月 1 日后投产的核电机组，全国核电标杆上网电价为
每千瓦时 0.43 元。按昌江核电双机组并网发电，可年生产 90 亿—100 亿度
电计算，在不考虑昌江核电带动旅游观光和循环经济工业园区发展因素下，
年贡献工业产值在 40 亿元左右；如二期工程完工，四台机组同时并网发电，
按年生产 250 亿度电计算，可年贡献工业产值在 100 亿元以上。

根据 2010 年第六次全国人口普查数据，昌江黎族自治县人口为 22 万多
人。昌江核电的发展前景是将带来昌江年人均 4 万元左右的工业产值，虽然
与洋浦经济开发区相比，无论当前还是可预期的未来，都有一定的距离。因
为洋浦 2014 年工业总产值在 830 亿元左右（受国际油价等因素影响，2015
年洋浦工业总产值比 2014 年下降 15%。）；地区生产总值 254 亿元，常住人
口 5 万人，人均 508000 元，约合 84600 美元，与全国平均数基本持平，但
不参与全省排名。2017 年，昌江的经济发展水平在海南西部 7 个市县中排
名第三，预计在"十三五"之后，昌江在海南西部市县经济发展的人均水
平排名有可能独占鳌头。这也可以在昌江核电的发展蓝图上找到依据——
昌江核电宣传橱窗里有包括带动工业园区和工业旅游发展在内的蓝图——
"十二五"末年贡献生产总值 500 亿元。虽然昌江核电的这一目标没有实现，
首台机组并网发电的时间也比预期晚了一年，但它给了我们更广的视野和更
大的发展空间。

昌江核电的更大贡献在于绿色。根据国家"十三五"控制温室气体
排放工作方案，"北京、天津、河北、上海、江苏、浙江、山东、广东碳

排放强度分别下降205%，福建、江西、河南、湖北、重庆、四川分别下降195%，山西、辽宁、吉林、安徽、湖南、贵州、云南、陕西分别下降18%，内蒙古、黑龙江、广西、甘肃、宁夏分别下降17%，海南、西藏、青海、新疆分别下降12%"①。昌江核电对推动海南碳排放强度的下降将是决定性的。同时，该《通知》提出2017年启动全国碳排放权交易市场。据湖北省碳排放交易中心提供的市场数据，其2017年3月2日的交易价格从广东最低15.3元/吨到福建最高36.71元/吨不等。因此，核电GDP、绿色GDP的双重贡献，可助力昌江在"十三五"之后成为海南西部县域"首富"。

据昌江黎族自治县人大办公室的同志介绍，由于省政府承诺昌江核电一期并网发电后5年内给予免税的优惠政策，昌江核电对昌江2020年全面建成小康社会的实际贡献并不大。好在昌江在制定"十三五"规划时，其经济发展并没有完全依赖工业转型，也没有依赖核电，而是提出了海南国际旅游岛山海互动特色旅游目的地、海南新型工业和新能源基地、海南绿色农业基地"三业并举"的发展思路。特别是在海南国际旅游岛山海互动特色旅游目的地建设基础上提出"实施'一线一带一中心'旅游发展战略"②。这表明，昌江的民生发展首先是立足于县委县政府可以直接掌控的旅游业和绿色农业上的。

对于工业转型发展，人们有殷切期待。但对于核电，民众也并非一点安全顾虑都没有——是否绝对安全？会不会影响到"纯美昌江"之"纯美"？但核电作为清洁能源的优势非常明显，昌江核电选址不在地震带，北部湾海域没有发生海啸的可能性，昌江核电是按照国家《核电安全规划（2011—2020年）》全球最高安全要求修建的。因此，只要以科学严谨的态度去对待，大可不必"因噎废食"。

---

① 《国务院关于印发"十三五"控制温室气体排放工作方案的通知》（国发〔2016〕61号）。
② "一线一带一中心"中的"一线"，即昌化镇至海尾镇的海岸线，重点推进棋子湾和海尾湿地公园建设；"一带"即昌化江畔风景画廊，全面整合木棉、田园、山水、洞穴等特色资源；"一中心"即县城石碌镇。

第三节 琼海市"三不一就"新型城镇化发展范式

城镇化是现代化的必由之路。自有城镇化以来，城镇化或曰城市化和工业化就是孪生兄弟。海南的当代特殊性在于，其现代化不能通过工业化而是要通过以旅游业为龙头的现代服务业主导的产业发展来实现。琼海市是侨乡，潭门镇渔民奉献的"更路簿"更是用他们的勤劳和智慧开拓和捍卫了我国的南海主权。琼海市是亚洲博鳌论坛所在地，也是海南进入"全国生态文明建设先行区"试点的3个市县之一。根据2019年5月《国家生态文明试验区（海南）实施方案》整分试点示范的要求，海南省已经部署开展的儋州市、琼海市、万宁市等综合性生态文明先行示范统一整合，以"国家生态文明示范区（海南）"名称开展工作；将海南省域"多规合一"试点、三亚市"城市修补"、生态修复试点，三沙市和三亚市国家级海洋生态文明建设示范区等各类专项生态文明示范试点，统一纳入"国家生态文明试验区（海南）"平台整体推进。党的十八大以来，琼海市新型城镇化坚持以"创新、协调、绿色、开放、共享"的发展理念为引领，以人的城镇化为核心，正在探索出"不砍树、不拆房、不占田，就地城镇化"的"三不一就"新型城镇化发展范式。这一新型城镇化发展范式实质上是绿色城镇化范式。

一、琼海市"三不一就"新型城镇化发展范式的选择

（一）中国新型城镇化必须"以人民为中心"

中国传统城镇化强调的是城镇外延的扩张和政府主导。中国新型城镇化与传统城镇化的不同之处主要在于：

一是新型城镇化的目的。犹如北京大学光华管理学院傅帅雄在《新型城镇化的经验与思路》所提出的，城镇化的目标"是为了实现'人的城镇

化'，把人们生活质量的提高摆在首位"。换言之，就是城市的发生发展都要
"以人民为中心"，优先考虑农民利益和群众意愿，而不是由政府赶着农民进
城。在市场经济条件下，给农村人一个平等的自由择业、自由迁徙的机会，
让市场来决定他们的生产生活，是农村城镇化、农民市民化的先决条件。这
一观点在中共福建省委、人民日报社联合调研组的《积极探索中小城市新型
城镇化之路——福建省晋江市推进新型城镇化的经验与启示》一文中也得到
印证。

二是新型城镇化的模式。华中师范大学中国农村研究院的邓大才从农
民进城程度角度考察，在《新型农村城镇化的发展类型与发展趋势》一文中
将新型农村城镇化分为"身体城镇化、身份城镇化、生活城镇化三种模式"。
认为"身体城镇化是一种农民工式的城镇化，……其城镇化程度最低；身份
城镇化是一种征地与社区建设式的城镇化，是农民被迫的城镇化，这两种
城镇化均是外生型城镇化方式；而生活城镇化是一种非迁移式的城镇化，它
是内生型城镇化方式，是城乡基础设施、公共服务和社会保障均等化的城镇
化，可能成为中国新型城镇化的发展方向和首选道路"[1]。这种内生型城镇化
模式也就是"以人民为中心"的中国新型城镇化模式。

（二）海南岛特别是琼海、文昌等地有浓郁的恋乡情结

一般说来，在 20 世纪下半叶的中国农村，能进城吃"商品粮"是农民
比较普遍的追求。但随着社会主义新农村建设的推进、农业税的取消，特别
是海南，在国际旅游岛建设中避免了工业化进程所形成的城市繁荣与农村败
落的巨大反差。加上海南资源禀赋充盈，农村居民普遍认为农村生活比城市
生活相对轻松自然。

琼海作为海南岛东部的县级市，还有它自身的特殊性。（1）海南海外

---

① 邓大才：《新型农村城镇化的发展类型与发展趋势》，《中州学刊》2013 年第 2 期。

华侨、华人近 300 万人，归侨、侨眷 100 多万人，是仅次于广东、福建的全国第三大侨乡。在海南，琼海市的华侨虽然比文昌市少。但仅 50 万常住人口的琼海市，其海外华侨、华人及港澳台同胞有 55 万人。（2）琼海是一个渔民占较大比例的市县，潭门镇的渔民是世界历史上唯一连续开发西沙、南沙的特殊群体，潭门人已将黄岩岛视为祖宗地，保卫黄岩岛就是在捍卫他们的传统权益。（3）持续不断的文明生态村建设，已经把琼海的广大农村建设成为美丽乡村。在 2015 年海南最美乡村评选中，专家评审会一致提议将琼海市评为最美市县，因评选方案没有设置此项而作罢。

海南岛特别是琼海、文昌等地有浓郁的恋乡情结。在古代，有名的海瑞、丘濬在外做官卒于任上，远隔千山万水也要回葬故里。当代海南农村，即使是长期在外打工的青年，除边远山区外，想把居住地由农村迁入城区主动改变农民身份的并不多见。反而是不管走得多远、事业做得有多大，都要回老家盖房子，到故里拜祖宗。故海南宗祠遍布城乡，沿海农村院落的布局更是比较讲究，优雅的生态环境就是他们所要追求的"风水"之一。

（三）从新农村到绿色城镇化——琼海"三不一就"新型城镇化发展范式的选择

就地城镇化区别于城市化，也区别于就近城镇化。区别于城市化，是指它是市—镇—村的集合体，而不是单一的城市体；区别于就近城镇化，是指它不是城镇的就近收编、外延扩大，而是宜镇则镇、宜村则村。就地城镇化所追求的是在市场经济条件下的生产方式、生活方式的城市化，特别是居民的市民化。至于户籍、身体是否在城市，对农民而言并不重要。

琼海的新型城镇化新在"三不一就"。其中"不砍树、不占田、不拆房"的绿色发展，是在琼海社会主义新农村建设，即文明生态村——美丽乡村建设取得显著成效的基础上，向新型城镇化迈进的过程中提出的新要求。以绿色为主色调的新型城镇化建设对于社会主义新农村建设来说是"更上一层楼"。

琼海的新型城镇化建设离不开国情，也离不开省情市情。海南建设国际旅游岛要求发展以旅游业为龙头的现代服务业主导的产业结构，琼海农村在发展旅游业、高效热带农业和海洋渔业的同时，还要考虑到为众多华侨保存好"祖宗屋"、儿时记忆和家乡温情；同时还更要考虑到村民意愿以及城镇化的成本收益比。为此，选择合适的新型城镇化发展范式，就显得特别重要。

琼海的独特性决定了城镇化道路选择的别样性。琼海的绿色城镇化是"长出来的"，不是"搞出来的"。在新型城镇化建设和国际旅游岛建设的大背景下，琼海市结合本地资源禀赋和人文优势，"以人民为中心"，把社会主义新农村建设与新型城镇化建设相衔接，在城镇化的自然生产中于2012年提出了"不砍树、不拆房、不占田，就地城镇化"的新型城镇化理念，逐步形成了"三不一就"新型城镇化发展范式。

二、琼海市"三不一就"新型城镇化发展范式的基本框架

琼海"三不一就"新型城镇化发展范式的基本框架是根据琼海市情和海南国际旅游岛建设与绿色崛起的省情而展开的，其核心在于就地城镇化，"三不"是底色，基本框架是"城乡一体""陆海统筹""绿色发展"这三个主线。这三个主线也是海南国际旅游岛建设发展的几个关键词，其分别使用的频率是比较高的。琼海的创新之处在于把这三者有机地统一在"三不一就"新型城镇化发展范式之中。

一是"城乡一体"。琼海市是海南经济文化比较发达的市县，其辖区内的博鳌小渔村由于博鳌亚洲论坛永久性会址落户于此而闻名于世。博鳌亚洲论坛选址于此的主要原因，据贵州卫视《论道》2011年邀请博鳌前任秘书长龙永图，菲律宾总统、博鳌亚洲论坛前任理事长拉莫斯，中远集团总裁魏家福等共话"博鳌十年"时披露：1999年底，当时的菲律宾总统拉莫斯对时

任国家副主席胡锦涛说："我们想举办一个亚洲论坛，我们在亚洲国家找了一大片，最好的地方在中国的海南岛博鳌小渔村，为什么？三江入海，博鳌胜地，远离政治中心，而且是一个岛，希望中国政府支持。"[①] 这"三江入海，博鳌胜地"看中的就是生态环境优美，而"博鳌小渔村"以小博大，其作用和地位远超琼海城区。这同时也提出了另一个问题：农民和渔民一定要进城吗？渔民进城合适吗？如果不合适，那么，对于一个沿海市县，在农民市民化程度较高的前提下，改革现有户籍制度，实现公共服务的均等化，将城市设施延伸到农村，走城乡一体化发展之路，就是琼海新型城镇化的现实选择。

二是"陆海统筹"。琼海地处海南岛东部沿海，在全市沿海乡镇中，各自然村落与海外都有着千丝万缕的联系。在 20 世纪之前，海南渔民漂洋过海到东南亚犹如串门走亲戚，乃家常便饭。潭门渔民提供的"更路簿"再现了自古以来海南岛渔民在南沙这片"祖宗海"上劳作的路线图，自明朝以来他们就在为捍卫中国南海主权和海洋权益方面不间断地做出贡献。为此，在琼海的新型城镇化进程中，为便于渔民的生产生活、海外游子能寄托"乡愁"，也必须坚持陆海统筹，保护好民居，建设好沿海风情小镇，特别是在按照海南省"十三五"规划把琼海建设成海南岛东部中心城市的过程中，其远景规划可以考虑将相邻的博鳌和潭门建设成滨海城区，重点发展海洋捕捞业和养殖业、海产品贸易和海上、海岸带旅游，把他们的生产生活与市场结合起来，与海洋维权、海外华侨的情感联系结合起来，才能真正理解陆海统筹下的新型城镇化的价值所在。

---

① 《魏家福解释博鳌亚洲论坛为何选址博鳌小镇》，贵州卫视《论道》栏目 2011 年 04 月 15 日。

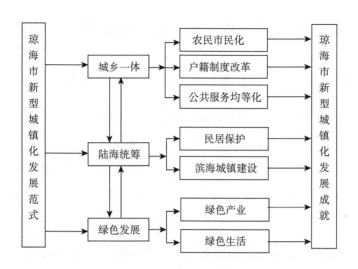

图 6-3　琼海市新型城镇化发展基本框架示意图

　　三是"绿色发展"。绿色发展是琼海"三不一就"新型城镇化发展的主色调，也是建设"国家生态文明试验区"的内在要求。"三不一就"是琼海新型城镇化过程中的对生态环境保护的形象表述，要求在城镇化过程中避免"大拆大建"，杜绝"建筑现代化，到处脏乱差""镇镇像农村，村村像城镇"式的千篇一律，而且把城镇化发展的注意力放在发展绿色产业、培育绿色生活，实现农民市民化上。"打造田园城市，构建幸福琼海"是琼海绿色发展的内核所在，把社会主义新农村建设的成果和新型城镇化建设紧密衔接，谱写"城在园中、村在景中、人在画中"的琼海篇章。更以"创新、协调、绿色、开放、共享"的发展理念铸造城市灵魂，为全国的新型城镇化建设，提供一个"生态文明守得住、乡愁文化留得下、群众幸福享得多"的海南样本。

三、琼海市"三不一就"新型城镇化发展的主要成就

（一）"城乡一体"：基本公共服务均等化发展开始打破城乡界限

海南省各市县的辖区都很有限。在交通便利的条件下，除会山镇之外，琼海市各乡镇到琼海主城区嘉积镇的距离均在 20 公里左右，约半个小时车程。在主城区周围通过发展卫星镇并通过城市主干道和公共绿道将其紧密连接起来，在推进新型城镇化进程中坚持"三不一就"，尤其是以基本公共服务均等化发展，把农村看成城市的自然延伸和田园城市的重要组成部分，就直破了城乡壁垒。这种与各镇经济发展主业相吻合，与便捷居民生产生活要求相一致的新型城镇化模式，既避免了城市繁荣以农村衰败为前提，又通过充分保护和尊重农村现有地形村貌、田园风光、农业业态和生态本底，让农村人守在自己的土地上就享受到了城市人的生活品质。

琼海积极推进"三不一就"新型城镇化，从基本公共服务均等化起步，坚持从不同方位向农村不断实现全覆盖。至 2015 年底，实现了五个一体化：（1）城乡公交一体化——"公交车进村"项目受益群众 27.75 万人；（2）城乡安全饮水一体化——建设农村饮水安全工程 150 宗，受益群众 9.82 万人；（3）教育、医疗一体化——推行教育和医疗资源的全民共享，选派了 280 名城区优秀教师和卫生专业技术人员到乡镇支教、支医；（4）信息通信一体化——在电视收视无死角、数字通信全覆盖的同时，建成 194 个村邮站，实现了"村村建站、户户通邮"；（5）城乡生活垃圾处理一体化——"户分类、村收集、镇转运、市处理"的模式覆盖全市所有 2756 个自然村。虽然在许多方面，城乡之间还存在一定差距，如教育、医疗在各地的实际水平，但上述动作所代表的是城乡一体的大方向，是一个前进的"化"的过程。

把农村作为城市的自然延伸和后花园，琼海在提升农村人生活品位的同时也提升了城市品位。现代化的城区与田园美景浑然一体，双休日时城

区的一些中青年晚上驱车 20 公里到博鳌镇海边"海的故事"吃烧烤、喝啤酒、听涛观浪已经成为常态。农村人仰视城市人生活的岁月已经过去了。当一些学者大声疾呼取消农村户口时，其实城市人想得到的恰恰是农村户口。所以，今天的户籍改革是不需要付出除户口簿工本费之外任何成本的。只要不发生农民担心的土地被"骗走"的问题，其户籍改革没有任何阻力，而只有利于社会管理和新型城镇化发展。至于有人提出农村居民成为城市市民的关键是享受同等的城市居民权益的问题。须知我国当前的"三农"政策一直致力于缩小城乡差距，而事实上城乡居民无论是低保还是医保，差距已经大大缩小，更何况农民的宅基地和村集体土地是农民更大的社会保障。笔者认为，享受同等城市居民权益应仅限于"失地农民"一类。无视宅基地和村集体土地这巨大的福利来奢谈同等的居民权益，就是对原城市居民的不公。

（二）"陆海统筹"：以"海"作文"画龙点睛"，建构起立体发展新格局

琼海有人数众多的华侨，有新建的海南第三个民用机场——博鳌机场，有贯穿全境的高速公路、高速铁路和环岛旅游公路，还有 62% 的森林覆盖率。这些条件都很优越，但其他地方也可能具备。琼海更引世人瞩目的以万泉河为主干的三江汇流入海和博鳌亚洲论坛，还有千百年来潭门渔民渔耕三沙，民间留下的航海图——"更路簿"，以及海南岛东部唯一、待开发的天然深水良港——龙湾港，等等。因此，以"海"作文给琼海"画龙点睛"，不失为琼海市新型城镇化发展的又一重大特色。

琼海市的发展以"海"作文"画龙点睛"，首篇在全力配合支持办好"博鳌亚洲论坛"。博鳌的美丽传说与海龙王有关。琼海市的发展与"博鳌亚洲论坛"紧密相连。"博鳌亚洲论坛"的发展，已经使得博鳌镇"田园风"和"国际范"交相辉映，正朝着"中国的达沃斯小镇"目标迈进。琼海通过精心实施《博鳌亚洲论坛特别规划区总体规划（修编）》，进一步将博鳌亚

洲论坛特别规划区建设成为一流的国际会议中心与旅游度假目的地。"博鳌亚洲论坛"智慧之声在向全世界传播时，琼海收获的绝不仅仅是美誉。

以"海"作文"画龙点睛"的新篇是实施"造大船、闯深海"工程。据潭门镇的负责同志介绍：潭门港是农业部确认的一级渔港，在原国家海洋局和海南渔业厅鼓励造大船的财政补贴政策支持下，潭门镇 500 吨位的渔船目前有 25 条，劳动力能充分就业。首批成功打造的潭门南海渔业风情小镇，其浓郁的渔家风情，已经成为国内外旅游的热点。特别是每年夏秋季节的"赶海节"①，更吸引了四面八方的游客纷至沓来，致砗磲工艺品的买卖在潭门红火一时，潭门镇铺面年租金从 2013 年的 6 万元左右涨到 24 万元以上。但自 2016 年 6 月 8 日起至 8 月 26 日，海南在全省范围内开展打击危害海洋生态环境行为专项行动，全面禁售珊瑚、砗磲、绿海龟、玳瑁以来，潭门镇铺面有所降温。发财走正道，商业发展也不能仅靠海产品和红辣椒，琼海市正在思索如何借助"国家南海博物馆"，在进一步发展旅游业的同时，建设海产品交易市场，实现经济转型。

以"海"作文"画龙点睛"，琼海"十三五"的新续篇是突出抓好博鳌乐城国际医疗旅游先行区、博鳌亚洲论坛核心区、博鳌机场临空经济区、潭门海洋经济产业园、龙湾临港经济区、大路产业园，打造对外开放平台，抢占对外开放新高地，打造支撑海南东部中心城市长远发展的重要经济增长极。形成了琼海市海陆空立体化发展新格局。

---

① 潭门人的生活聚集地潭门湾，拥有将近 8 公里长的优质海岸线和有独特的潮汐规律。每年到了夏秋季节，潮汐会随时段不同潮起潮落。特别是退潮时段，会露出海底独特硬质岩层结构地质（珊瑚礁），由于其退潮海域地势平坦，且纵深 2 公里，面积近 20 平方公里，人可直接漫步于原海水浸漫之处，行人海的深处，造就了海南独有、全国少有的地理奇观。同时隐藏于海水之下的鱼虾贝类等丰富海产，一并露出，可供人随意捡拾。而当地渔民依据这一独特潮汐现象而进行的集体下海捡拾海产活动，被称为"赶海"。由此形成了"赶海节"。

（三）绿色发展：国家农业公园建设促进了城乡多业融合发展

"三不一就"新型城镇化建设就是要求就地实现以人为本的绿色城镇化，这与琼海提出要建设"国家生态文明试验区"的目标是相互融合的。在建设国家生态文明试验区中，琼海提出了绿色工程、清洁工程、节能减排工程、防灾减灾工程"四大工程"建设。在"三不一就"新型城镇化建设中，国家农业公园建设发挥了促进城乡多业融合发展和乡村城镇化的重大杠杆作用。目前，琼海正在分别推进龙寿洋国家农业公园、热带滨海国家农业公园和万泉河国家农业公园共计约15万亩国家农业公园建设，对连片的田洋（海南把平坦的地方称之为"洋"）及周边农村的基础设施、产业结构、农业经济进行优化提升，并通过旅游绿道系统建设将城乡连接起来，推动传统农业向休闲观光高效农业转变。国家农业公园建设把农民从单纯的农业生产中解放出来，农民从原来单一性的生产性收入转为经营性、财产性、工资性和生产性4种收入，农民增收和市民化进程明显加快。

国家农业公园建设连接了城乡，促进城镇化中的多业融合发展，特别是极大地激发了乡村旅游活力。2014年，琼海乡村旅游接待游客就达245万人次，同比增长113%，成为海南乡村旅游的领头羊。2015年1月，原农业部、国家旅游局公布了全国休闲农业与乡村旅游37个县（市、区）示范县名单，琼海市被公布为示范县；在第四届中国旅游产业发展江西年会上，琼海市被业界评选为"美丽中国"十佳旅游县（区）。特别是自琼海市在城乡接合部打造龙寿洋农业公园以来，园区内礼都村18个村小组农民人均年收入从8000多元上升至2016年的15000多元，农民的生产方式、生活方式发生了很大变化，农民的市民化程度得到显著提高。

国家农业公园建设极大地改变了琼海城区的周边环境。一个花园一样的城市，在配合"博鳌亚洲论坛"发展的同时，也为自身创造了更为有利的投资条件。2013年2月，国务院批准建设"海南博鳌乐城国际医疗旅游先行区"，李克强总理将其称为"博鳌亚洲论坛第二乐章"。截至 2016 年 3 月，海南博鳌乐城国际医疗旅游先行区管委会已经与 43 家企业 57 个项目对接，其中 35 个项目正式提交项目申请，22 个项目通过省卫计委医疗技术评估，20 个项目开工建设，总投资额 198 亿元。

（四）"不砍树、不占田、不拆房，就地城镇化"经验成为绿色城镇化范例

以人为本是新型城镇化的共性，"三不一就"城镇化是琼海新型城镇化的个性。"不砍树、不占田、不拆房，就地城镇化"，直接表明琼海新型城镇是以人为本的绿色城镇化。在琼海"三不一就"新型城镇化建设中，他们以建设特色风情小镇、打造国家农业公园、推进基本公共服务均等化和铺设旅游绿道等工程为抓手，开展了全方位的系统化的"农转非"：博鳌、潭门、中原、塔洋、万泉、大路等 12 个风情小镇升级改造取得显著成效，逐渐形成了"一镇一风情，一镇一特色，一镇一产业"；新农村建设与新型城镇化建设、乡村旅游、农产品销售融于一体，公共服务产品向农村延伸覆盖，供水、公交、教育、卫生、生活垃圾处理、政务服务等基本公共服务城乡一体化进程加快，促进了农民市民化；在全市范围内公路网基础上建成 300 公里旅游绿道，逐渐把琼海连接为全域 5A 级景区，形成了田园城市雏形。

琼海市"三不一就"城镇化进程提高了农民的市民化程度。但按照现行户籍制度，琼海的城镇化水平仍低于全省平均水平。据海南省"十三五"规划数据，2015 年海南省常住人口城镇化率已经达到 55.1%，比"十二五"提高了 5 个百分点，但与全国常住人口城镇化率 56.1% 相比差了 1 个百分点。琼海市常住人口城镇化率是多少？《2015 年琼海市国民经济和社会发展统计公报》的表述是："2015 年底，根据公安部门的统计数据显示：全市共有 509413 人，其中城镇人口 173153 人，乡村人口 336260 人。"琼海市的城镇化水平在 33.4%，比全省平均水平还差 22.7 个百分点。

琼海的"三不一就"城镇化，虽然按照现行户籍制度，城镇化水平明显低于全省平均水平，但民生发展走到了海南全省前列。据《琼海市国民经济和社会发展第十三个五年规划纲要》数据，2015年琼海市地方生产总值200亿元，比2010年增长77％，年均增长12.1%；地方财政一般预算收入18.2亿元，比2010年增长76.7％，年均增长12.1%；五年累计完成全社会固定资产投资650亿元，是"十一五"的3.6倍，年均增长18.6%。三次产业结构由2010年的42.8：14.8：42.4调整为2015年的37.7：14.0：48.3，第三产业比重比2010年末提高5.9个百分点。五年累计民生投入149.6亿元。期末城镇登记失业率为0.62%，低于省4%的控制线，农村劳动力转移就业46908人。2015年城镇常住居民人均可支配收入26322元，农村常住居民人均可支配收入12110元，"十二五"期间分别年均增长12.1%和14.6%，高于全省平均水平。其中2015年琼海市城镇居民人均可支配收入低于全国31195元的水平，农村居民人均可支配收入高于全国平均11422元的水平。对于民众普遍关心的脱贫攻坚问题，更是取得决定性胜利——2016年琼海市实现了全部贫困户脱贫目标的市县，2017年进入巩固提高阶段，在海南省夺得了"头功"。在"十三五"规划中，琼海提出紧紧围绕建设海南东部中心城市和田园城市的发展战略，以"多规融合"一张蓝图为指引，以协同推进新型工业化、城镇化、信息化、农业现代化和绿色化"五化同步"为主线，做到五个"更加"，即更加注重优化城乡空间布局，更加注重发展特色优势产业，更加注重推进基本公共服务均等化，更加注重保护生态环境，更加注重全面深化改革和全面依法治市，到2020年全面建成小康社会。

"琼海'三不一就'成为全国城镇化建设新模式"入选2015年海南十大新闻。2017年3月经中共中央宣传部批准，《海南省琼海市以人为本、就地城镇化实践研究》被立项为"马工程"重大实践研究项目和国家规划办特别委托项目，项目牵头人是中共海南省委常委、宣传部部长许俊。笔者作为项目首席专家之一，受省委宣传部委托，主持该项目实施并已经结题。这也从另一个侧面表明琼海"三不一就"新型城镇化范式已经进入到了进行实践经验总结和推广的阶段。

通过调研，我们感觉到一个口号的提出和一个理念的产生，对事物的发展起着巨大的推动作用。但把口号和理念变为现实，破茧成蝶，如果没有体制机制上的保障最终是难以如愿的。在传统的城乡二元管理体制之下，农村没有城市管理职责，实现短期的新型城镇化比较容易，但要做到长期"保鲜"、持续发力就难了。这可能是新型城镇化发展中需要解决的重点问题之一。

第四节　三亚国际化滨海旅游城市"双城""双修"内涵式转型发展范式

海口和三亚是位于海南岛两端的两座城市。在创建"全国生态文明建设示范区"的过程中，海口、三亚"绿色崛起"的水平表征着海南省经济社会发展水平。就生态文明建设而言，海南岛北部的省会城市海口市以"双创"，即创建"全国文明城市""国家卫生城市"为突破口，使城市更绿、更靓、更亲了。海南岛南部的热带滨海旅游城市、国家级"海洋生态文明建设示范区"之一的三亚市，则被确定为全国地级市中唯一同时进行"双城""双修"综合试点的城市。2016 年 12 月，全国"双修"工作现场会议在三亚召开，表征着三亚在生态文明建设和城市基础建设与管理上，探索出了国际化滨海旅游城市内涵式转型发展范式。

一、三亚国际化滨海旅游城市"双城""双修"内涵式转型发展范式的选择

（一）城市基础设施不足与管理不善是中国城镇化中存在的普遍现象

改革开放 30 多来年，中国经历了世界上最大规模、速度最快的农村人口向城市转移的城镇化进程。但中国的城镇化进程中存在着物质文明建设与生态文明建设不同调的问题。2014 年 10 月 18 日，在安徽合肥召开的全国城市基础设施建设经验交流会上，住房和城乡建设部原部长陈政高发问："在座的各位，哪位能说自己对城市的地下设施、地下管线是清楚的，了解得准确无误？恐怕没人敢说。"还说：管道漏失致全国每年流失自来水 70 多亿立方米，"相当于一年'漏'掉一个太湖"；城市内涝与"马路拉链"问题久治不愈，过去 5 年间"南京主城区道路平均每年要被'开膛破肚'约 1500 次"[①]。

城市环境问题犹如"温水煮青蛙"积重难返。但不解决这些问题，就不是新型城镇化。于是，2013 年 9 月，《国务院关于加强城市基础设施建设的意见》下发；此后又下发《关于加强城市地下管线建设管理的指导意见》，催生了全国"城市修补，生态修复""海绵城市和综合管廊建设"综合试点。虽然三亚城市基础设施建设欠账问题不是很突出，但三亚以国际化为标准检讨自己，认为作为中国对外交往的一个窗口，存在的问题还是很严重的。

（二）三亚市快速发展致城市基础设施建设和管理与国际化要求尚有差距

"三亚"因三亚河（古名临川水）东西二河至此汇合，成"丫"字形，

---

① 陆娅楠：《我国城市地下给水管网渗漏严重》，《人民日报》2014 年 10 月 20 日。

故取名"三亚"。三亚古称崖州，1984 年撤县设市前为崖县，1987 年底升格为地级市。三十多年来，三亚从海南岛南端一个不起眼的小渔村一跃成为国内外知名的滨海旅游城市。2015 年，全市年末户籍人口 57.25 万人，常住人口 74.89 万人，全市城镇人口比重 72.03%。升格地级市 30 年以来，三亚年旅游人数从 100 万到 1500 万，其变化之大、发展之快，令人称奇。

三亚定位国际化滨海旅游城市，是从建设国际旅游岛开始的。《海南国际旅游岛建设发展规划纲要（2010—2020）》里规划建设"世界级热带滨海旅游城市"。据三亚市"十三五"规划数据，"2015 年，全市生产总值、人均生产总值、地方一般公共预算收入分别为 435.02 亿元、58361 元 / 人、88.92 亿元，年均分别增长 9.4%、5.9%、16.1%"；2015 年，三次产业结构为"13.7 ∶ 20.6 ∶ 65.7""旅游总收入以年均 15.0% 的速度高速增长，旅游接待游客年均增长 11.2%"；"城镇化水平从 2010 年的 66% 提高到 2015 年的 72%"[①]。三亚成为了海南国际旅游岛名副其实的旅游业龙头老大。

三亚旅游业得到快速发展，但三亚城市基础设施建设和管理与国际化要求尚有差距。虽然三亚不存在内地许多城市较为普遍的沙尘暴和雾霾等问题，但三亚的基础设施建设和城市管理相对滞后，海滨、河岸、湿地、山体的生态环境问题客观存在，特别是城市内涝和污水直排导致的内河黑臭等污染问题时有发生，在红树林、基本农田和山林里搞违章建筑的问题也仍然存在。

（三）"双城""双修"——三亚市国际化滨海旅游城市内涵式转型发展范式的选择

为解决城市快速发展带来的诸多问题，三亚市向国家住建部申请"双城""双修"试点。2015 年 6 月，国家住建部给海南省政府正式发函，原则

---

① 《三亚市国民经济和社会发展第十三个五年规划纲要（2016—2020）》（2016 年 2 月 27 日三亚市第六届人民代表大会第七次会议审议通过）。

同意将三亚列为城市修补生态修复、海绵城市和综合管廊建设综合试点城市。此前，国家住建部于 2015 年 4 月已经将三亚市作为生态修复城市修补试点城市，要求积极探索可复制可推广的经验。这意味着，三亚是全国首个"城市修补、生态修复"试点城市，同时也是首个同时成为海绵城市和综合管廊建设综合试点的城市。

三亚市的"双城""双修"是被城市中的一些问题"逼"出来的。用罗保铭在全国"双修"工作现场会上的话说："三亚这颗美丽的南海明珠，是中外游客青睐的旅游胜地和国家公共外交的重要基地，但前些年出现了很多成长中的烦恼……给海南国际旅游岛甚至给中国形象抹黑。对此真是'压力山大'"①。为此，三亚市将"双城""双修"看成是提升三亚城市品位、建设百姓幸福家园的福祉工程，是展示三亚独特性和国际性交汇的形象工程，是具有整体性、抢救性、纠错性、民生性的品质工程，是国际化滨海旅游城市内涵式转型发展范式，就不难理解了。

二、三亚市"双城""双修"内涵式转型发展范式的基本框架

三亚市的"双城""双修"几乎是同时进行的，其内涵式转型发展目标的实现是由"双城"和"双修"的具体项目的实施来完成的。

"双城"即海绵城市和综合管廊建设。三亚市的"双城"建设是通过PPP 项目②进行的。三亚市海绵城市建设 PPP 项目由三亚市住房和城乡建设局、三亚市园林环卫管理局、三亚市水务局实施，包括三亚市海绵城市试点区域内 PPP 项目和三亚市海绵城市试点区域外污水设施 PPP 项目两部分。试点区域内 PPP 项目建设内容主要包括管网建设（包括污水管网、泵站及

---

①　罗保铭：《用严实硬作风向城市顽症开战结硕果——在全国"双修"工作现场会上的讲话（二〇一六年十二月十日）》，《海南日报》2016 年 12 月 12 日。

②　PPP（Public-Private-Partnership）即公私合作模式，是公共基础设施中的一种项目融资模式。在该模式下，鼓励私营企业、民营资本与政府进行合作，参与公共基础设施的建设。

中水回用工程）、湿地与公园海绵化改造、河道综合整治、水质净化厂建设以及其他配套工程；试点区域外污水设施 PPP 项目建设内容主要包括雨污水管网建设、泵站建设以及其他配套工程。所有 PPP 项目均包括其项目的运营维护内容。

"双修"即"城市修补、生态修复"。三亚市的基本做法是以治理内河水系为中心，修复城市生态体系；以打击违法建筑为关键，破解城市修补难题；以强化规划管控为重点，优化城市风貌形态。主要内容包括海岸线生态修复、河岸线生态修复、山体修复、城市治理。海岸线生态修复同时是建设"全国海洋生态文明建设示范区"的重要内容，要展现三亚的蓝海银沙，核心目标在于修复三亚湾，恢复海岸原生态植被保护，保护近海资源；河岸线生态修复要让碧水清波倒映城市美景，核心内容是红树林修复，雨污分流，"两河"治理；山体修复要望得见山、看得见水、记得住乡愁，核心内容是对受损山体进行修复，打击在山体区域的违法活动；城市治理是要精细化地实现文明、整洁、卫生，核心内容是拆除违法建筑，整治市容市貌和广告牌，实现景观提升。

截至 2015 年，三亚市"双城""双修"围绕上述主要建设内容，委托中规院开展"海绵城市"和"综合管廊"六项规划编制和十一个近期施工类项目的规划设计。其六项规划包括"三亚市生态修复城市修补总体规划""三亚市海绵城市总体规划""三亚市综合管廊专项规划"等三项总体规划，以及两项生态修复类专项规划、一项城市修补类专项规划。2016 年 11 月，有 18 个"双城""双修"项目陆续进入收尾完工、完善管理阶段。2016 年 12 月，全国"双修"工作现场会在三亚召开。三亚作为"双城""双修"的探路者，"用严实硬作风向城市顽症开战"，形成了内涵式转型发展的基本框架。

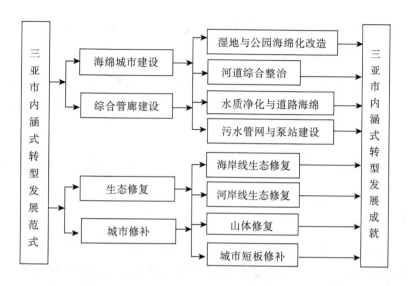

图6-4　三亚市"双城""双修"内涵式转型发展范式基本框架示意图

三、三亚市"双城""双修"内涵式转型发展的主要成就

（一）以"双修"治理"城市病"初见成效

2015年6月，国家住建部原则同意将三亚列为"双城""双修"综合试点城市。但三亚的城市"双修"综合试点从2015年4月就开始了。2015年4月12日，国家住房和城乡建设部原部长陈政高一行来到三亚，调研三亚城市规划和建设工作情况。陈政高在和当地官员的座谈交流中，结合当前我国城市发展建设的宏观背景，提出在三亚开展"生态修复、城市修补"试点工作并成立工作领导小组。三亚成为全国首个"双修"综合试点城市。按照三亚"双城""双修"工作总体方案，"双修"工作以建设国际热带海滨风景旅游精品城市为总目标，结合三亚的突出问题，确定生态修复以山体、河流、海岸的修复为重点，城市修补以城市形态轮廓、建筑色彩、广告牌匾、绿化景观、夜景亮化以及拆除违规建设六个方面的工作为重点，在城市总体

规划的宏观指导下，结合三亚城市治理管理方案、城市格局和居民游客对城市的空间体验，治理"城市病"。

截至 2016 年 12 月。三亚市近两年的城市"双修"工作已经初显成效。

1. 山体。抱坡岭位于三亚的入城口，岩石开采几十年来所形成的裸露山体岩石，面积达 6.3 万平方米。在城市"双修"中，这里种植了乔木近 15 万株、灌木苗近 8 万株，现在山体葱绿，三角梅盛开，进行生态修复后的抱坡岭已经成为三亚的山体公园。笔者到实地考察时真实感受到城市"双修"工程之浩大，实属美丽城市建设之大手笔。

2. 河流。三亚河两岸曾一度分布着 250 多家养殖场、399 处排污口。城市"双修"以来，三亚建立起一套比较完备的包括移动式污水处理厂在内的污水收集处理系统，先后封堵沿河排污口 300 多处，整治沿河污染源 374 处，通过"河长制"责任到人，河流水质已由地表水劣五类提升为三类。还叫停了两处沿河大型房地产项目，分别将其建成了市民果园和红树林生态公园。

3. 海岸。岸线沙滩是三亚的名片，由于中外游客众多，在"双修"前有 22 公里的岸线受到不同程度的侵蚀。三亚湾作为三亚的门面，游客云集，是"谱写美丽中国海南篇章"的窗口，在"双修"中人工补沙 22.53 万立方米，同时对海岸线实施了原生植被保护，重点恢复木麻黄、野菠萝、草海桐、马鞍藤等原生沙生植被。目前的三亚海岸自然美和人文美相映成趣，三亚湾"伏波将军"①策马扬鞭的塑像和三亚"渔夫"在海滩娱乐性撒网满载而归的实景穿越了时空，给三亚增添了历史的厚重和迈向生态文明新时代的生活气息。

---

① 伏波将军是汉朝的一个官职，三亚纪念的伏波将军，一是路博德，西汉平周人，以军功卓著封邳离侯。汉武帝元鼎六年（前 111）南越大捷，路博德在海南岛设立珠崖、儋耳二郡，其中珠崖下属林振县即今三亚市。二是马援，字文渊，东汉扶风茂陵人，受封新息侯。光武帝建武十七年（41）率大军平定南疆，在海南岛建制城池井邑。

（二）"双城"推出的 PPP 项目工程进展顺利

相对于"双修"，"双城"不由政府全额出资，而是采用 PPP 项目的形式。由于招标的原因，其起步比"双修"稍晚。

地下综合管廊建设对优化三亚市的城市环境，减少城市道路重复开挖具有重要意义。依据《三亚市地下综合管廊专项规划》建设内容，2016 年 9 月，中交（中交海投与中交四公局、中交一航局、中交四航院组成的联合体）中标海南省三亚市第一宗地下综合管廊 PPP 项目。该项目采用设计采购施工运营总承包模式（EPCO），吸引社会资本与政府共同成立项目公司。三亚市地下综合管廊 PPP 项目包含 2 条路段：胜利路 3.3 公里，海榆东线南段 5 公里。项目投入总金额 11.03 亿元，包括工程建设投资 10.63 亿元，项目建设期利息 3957 万元。项目建设期为 2 年，运营期 18 年。2016 年底，海棠湾海榆东线市政道路改造工程开始施工，2018 年 2 月 1 日，实现半幅通车。

海绵城市建设对于涵养城市水资源、改善城市水环境、修复城市水生态、提高城市水安全具有重要意义。2016 年 12 月，江苏中南建设集团股份有限公司中标三亚市海绵城市建设 PPP 项目，中标金额 510087.07 万元。恰逢全国"双修"工作现场会在三亚召开，新华网以《中南·建筑 51 亿中标三亚海绵城市建设 PPP 项目》予以报道。三亚海绵城市建设 PPP 项目也包括海绵城市试点区域内 PPP 项目和海绵城市试点区域外污水设施 PPP 项目两部分。此次海绵城市试点区域内 PPP 项目主要建设内容包括管网建设、湿地与公园海绵化改造、河道综合整治、水质净化厂建设以及其他配套工程；海绵城市试点区域外污水设施 PPP 项目主要建设内容包括雨污水管网建设、泵站建设和其他配套工程。三亚市海绵城市建设 PPP 项目运营维护内容包括污水管网、泵站、中水、湿地公园、河道、水质净化厂、道路海绵设施等。

（三）"双城""双修"提升了三亚滨海旅游城市的国际化水准

按照海南国际旅游岛发展规划，2020 年全省范围内的旅游设施、配套设施要实现与国际通行标准接轨。其中，对海口观澜湖旅游度假区、三亚海棠湾"国家海岸"休闲度假区、三亚邮轮母港、陵水清水湾旅游度假区、儋州海花岛旅游度假区、三沙海洋旅游区 6 个旅游园区的旅游设施、配套设施进行国际化改造，提出了先行一步的要求。在达标体系之中，生态环境是基础性指标之一。目前，海南还没有任何一个市县以达标国际化自诩。但国际旅游岛追求的目标必然是国际化。

三亚为打造国际化滨海旅游城市，抢抓"双城""双修"综合试点机遇，在城市生态环境上朝着国际化目标迈了一大步。2016 年 12 月 10 日，全国生态修复城市修补工作现场会在三亚召开。而在 12 月 9 日，新华社做了《"生态修复、城市修补"——三亚找回城市发展灵魂》的长篇报道，介绍了三亚城市"双修"近两年来取得的以生态服务民生的一些成就：新建了 6个大型公园，新增了 287 万平方米绿地，重构了城市生态空间，形成了山、水、林、田、湖、海、湿地等为一体的城市生态大格局，比较系统性地解决了山体破坏、水系不畅、海岸侵占、城市绿化不足等问题，海棠湾和亚龙湾是三亚最优质的海滩，过去多被高星级酒店圈占，现在正回归公共本质。"河水变清，秃山复绿，公园成串，绿廊遍布，步道相连"成为当前三亚市生态环境的真实写照。

三亚用内涵式发展范式替换了过去注重扩大城市规模、把三亚变成一个大工地的外延式发展模式。待"双城"PPP 项目工程竣工投入运营后，三亚市的现代化、国际化程度会得到进一步提升。原三亚市长吴岩峻 2016年 11 月在三亚市七届人大第一次会议上的《政府工作报告》中明确提出要"以生态建设为基础，创造绿色发展的新范例"。这绿色发展新范例，就是包括 259 千米海岸线、72 个岛屿、3500 平方千米海域的海洋环境在内的、注重生态环境保护和生活品位提升的城市内涵式转型发展范式。

在本书即将结束的时候，笔者再一次欣赏了《突破前行重塑一座城的幸福——三亚城市"双修"经验交流汇报片》，"双修"后三亚的精美画面以及与"双修"前画面的强烈对比，极具视觉冲击力；其建设过程中"拆违章建筑建公园""河水变清海豚洄游"等画面乃是美的无穷享受。之前的三亚也是美的——"请到天涯海角来，这里永远是春天"。笔者在 2009 年就有《"梦幻之岛"：创建海南国际旅游岛"第一名片"》之遐想，"选择'梦幻之岛'作为海南国际旅游岛的'第一名片'或'总名片'，按照'梦幻之岛'的要求建设海南国际旅游岛，可以让游客来海南真正感受到什么是人间天堂，什么叫海外仙境"①。"双城""双修"后，三亚就是镶嵌在这"人间天堂"上的皇冠，已经开始显现出国际化滨海旅游精品旅游城市的范儿。

---

① 王明初：《"梦幻之岛"：创建海南国际旅游岛"第一名片"》，《今日海南》2009 年第 6 期。

附一 《国家生态文明试验区（海南）实施方案》确定的主要目标

通过试验区建设，确保海南省生态环境质量只能更好、不能变差，人民群众对优良生态环境的获得感进一步增强。到 2020 年，试验区建设取得重大进展，以海定陆、陆海统筹的国土空间保护开发制度基本建立，国土空间开发格局进一步优化；突出生态环境问题得到基本解决，生态环境治理长效保障机制初步建立，生态环境质量持续保持全国一流水平；生态文明制度体系建设取得显著进展，在推进生态文明领域治理体系和治理能力现代化方面走在全国前列；优质生态产品供给、生态价值实现、绿色发展成果共享的生态经济模式初具雏形，经济发展质量和效益显著提高；绿色、环保、节约的文明消费模式和生活方式得到普遍推行。城镇空气质量优良天数比例保持在 98% 以上，细颗粒物（PM$_{2.5}$）年均浓度不高于 18 微克/立方米并力争进一步下降；基本消除劣 V 类水体，主要河流湖库水质优良率在 95% 以上，近岸海域水生态环境质量优良率在 98% 以上；土壤生态环境质量总体保持稳定；水土流失率控制在 5% 以内，森林覆盖率稳定在 62% 以上，守住 909万亩永久基本农田，湿地面积不低于 480 万亩，海南岛自然岸线保有率不低于 60%；单位国内生产总值能耗比 2015 年下降 10%，单位地区生产总值二氧化碳排放比 2015 年下降 12%，清洁能源装机比重提高到 50% 以上。

到 2025 年，生态文明制度更加完善，生态文明领域治理体系和治理能力现代化水平明显提高；生态环境质量继续保持全国领先水平。

到 2035 年，生态环境质量和资源利用效率居于世界领先水平，海南成为展示美丽中国建设的靓丽名片。

（原文载《国家生态文明试验区（海南）实施方案》,《人民日报》
2019 年 5 月 13 日）

附二 实现从经济特区到生态经济特区的跨越（内容摘要）

建设生态经济特区的背景：认为科技迅猛发展和全球经济快速增长，最直接的后果是人类不得不面对日益严重的生存生态危机，可持续发展和生态化发展已经成为全球性共识，人们期望新的生态文明时代的到来；未来经济的发展，越来越受环境因素的刚性制约，生态环境建设既是我国现代化建设的重要内涵，也是最为重要的生存自然基础的建设；经济特区争创新优势要彰显自身特色，海南以得天独厚的自然条件、经济特区条件走生态化发展之路，有望在"两个根本性转变"上走在其他省份前面，取得"生态建设"话语权。

生态经济特区的定义：认为生态经济特区是视科学发展观为生命线，把特区观念、体制、经济社会发展与生态环境建设有机结合起来，构建具有海南特色的经济结构和更具活力的体制机制的经济特区；生态经济特区是指有生态特色的经济特区，其功能定位在"人类生存示范区、生态经济示范区和城乡一体的和谐社会示范区"；生态经济特区是指生态省和经济特区的"合二为一"，生态省即生态经济特区，但生态经济特区比生态省担当更多的时代责任，即通过承担生态环境建设促经济增长方式转变试验的重任，寻找出一条中华民族永世繁衍、永续发展的发展道路。

生态经济特区的产业布局：认为生态经济特区与"一省两地"战略并不矛盾，建设生态经济特区不是不要工业，坚持"三不"原则，实施"双大"战略，把污染控制在不对全局造成破坏、自身可以净化和可治理的范围之内，恰恰是生态经济特区的内涵和经济支撑；生态经济特区将促进产业发展战略进一步完善，"一省两地"发展战略可发展为"一省四地"："一省"改为生态省，"四地"是新型工业基地、国际旅游业基地、热带农业基地、南海开发基地；以生态经济特区规范海南构建绿色大产业格局和经济生态化发展方向，既不断提升工业化发展水平和地方财政实力，又能留出绝大部分区域发展农业和以旅游业为龙头的服务主导型经济，初步形成具有海南特色的绿色经济结构。

建设生态经济特区的意义：认为海南建设生态经济特区是科学发展观的重要实践，既突出地方特色，又增添时代内涵，更贡献出一种新的发展思路和模式，定能得到中央政府和全国人民的支持；海南建设生态经济特区是经济特区的转型升级，生态化发展代表着经济发展的潮流、方向和未来，生态经济特区承担的是引领21世纪以生态环境建设促进经济增长方式转变试验的重任，开创示范全国乃至全球的以生态优化主导经济繁荣新路；海南建设生态经济特区，全省按一个大城市来规划、一个大花园来建设，以生态环境为核心竞争力，把农村看作城市的自然延伸，可以彻底改变城乡二元结构，在人与自然和谐相伴的基础上把海南建设成社会主义和谐社会的典范，定能引起世界性的关注。

总之，中国需要经济特区，更需要生态经济特区。

（原文载《建言献智千字文——"我为突出'特'字献计策百条好建议选编"》，
中共海南省直机关工委2007年编）

附三　生态文明建设应发挥"终身追责" 利器作用（内容摘要）

终身追责倒逼"关键少数"，是我国生态文明建设中规范权力的又一制度"利器"。

权责统一，党政同责

权责一致，是指在一个组织中的管理者所拥有的权力应当与其所承担的责任相适应。具体内容包括：第一，有权必有责；第二，权责须对称；第三，用权受监督；第四，违法要追究。有权必有责，权力越大，责任越大，是为政的基本准则。但按照现行法律法规，生态文明建设往往只对政府问责，而且主要是在任上负责，以至于出现权力越大责任越小的怪现象，出现严重的"权责不统一"现象。针对这一制度上的缺陷，《办法》(即《党政领导干部生态环境损害责任追究办法（试行）》——笔者注）提出，地方各级党委和政府对本地区生态环境和资源保护负总责，党委和政府主要领导成员承担主要责任，其他有关领导成员在职责范围内承担相应责任。中央和国家机关有关工作部门、地方各级党委和政府的有关工作部门及其有关机构领导人员按照职责分别承担相应责任。这一"权责统一"，"党政同责"的办法，

300

由"总责""主要责任""相应责任"这几个关键词对应了不同领导机关和主要领导及其他成员的权力行使。特别是把地方各级党委和政府、地方各级党委和政府的"一把手"均纳入生态环保追责范畴，从而在制度上解决了我国地方党政机关、党政主要领导权责不一致的现象。

及时追责，永不免责

一段时间以来，少数领导干部在生态环境问题上政治责任感不强、思想重视度不高。少数地方为了保持 GDP 高增长，不惜大量消耗资源，听任生态环境恶化，以背负沉重代价换取一时的繁荣；少数地方党政主要领导急功近利，为政绩要面子不要"里子"。这次《办法》明确规定，"对造成生态环境损害负有责任的领导干部，不论是否已调离、提拔或者退休，都必须严肃追责"。终身追责堵死的是"GDP 涨、官员升、环境完"的歪路。终身追责将权力关进笼子，对那些"三拍干部"来讲无疑是一个紧箍咒，这就意味着，领导决不能滥用决策权，一旦运用失误，将要承担法律责任或者政治责任，人走到哪里，责任追究到哪里，再也难逃干系。终身追责与及时追责是强力互补的。终身追责在于警示，即权力没有"免死金牌"，也不会允许存在所谓的"铁帽子王"。这使得官员靠牺牲生态环境换政绩，捞到升迁资本就走人的短视、投机的政绩观失去了市场和土壤。

制度导向，勇于负责

中华人民共和国的一切权力都来自人民。终身追责不是目的，而是手段，是通过责任导向促使各级党政领导干部正确地用好手中的权力。习总书记要求各级领导干部都要树立和发扬好的作风，既严以修身、严以用权、严以律己，又谋事要实、创业要实、做人要实，切实践行"三严三实"。因此，终身追责作为生态文明建设的制度"利器"，绝不是要为懒政、怠政提供庇护和托词，而是要为努力推进"四个全面建设"、实现治国理政现代化提供科学的制度保证。地方及其领导干部要切实履行好生态文明建设职责，同时要发展好新常态下的经济民生。离开经济民生谈生态文明，没有意义。生态文明建设是要转变发展方式，终身追责是要确保科学发展。这要求我们的领导干部在坚持以经济建设为中心的同时，牢固树立生态红线，有作为但不乱作为。终身追责是生态文明建设的制度"利器"，领导干部要在勇于担当中有所作为。要进一步制定实施细则，拿出更具体的责任清单，而决不让《办法》"牛栏关猫"或成为"纸糊的老虎"。

（原文载《海南日报》2016 年 9 月 1 日）

附四　生态移民扶贫在海南的实践创新（内容摘要）

生态移民，既可保护和修复生态环境，又可有效改善民生，是海南精准脱贫的重要实现形式。生态移民扶贫的推进，要将易地搬迁与发展特色产业、生态保护有机结合起来，以绿色发展理念为指导，实现生态与经济效益的最大化。

生态移民扶贫是海南精准扶贫的重要实现形式

精准扶贫，是以习近平同志为核心的党中央在新的历史起点上，为切实改变贫困农村落后面貌，确保贫困人口到 2020 年如期脱贫，使贫困地区群众与全国人民同步进入全面小康社会的重要战略思想。精准扶贫思想要求在实践上变"大水漫灌"为"精准滴灌"，这意味着精准扶贫要遵循区域性特征。海南精准扶贫既具有与全国精准扶贫的一致态势，又具有典型的地方特色。海南最大优势是绿色环境。这一特征决定了海南精准扶贫实践中必须保护生态环境的底色不能动摇。

从理论上讲，贫困与生态环境的脆弱性，往往紧密相连，因此，生态移民自始就与扶贫相关联。根据国家主体功能区规划，生态移民有两大目的：一是为了保护或修复生态环境；二是改善民生。在实施精准扶贫战略大背景下，生态移民被赋予了减贫的重要功能作用，生态移民扶贫成为精准扶贫的重要实现形式。海南生态移民扶贫，主要是在坚守生态红线、立足绿色发展的基础上，将生活在国家重点生态功能区的农村人口适度易地搬迁，按"美丽乡村"标准重建等。

目前，海南有5个国家级贫困市县，300个贫困村，既有连片的贫困区域，也有分散的贫困农户，主要分布在中西部国家重点生态功能区，这一现实决定了生态移民扶贫在海南精准扶贫中的重要地位。最近海南新出台的《生态扶贫移民搬迁"十三五"规划》明确指出，"十三五"期间，海南需实施生态扶贫移民搬迁的有五指山、屯昌、乐东、白沙、琼中5个市县11个村。这一规划遵循了生态环境保护与扶贫开发同步、生态恢复与脱贫致富相协调的原则。

生态移民扶贫要与发展生态经济紧密结合

生态移民扶贫要坚持保护环境和脱贫并重。因此，生态移民扶贫要与发展生态经济相结合。产业是脱贫的支撑，只有大力发展生态经济才能找到生态移民扶贫的真正突破口。

通过培植特色产业，激活"造血"细胞。生态移民扶贫，要立足自身资源禀赋和比较优势，发展特色产业，形成"一村一品""一镇一业"格局。一是发展优势特色农业。立足各地的资源优势和产业基础，把特色农产品打造成区域名片，如琼中绿橙、白沙绿茶等，同时，推动绿色农产品向精致化、集约化、外向型、高附加值方向发展。二是发展乡村旅游业。充分利用中部地区自然、人文资源，结合美丽乡村建设，发展文化旅游、休闲旅游，着力打造"吃农家饭、住农家屋、游农家景、享农家乐"的乡村旅游特色，把丰富多样的旅游资源转化为经济效益、转化为扶贫富民新动力。

通过创新产业模式，疏通"活血"脉络。一要实施电子商务脱贫。充分利用"互联网+"，抓住阿里巴巴、京东等电子商务龙头企业在我省布局的契机，培育农村电商队伍，构建网上农产品营销平台，引导、带动贫困村、贫困户通过互联网直接对接市场，推动特色农产品更好地"走出去"。二要强化科技扶贫。通过订单培训、创业培训等形式，进村入户开展面对面、点对点精准培训，使每个贫困户至少掌握1—2门实用技术，确保其敢创业、能创业、创成业。三要强化利益联结。扶持、引导龙头企业、专业合作社在贫困地区建立生产基地，实行"公司＋贫困农户""专业合作社＋贫困农户"等模式，吸引贫困农民以土地、劳动力入社入股，将分散弱小的贫困户纳入到现代产业体系，推动贫困户资源向股权、资金向股金、农民向股民转变。

目前，我省生态移民扶贫工作还处在起步阶段，需要做好顶层设计和制度规范，一要坚持政府主导、移民自愿原则；二要制定生态移民配套政策措施；三要把生态移民扶贫与新型城镇化建设相结合；四要完善生态移民后续保障体系，实行移民社会保障优惠政策，提高移民在养老、医疗、住房、教育等方面的补助标准等。

生态移民扶贫实现了生态保护与改善民生的双赢

首先，生态移民促进了人与自然的和谐发展。生态移民使退耕还林、退牧还草、水土流失、生态系统退化等得到有效治理。通过移民进行封山绿化、退耕还林还草，可有效降低生态环境的压力，减缓人类活动对自然生态系统的干扰，有效抑制人类活动对森林、草原植被的破坏，以及对珍稀动植物的影响。

其次，生态移民扶贫，可解决偏远地区群众的生产生活难题，让广大群众共享发展成果。地理位置偏远、生态环境脆弱的地区，往往是生活艰难的地区。实施生态移民工程，可从根本上改善贫困群众的生产生活条件，同时也保护了山区的生态环境。例如，地处生态核心区的琼中红毛镇合老村已经启动了整村易地搬迁计划。新合老村按照"富美乡村"标准建设，每户免费提供两层楼的居民住宅，面积142.02平方米；配套建设包括新村路面硬化美化亮化、给排水电气照明等工程；产业发展集种养业、休闲农业、乡村旅游为一体，届时，全村贫困户一举脱贫，并生长出新的经济增长点。

第三，生态移民有利于探索绿色城镇化之路。海南在生态移民过程中，实现生态保护、改善民生、城镇化建设三位一体，通过保护生态而移民，通过生态移民而扶贫，通过聚集生态产业和人文风情而城镇化，把原来位于环境脆弱地区高度分散的人口，通过移民的方式集中起来，可形成新的村镇，实现人口、资源、环境和经济社会的协调发展。这无疑是城镇化建设新的尝试。

第四，生态移民有利于提高基础教育水平。生态移民迁出地区由于受地域、自然环境以及交通闭塞的影响，基础教育极为薄弱，生态移民有望改变这一状况。昌江的教育移民工程就很典型。昌江王下乡地处霸王岭深处，生态系统完整，生态功能齐全，是一道靓丽的天然生态屏障。而居于此地的百姓却还是"刀耕火种"。2006年始，昌江实施教育移民工程，将当地的孩子接到县城读书。这种教育移民方式，逐渐减少了生态保护区的人口数量，并改变了他们生产生活方式。

（原文载《海南日报》2016年12月14日）

主要参考文献

《习近平谈治国理政》，外文出版社 2014 年版。

《习近平谈治国理政》(第二卷)，外文出版社 2017 年版。

中共中央宣传部：《习近平总书记系列重要讲话读本》，学习出版社、人民出版社 2016 年版。

习近平：《关于〈中共中央关于全面深化改革若干重大问题的决定〉的说明》，《人民日报》2013 年 11 月 16 日。

习近平：《携手构建合作共赢、公平合理的气候变化治理机制——在气候变化巴黎大会开幕式上的讲话》，《人民日报》2015 年 12 月 1 日。

习近平：《共同构建人类命运共同体——在联合国日内瓦总部的演讲》，《人民日报》2017 年 1 月 19 日。

习近平：《决胜全面建成小康社会夺取新时代中国特色社会主义伟大胜利——在中国共产党第十九次全国代表大会上的报告》，《人民日报》2017 年 10 月 28 日。

习近平：《开放共创繁荣创新引领未来——在博鳌亚洲论坛 2018 年年会开幕式上的主旨演讲》，《人民日报》2018 年 4 月 11 日。

习近平：《在庆祝海南建省办经济特区 30 周年大会上的讲话》，《人民日报》2018 年 4 月 14 日。

《习近平在海南考察时强调：加快国际旅游岛建设谱写美丽中国海南篇》，《人民日报》2013 年 4 月 11 日。

《国务院关于推进海南国际旅游岛建设发展的若干意见》(国发〔2009〕44 号)。

《中共中央关于全面深化改革若干重大问题的决定》,《人民日报》2013 年 11 月 16 日。

中共中央、国务院:《生态文明体制改革总体方案》, 人民出版社 2015 年版。

国家发展和改革委员会:《全国及各地区主体功能区规划》, 人民出版社 2015 年版。

《中共中央国务院关于加快推进生态文明建设的意见》,《人民日报》2015 年 5 月 6 日。

《中共中央国务院印发生态文明体制改革总体方案》,《国务院公报》2015 年第 28 号。

《中办国办印发〈关于设立统一规范的国家生态文明试验区的意见〉及〈国家生态文明试验区实施方案〉》,《人民日报》2016 年 8 月 23 日。

《习近平总书记论生态文明建设》,《人民日报》2017 年 8 月 4 日。

《中共海南省委关于进一步加强生态文明建设谱写美丽中国海南篇章的决定》(2017 年 9 月 22 日中国共产党海南省第七届委员会第二次全体会议通过)。

中共中央、国务院:《关于支持海南全面深化改革开放的指导意见》,《人民日报》2018 年 4 月 15 日。

《国家生态文明试验区(海南)实施方案》,《人民日报》2019 年 5 月 13 日。

《海南生态省建设规划纲要》(1999 年 7 月 30 日海南省第二届人民代表大会常务委员会第八次会议批准)。

《海南生态省建设规划纲要(2005 年修编)》(2005 年 5 月 27 日海南省第三届人民代表大会常务委员会第 17 次会议批准)。

海南省生态省建设联席会议办公室:《海南生态省建设资料汇编》, 2005 年 12 月。

《海南省人民政府贯彻国务院关于推进海南国际旅游岛建设发展若干意见加快发展现代服务业的实施意见》(琼府〔2010〕1 号)。

《海南省太阳能热水系统建筑应用管理办法》(2010 年 1 月 11 日五届海南省人民政府第 44 次常务会议审议通过), 海南省人民政府令第 227 号。

《海南省人民政府关于建立土地执法共同责任制度的通知》(琼府〔2010〕6 号)。

《海南省人民政府关于印发海南省确保实现"十一五"节能减排目标 2010 年工作方案的通知》(琼府〔2010〕45 号)。

《海南省人民政府关于低碳发展的若干意见》(琼府〔2010〕82 号)。《海南国际旅游岛建设发展规划纲要(2010—2020)》,《海南日报》2010 年 6 月 21 日。

《海南省人民代表大会常务委员会关于贯彻落实〈海南国际旅游岛建设发展规划纲要〉的决议》(2010 年 7 月 31 日海南省第四届人民代表大会常务委员会第十六次会议通过)。

《海南经济特区农药管理若干规定(2010 修订)》(海南省第四届人民代表大会常务委员会第十六次会议于 2010 年 7 月 31 日修订通过),海南省人大常委会公告第48 号。

《海南省人民政府关于修改〈海南省植物检疫实施办法〉等 38 件规章的决定》(2010 年 8 月 23 日第五届海南省人民政府第 52 次常务会议审议通过),海南省人民政府令第 230 号。

《海南省人民政府关于禁止在海南琼中抽水蓄能电站工程占地和淹没区新增建设项目和迁入人口的通告》(琼府〔2011〕39 号)。

《海南省人民政府关于全面加强村镇环境卫生整治工作的通知》(琼府〔2011〕49 号)。

《海南省人民政府关于进一步加强城市生活垃圾处理工作的实施意见》(琼府〔2011〕72 号)。

《海南省人民政府关于进一步加强乡镇国土环境资源管理所规范化标准化建设的意见》(琼府〔2011〕77 号)。

《海南省人民政府关于进一步加强填海造地项目管理的意见》(琼府〔2011〕81 号)。

《海南省红树林保护规定》(2011 年 7 月 22 日海南省第四届人民代表大会常务委员会第二十三次会议修订),海南省人大常委会公告第 78 号。

《海南省公共厕所管理办法》(2011 年 10 月 25 日第五届海南省人民政府第 69 次常务会议审议通过),海南省人民政府令第 234 号。

《海南省人民政府关于印发海南省"十二五"节能减排总体实施方案的通知》(琼府〔2012〕25 号)。

《海南省公益林保护建设规划 2010—2020》(琼府〔2012〕43 号)。

《海南省人民政府关于进一步加强地质灾害防治工作的意见》(琼府〔2012〕47 号)。

《海南省人民政府关于 2011 年度节能工作考核情况的通报》(琼府〔2012〕49 号)。

《海南省人民政府关于海南省海洋环境保护规划（2011—2020 年）的批复》（琼府函〔2012〕108 号）。

《海南省无规定动物疫病区管理条例》（海南省第四届人民代表大会常务委员会第三十次会议于 2012 年 5 月 30 日修订通过）。

《海南省气象灾害防御条例》（海南省第四届人民代表大会常务委员会第三十二次会议于 2012 年 7 月 17 日通过）。

《海南省环境保护条例》（海南省第四届人民代表大会常务委员会第三十二次会议于 2012 年 7 月 17 日修订通过）。

《海南省矿产资源管理条例》（海南省第四届人民代表大会常务委员会第三十四次会议于 2012 年 9 月 25 日通过）。

《海南经济特区森林旅游资源保护和开发规定》（海南省第四届人民代表大会常务委员会第三十五次会议于 2012 年 11 月 27 日通过）。

《海南省人民政府关于印发海南省国土海域岸线森林和水资源等重点领域突出问题专项治理工作方案的通知》（琼府〔2013〕13 号）。

《海南省人民政府关于印发海南省乡村环境卫生综合整治工作实施方案（2013—2015 年）的通知》（琼府〔2013〕62 号）。

《海南省人民政府关于印发海南省主体功能区规划的通知》（琼府 89 号）。

《海南经济特区海岸带保护与开发管理规定》（海南省第五届人民代表大会常务委员会第一次会议于 2013 年 3 月 30 日通过）。

《海南省饮用水水源保护条例》（海南省第五届人民代表大会常务委员会第二次会议于 2013 年 5 月 30 日通过）。

《海南省人民政府关于印发海南省大气污染防治行动计划实施细则的通知》（琼府〔2014〕7 号）。

《海南省人民政府关于深化小型水库管理体制改革的指导意见》（琼府〔2014〕27 号）。

《海南省人民政府关于落实最严格耕地保护制度严守耕地保护红线的通知》（琼府〔2014〕42 号）。

《海南省气象台站探测环境保护规定》（2014 年 2 月 20 日六届海南省人民政府第 17 次常务会议修订通过）。

《海南省人民代表大会常务委员会关于修改〈海南经济特区林地管理条例〉的决定》（海南省第五届人民代表大会常务委员会第八次会议于 2014 年 5 月 30 日通过）。

《海南省人民代表大会常务委员会关于修改〈海南经济特区土地管理条例〉的决定》(海南省第五届人民代表大会常务委员会第十次会议于 2014 年 9 月 26 日通过)。

《海南省人民政府关于严格规范土地一级开发管理的通知》(琼府〔2015〕28 号)。

《海南省人民政府关于进一步加强新时期爱国卫生工作的实施意见》(琼府〔2015〕49 号)。

《海南省人民政府关于印发海南省海岸带保护与开发专项检查方案的通知》(琼府〔2015〕55 号)。

《海南省人民政府关于印发海南省城镇内河(湖)水污染治理三年行动方案的通知》(琼府〔2015〕74 号)。

《海南省人民政府关于推广使用国 V 标准车用汽柴油的通告》(琼府〔2015〕75 号)。

《海南省人民政府关于加快转变农业发展方式做大做强热带特色高效农业的意见》(琼府〔2015〕109 号)。

《海南省人民政府关于印发海南省水污染防治行动计划实施方案的通知》(琼府〔2015〕111 号)。

《海南省总体规划(2015—2030)纲要》(海南省人民政府 2015 年 9 月原则通过)。

《海南省人民政府关于禁止在南渡江迈湾水利枢纽工程建设征地范围内新增建设项目和迁入人口的通告》(琼府〔2016〕3 号)。

《海南省人民政府关于印发海南省推行环境污染第三方治理实施方案的通知》(琼府〔2016〕10 号)。

《海南省人民政府关于印发海南省美丽乡村建设五年行动计划(2016—2020)的通知》(琼府〔2016〕18 号)。

《海南省人民政府关于印发海南省大气污染防治实施方案(2016—2018 年)的通知》(琼府〔2016〕23 号)。

《海南省人民政府关于印发海南省区域主要污染物总量控制预警管理办法的通知》(琼府〔2016〕24 号)。

《海南省人民政府关于大力推广应用新能源汽车促进生态省建设的实施意见》(琼府〔2016〕35 号)。

《海南省人民政府关于禁止在北门江天角潭水利枢纽工程建设征地范围内新增建设项目和迁入人口的通告》（琼府〔2016〕38号）。

《海南省人民政府关于印发深入推进六大专项整治加强生态环境保护实施意见的通知》（琼府〔2016〕40号）。

《海南省人民政府关于印发海南省林业生态修复与湿地保护专项行动实施方案的通知》（琼府〔2016〕77号）。

《海南省人民政府关于印发海南经济特区海岸带保护与开发管理实施细则的通知》（琼府〔2016〕83号）。

《海南省人民政府关于划定海南省生态保护红线的通告》（琼府〔2016〕90号）。

《海南省人民政府关于"十二五"和2015年度节能目标责任评价考核结果及表彰的通报》（琼府〔2016〕119号）。

刘思华：《社会主义初级阶段生态经济的根本特征与基本矛盾》，《广西社会科学》1988年第4期。

陈学明：《谁是罪魁祸首：追寻生态危机的根源》，人民出版社2002年版。

张坤民：《关于中国可持续发展的政策与行动》，中国环境科学出版社2004年版。

姬振海：《生态文明论》，人民出版社2007年版。

谢秋凌：《美国生态环境保护法律制度简述》，《昆明理工大学学报（社会科学版）》2008年第1期。

李惠斌、薛晓源等：《生态文明与马克思主义》，中央编译出版社2008年版。

黄国勤：《生态文明建设的实践与探索》，中国环境科学出版社2009年版。

严耕、杨志华：《生态文明的理论与系统建构》，中央编译出版社2009年版。

杨伟民：《发展规划的理论和实践》，清华大学出版社2010年版。

余谋昌：《生态文明论》，中央编译出版社2010年版。

洪富艳：《中国生态文明研究丛书》，中国致公出版社2011年版。

李崇富：《生态文明研究与两型社会建设》，中国社会科学出版社2011年版。

陆大道：《中国地域空间功能及其发展》，中国大地出版社2011年版。

王明初、杨英姿：《社会主义生态文明建设理论与实践》，人民出版社2011年版。

[英]乔纳森·休斯：《生态与历史唯物主义》，张晓琼译，江苏人民出版社2011年版。

[日] 岩佐茂:《环境的思想与伦理》, 冯雷等译, 中央编译出版社 2011 年版。

樊杰:《主体功能区战略与优化国土空间开发格局》,《中国科学院院刊》2013 年第 2 期。

杜发春:《三江源生态移民研究》, 中国社会科学出版社 2014 年版。

符蓉、张丽君:《我国生态文明评价指标体系综述》,《国土资源情报》2014 年第 10 期。

后　记

本书为笔者主持的国家社科基金重点项目"海南国际旅游岛'全国生态文明建设示范区'发展战略研究"（项目编号：13AKS005）结题成果。本项目结题后喜遇海南建省办经济特区 30 周年，党中央国务院宣布在海南建设自由贸易试验区和探索建设中国特色自由贸易港，建设"国家生态文明试验区（海南）"成为国家重大战略目标之一。为此，"海南国际旅游岛'全国生态文明建设示范区'发展战略研究"结项成果也就成为了"国家生态文明试验区（海南）"建设之前的历史回顾和经验总结。

在本项目研究过程中，得到了海南师范大学马克思主义学院博士生导师王习明教授、郭根山教授、杨英姿教授、王增智教授以及刘华初教授、胡长青副教授等诸多学者，海南师范大学党委书记李红梅研究员、校长林强教授、副校长史海涛教授、中共海南省委政策研究室副主任杨忠诚博士等诸多领导的关心、支持和帮助。本书的出版，得到了海南师范大学马克思主义理论学科的出版经费资助。本书导论、第一、二章执笔人为王明初教授；第三、四、五、六章执笔人为王睿副教授。陈小燕博士、韦震博士、汤涛硕士等做了许多具体工作。谨在此一并表示衷心感谢！

王明初

2020 年 10 月于海口

责任编辑：周　颖
封面设计：石笑梦
封面制作：姚　菲
版式设计：胡欣欣

图书在版编目(CIP)数据

探索与实践:海南生态文明发展之路/王明初,王睿 著. —北京:人民出版社,
　2021.8
ISBN 978－7－01－022657－6

Ⅰ.①探…　Ⅱ.①王…②王…　Ⅲ.①生态环境建设-研究-海南
　Ⅳ.①X321.266

中国版本图书馆 CIP 数据核字(2020)第 226990 号

探索与实践:海南生态文明发展之路

TANSUO YU SHIJIAN:HAINAN SHENGTAI WENMING FAZHAN ZHI LU

王明初　王　睿 著

人民出版社 出版发行
(100706　北京市东城区隆福寺街 99 号)

北京建宏印刷有限公司印刷　新华书店经销

2021 年 8 月第 1 版　2021 年 8 月北京第 1 次印刷
开本:710 毫米×1000 毫米 1/16　印张:20
字数:266 千字

ISBN 978－7－01－022657－6　定价:68.00 元

邮购地址 100706　北京市东城区隆福寺街 99 号
人民东方图书销售中心　电话 (010)65250042　65289539